Richard Schmaltz

Die Pathologie des Blutes und die Blutkrankheiten

Richard Schmaltz

Die Pathologie des Blutes und die Blutkrankheiten

ISBN/EAN: 9783743359499

Hergestellt in Europa, USA, Kanada, Australien, Japan

Cover: Foto ©berggeist007 / pixelio.de

Richard Schmaltz

Die Pathologie des Blutes und die Blutkrankheiten

Die

Pathologie des Blutes

und die

Blutkrankheiten

Von

Dr. Richard Schmaltz

Oberarzt am Hospital der Diakonissen-Anstalt in Dresden.

LEIPZIG

Druck und Verlag von C. G. Naumann.

1896.

Abgesehen von der Bacteriologie, giebt es kaum ein Gebiet der biologischen Wissenschaften, das gegenwärtig mit grösserem Eifer bearbeitet wird, als die Physiologie und Pathologie des Blutes. Fast jedes Jahr bringt uns eine Reihe neuer werthvoller Forschungen, alle Hülfsmittel der hoch entwickelten modernen Technik, von berufenen Forschern angewandt, dienen dazu, uns in dem räthselvollen Leben des complicirten Organes, das durch unsere Adern rinnt, eine Welt zu erschliessen, von deren Existenz die Wissenschaft noch vor wenig Jahrzehnten kaum eine Ahnung hatte. Und alle Zeichen deuten darauf hin, dass die Schranken unserer Erkenntniss gerade hier noch lange nicht erreicht sind. Wenn auch der Ausspruch Hayems: „L'avenir appartient à l'hématologie; c'est elle qui nous apportera la solution des grands problèmes nosologiques" einer gewissen genialen Einseitigkeit entspringt, so ist doch nicht zu leugnen, dass nach den grossen Entdeckungen der letzten Jahrzehnte den Vorgängen im Blute schon jetzt eine ganz andere Bedeutung zuerkannt werden muss, als wir früher glauben konnten, und es ist vorläufig nicht abzusehen, wo die Grenzen der Einwirkungen abgesteckt sind, die vom Blute und seinen Elementen ausgehen.

Aber gerade der rasche Fluss der hämatologischen Forschung, der unseren Anschauungen einen immer erneuten Wandel aufzwingt, macht es gegenwärtig fast unmöglich, eine Darstellung der Lehre vom Blut in engem Rahmen einigermaassen harmonisch zu gestalten. Eine Wiedergabe der wichtigeren, bis jetzt bekannten pathologischen und klinischen Thatsachen und eine Andeutung der Richtungen, in denen die Forschung sich bewegt, das ist die Aufgabe, auf deren Lösung wir uns hier beschränken müssen; eine umfassende Bearbeitung der gesammten Hämatologie gehört, wie diese selbst, der Zukunft an.

Dresden, im Februar 1896.

R. Schmaltz.

INHALT.

I. Allgemeiner Theil.

II. Die Blutkrankheiten.

Anhang.

I. Allgemeiner Theil.

A. Die wichtigsten klinischen Blut-untersuchungsmethoden.

Die Diagnostik der Blutkrankheiten des Menschen hat mit grossen Schwierigkeiten zu kämpfen. Die Bestimmung der Gesammtblutmenge eines Individuums und die directe Beobachtung des in den Gefässen strömenden Blutes ist vorläufig unmöglich, und wir sind darauf angewiesen, unsere Untersuchungen an Blutproben vorzunehmen, die der Circulation entzogen sind und unter dem Einfluss schwer oder gar nicht zu vermeidender Schädlichkeiten ihr histologisches und chemisches Verhalten alsbald zu ändern beginnen. Hierzu kommt noch, dass in der Regel nur minimale Blutmengen für die Untersuchung verfügbar sind. Endlich ist die Mischung der verschiedenen Blutbestandtheile nicht immer in allen Gefässbezirken dieselbe, und es werden zumal unter gewissen pathologischen Verhältnissen die in dieser Beziehung ohnehin bestehenden Unterschiede in nicht zu berechnender Weise verschoben. Diese und andere, weiterhin noch zu erwähnende Umstände erschweren wie gesagt die hämatologische Diagnostik und machen es zur Pflicht, ihre Ergebnisse nur mit Vorsicht zu verwerthen. Wir werden in dem Folgenden die wichtigsten klinischen Blutuntersuchungsmethoden kurz beschreiben.

Schmaltz, Blutkrankheiten.   1

Gewinnung des Blutes.

Man gewinnt das Blut für die klinische Untersuchung, abgesehen von den seltenen Fällen, in denen ein zufällig indicirter Aderlass grössere Blutmengen liefert, in der Regel durch Einstich in die Haut mit einer schmalen Lanzette (Nadelstiche eröffnen ein zu kleines Gefässgebiet und lassen die Epitheldecke nicht genügend klaffen). Gewöhnlich wird der Einstich an einer Fingerkuppe, und zwar am besten in deren seitlichen Theil gemacht, Manche bevorzugen dafür das Ohrläppchen. Der Blutaustritt kann durch vorhergehendes Reiben der gewählten Hautstellen, am Finger auch durch active Bewegungen der Hand befördert werden; Compression des Fingers ist zu vermeiden, weil durch jede Blutstauung die Zusammensetzung des Blutes beeinflusst wird und weil ausserdem durch passiven Druck der Austritt von Gewebsflüssigkeit mit dem Blute begünstigt werden würde. Es ist, wenn man die Stichwunde nur klein macht, häufig nicht leicht, auch nur wenige Tropfen Blut zu gewinnen, zumal in Fällen von Chlorose oder Blutarmuth, oder wenn unter dem Einfluss der Furcht die peripheren Gefässe contrahirt sind. Man hat deshalb vielfach andere Methoden benutzt, so die Blutgewinnung durch Schröpfköpfe. Doch ist dabei ein Ansaugen von Gewebsflüssigkeit in unberechenbarer, individuell wahrscheinlich verschiedener und bei gewissen pathologischen Verhältnissen gesteigerter Menge kaum zu vermeiden. Ferner wird in neuester Zeit von Manchen das zu untersuchende Blut durch Einstich sterilisirter Hohlnadeln in eine Armvene gewonnen, ein Eingriff, der bei sehr sorgsamer Ausführung zwar ungefährlich, aber für die allgemeine Benutzung meines Erachtens nicht geeignet ist.

Dass unter allen Umständen bei der Blutgewinnung sterilisirte Instrumente zu verwenden sind, dass ferner die gewählte Hautstelle vor dem Einstich gereinigt und die Stichwunde später geschlossen werden muss, ist selbstverständlich.

Abgesehen von dem schon erwähnten Uebelstand, dass für die klinische Blutuntersuchung fast immer nur sehr kleine Blutmengen zur Verfügung stehen, haften der gewöhnlich geübten Blutgewinnung noch andere schwerwiegende Mängel an. Der Austritt von Gewebsflüssigkeit ist unter normalen Verhältnissen offenbar nur äusserst gering, kann aber, vielleicht schon bei Chlorotischen und namentlich bei ödematöser Durchtränkung der Gewebe erheblich zunehmen. Ferner ist nachgewiesen, dass durch jede Art von Stauung mit Verlangsamung des Blutstromes sehr rasch eine Anhäufung der geformten Elemente des Blutes („globulöse Stase") in der Peripherie eintritt; dadurch kann in Fällen von Circulationsstörungen der verschiedensten Art eine erhebliche Ungleichmässigkeit in der Mischung der Blutbestandtheile entstehen und der klinischen Blutuntersuchung jeder Werth genommen werden. Es sind das Umstände, die, wie es scheint, noch nicht überall genügend gewürdigt werden.

Mikroskopische Untersuchung des Blutes.

Schon die mikroskopische Untersuchung des frischen Blutes kann unter Umständen wichtige Aufschlüsse geben. Für alle Untersuchungen dieser Art ist es nothwendig, dass die Glasgeräthe (Objectträger, Deckgläser), die mit dem Blute in Berührung kommen, auf das Peinlichste gereinigt werden (am besten mit Alkohol und Aether), weil das Blut durch die, dem Glas gewöhnlich anhaftende Feuchtigkeit Veränderungen erleidet. Um längere Einwirkung der Luft und Druck auf die Blutkörperchen beim Auflegen des Deckglases zu vermeiden, empfiehlt es sich, letzteres schon vorher auf den Objectträger zu legen und den Blutstropfen direct aus der Wunde in den capillären Raum zwischen Objectträger und Deckglas eintreten zu lassen.

An dem so vorbereiteten Präparat kann man nun

sofort die Art der Geldrollenbildung, die Form und Grösse der rothen Blutkörperchen und eventuell das Vorhandensein von Zerfallsproducten derselben beobachten, die Zahl der Leukocyten annähernd schätzen und bei einiger Uebung auch deren Formen studiren. Ferner machen sich schon ohne weitere Vorbereitung gewisse, dem Blut beigemischte fremde Elemente, manche Parasiten u. s. w. bemerkbar.

Will man Blutpräparate conserviren, so kann man sie an der Luft trocknen und dann beliebig lange aufheben. Das Blut wird zu diesem Zweck zwischen zwei Deckgläsern aufgefangen, die man dann mit ihren Flächen von' einander abzieht und rasch hin und her bewegt.

An den so gewonnenen Präparaten ist die Geldrollenbildung verschwunden und ein Theil der rothen Blutkörperchen hat gewöhnlich die runde Form verloren, ferner geschieht es leicht, dass die stärker adhärenten Leukocyten in dem Präparat ungleich vertheilt sind. Dagegen bleibt der histologische Charakter der Leukocyten wohl erhalten. Um den letzteren genauer zu studiren und zur Erkennung etwa vorhandener kernhaltiger Erythrocyten, muss man das Blut färben.

Man kann am gefärbten Präparat erstens und vor Allem die Kerne der Leukocyten deutlicher unterscheiden, als dies an ungefärbtem Blut möglich ist und dadurch ein Urtheil darüber gewinnen, ob und in welcher Weise das Mengenverhältniss der einzelnen Leukocytenformen verändert ist. Zweitens aber ist dadurch eine Methode geboten, die es gestattet, tiefer in die Histologie der weissen Blutkörperchen einzudringen. Diese, hauptsächlich von Ehrlich ausgebildete Methode basirt auf der von dem genannten Forscher entdeckten Thatsache, dass die Granula der Leukocyten (vergl. S.   ) zu verschiedenen Anilinfarben eine Affinität besitzen. Ehrlich unterscheidet, je nachdem diese Leukocytenkörnung durch saure, basische oder neutrale Farben tingirt wird, acidophile (eosinophile), basophile und neutrophile Granulationen.

Das lufttrockene Blutpräparat muss, ehe es mit der Farblösung in Berührung gebracht wird, fixirt werden. Es geschieht dies dadurch, dass man das Präparat auf einer erhitzten Kupferplatte einige Minuten lang auf 105 bis 110° C. erhitzt, oder auch durch Einlegen in eine Mischung von Alkohol und Aether zu gleichen Theilen. Zur Färbung empfiehlt Ehrlich folgendes Gemisch: gesättigte Lösung von

Orange G. . . . 12—13,5 ccm
Säure-Fuchsin . 8—16 ,,
Methylengrün . . 12,5 ,,

Hierzu:

Aqua . . . . . . 30 ,,
Alkohol absol. . . . 20 ,,
Glycerin . . . . . 10 ,,

Durch diese Farbmischung, die nur 2 Minuten einzuwirken braucht, ist das Hämoglobin orange, die Kerne grünlich, die neutrophile Körnung violett, die eosinophile kupferfarbig gefärbt.*)

Prüfung der Reaction des Blutes.

Von den chemischen Untersuchungsmethoden, die für die Erforschung der Alcalescenz des Blutes angewandt worden sind, ist für die Klinik nur die Prüfung der Reaction nach Landois verwendbar, und auch diese Methode ist, wie mich eigene Erfahrung gelehrt hat, recht mühsam.

Landois empfiehlt folgendes Verfahren.

Man bereitet sich aus 0,75% Weinsäure-Lösung und gesättigter völlig neutraler Lösung von Natrium sulphuricum 10 Mischungen:

---

*) Genauere Angaben siehe in Heft 7—12 der Medicinischen Bibliothek: Seifert, Techn. Anleitung z. mikrosk. Diagnostik.

I. 10 Theile Weinsäurelösung + 90 Theile Natriumsulphatlösung
II. 20 ,, ,, ,, 80 ,, ,,
III. 30 ,, ,, ,, 70 ,, ,, .
und so fort
X. 90 Theile Weinsäurelösung + 10 Theile Natriumsulphatlösung,

ferner bereitet man sich eine graduirte Pipette, welche gestattet, gleiche Theile Blut und Säure-Salzlösung zu mischen. Man saugt zu dem Zwecke in ein Glasröhrchen mit verjüngter Spitze (Thermometerrohr) ein Tröpfchen Wasser ein und markirt den oberen Rand des Flüssigkeitsfadens mit einem Feilenstrich, nun zieht man das Wasser so hoch in der Röhre auf, dass sein unterer Rand am Feilenstrich steht und markirt abermals den oberen Rand des Flüssigkeitsfadens.

In diese Pipette saugt man nun von dem Weinsäure-Glaubersalzgemisch I ein Tröpfchen bis zur ersten Marke ein, reinigt die Spitze der Pipette und saugt dann das zu untersuchende Blut nach, bis die Flüssigkeit die zweite Marke erreicht. Nach abermaliger Reinigung der Pipette bläst man ihren Inhalt in ein Uhrglas, rührt um und prüft mit sehr empfindlichem Lackmuspapier die Reaction. In derselben Weise verfährt man dann mit den Gemischen II, III u. s. w., bis eine Mischung erreicht ist, welche das Reagenspapier eben röthet. Die vorhergehende Probe zeigt dann den Alcalescenzgrad des untersuchten Blutes an.

Das Lackmuspapier muss nach der Vogel'schen Vorschrift angefertigt werden: 16 gr gepulverter Lackmus werden mit 120 ccm kalten destillirten Wassers übergossen und unter häufigem Umrühren 24 Stunden stehen gelassen. Dieser Auszug wird weggeschüttet und der Lackmus nochmals mit 120 ccm Wasser wie vorher behandelt. Nach 24 Stunden theilt man die abgegossene Flüssigkeit in zwei Hälften und säuert die eine Hälfte mit verdünnter Salpetersäure vorsichtig so lange an, bis die Flüssigkeit eben roth wird. Hierauf giesst man die angesäuerte und die blaue Flüssigkeit zusammen und erhält dadurch ein violettes Gemisch, worin chemisch reines feinporiges Filtrirpapier getränkt wird. Das so bereitete Reagenspapier soll, wenn es getrocknet ist, eine zarte Fliederblüthenfarbe haben und durch die geringsten Spuren Säure oder Alcali roth oder blau gefärbt werden.

Bestimmung des specifischen Gewichtes des Blutes.

Die Bestimmung der Blutdichtigkeit hat vor allen anderen klinischen Blutuntersuchungsmethoden den Vorzug, dass sie leicht in exacter Weise ausgeführt werden kann.

1. Directe Bestimmung im Capillarpyknometer (Thoma, R. Schmaltz.) Als Pyknometer dient eine circa 12 cm lange und $1\frac{1}{2}$ mm weite, an beiden Enden verengte Capillare, die etwa 0,1 ccm Flüssigkeit fasst. Dieselbe wird nach subtiler Reinigung mit Wasser, Alkohol und Aether zunächst genau gewogen (die benutzte Waage muss noch $\frac{1}{10}$ mgr exact angeben und $\frac{1}{20}$ mgr zu schätzen erlauben), sodann mit destillirtem Wasser von 38° C. gefüllt, äusserlich abgetrocknet und wiederum gewogen; die Differenz beider Zahlen ergiebt das Gewicht der in der Capillare enthaltenen Wassermenge. In dieses Capillarpyknometer wird nun der, durch Einstich mit einer schmalen Lanzette gewonnene Blutstropfen eingesaugt und die blutgefüllte Capillare von Neuem gewogen, der Quotient aus dem Gewicht des Blutvolumens dividirt durch das vorher bekannte Gewicht einer gleichgrossen Menge Wassers ergiebt dann das specifische Gewicht des untersuchten Blutes. *)

2. Indirecte Bestimmung durch Suspension eines Blutstropfens in einer anderen Flüssigkeit von bekanntem specifischen Gewicht:

a) Nach Roy: Tropfen des zu untersuchenden Blutes werden in Probeflüssigkeiten (Glycerin- oder Gummilösung u. s. w.) von bekannter Dichtigkeit eingebracht;

---

*) Die Capillaren können aus der Glasbläserei von Eichhorn in Dresden bezogen werden.

diejenige Flüssigkeit, in welcher das Blut schweben bleibt, ohne aufzusteigen oder abzusinken, giebt das specifische Gewicht des Blutes an.

b) Nach Hammerschlag: Ein Tropfen des zu untersuchenden Blutes wird in eine Mischung von Chloroform und Benzol eingebracht; das Blut vertheilt sich in dieser Mischung nicht, sondern bleibt als Tropfen erhalten, und man setzt nun so lange Chloroform oder Benzol zu, bis das Blutkügelchen eben schwimmt, ohne aufzusteigen oder unterzusinken. Das specifische Gewicht der Chloroformbenzolmischung wird dann mit einem Aräometer bestimmt.

Das specifische Gewicht des Blutplasmas wird nach Hammerschlag in folgender Weise bestimmt: in ein kurzes Capillarrohr von 1—2 mm Weite wird zunächst eine dreiprocentige Lösung von oxalsaurem Kali oder Natron eingesaugt; diese Lösung wird wieder entfernt und der an der Wand des Röhrchens anhaftende Rest genügt, um das zu untersuchende Blut, das dann in das Röhrchen eingesaugt wird, ungerinnbar zu machen. Man lässt nun die blutgefüllte Capillare, nachdem man ihre Oeffnungen mit Wachs verschlossen hat, aufrecht stehen, bis die Blutkörperchen sich abgesetzt haben, dann wird das Röhrchen knapp oberhalb des oberen Endes der Blutkörperchenschicht abgebrochen. Die Dichte des so gewonnenen Plasmas wird nach Hammerschlag's Methode (s. oben) bestimmt.

Bestimmung der Trockensubstanz des Blutes.

Die Bestimmung der Trockensubstanz ist durch eine von Stintzing ausgebildete Methode auch dann möglich geworden, wenn nur kleinste Blutmengen zur Verfügung stehen. Das Blut wird in kleinen, mit einem Deckel verschliessbaren Glasschalen*), die etwa 0,3 gr fassen, durch

---

*) Zu beziehen von Zeiss in Jena.

6stündige Behandlung im Trockenschrank bei 65° aus-
getrocknet; höhere oder niedrigere Temperaturen sind
nicht zweckmässig. Zur Wägung der Schalen mit Inhalt
vor und nach der Austrocknung ist eine Waage erforderlich, die noch $^1/_{10}$ mgr genau angiebt.

Rasches Arbeiten ist bei der starken Wasseranziehung
des getrockneten Blutes erforderlich.

Stintzing nennt diese Methode „Hygrämometrie".

Die Zählung der Blutkörperchen.

Von den zahlreichen vorhandenen Methoden besprechen wir hier nur die von Thoma und Zeiss, wonach das hundertfach verdünnte Blut in eine Zählkammer
von bekannter Tiefe eingebracht wird, und die Blutkörperchen unter dem Mikroskop auf dem in Quadrate ein-
getheilten Boden der Zählkammer gezählt werden. Die
Verdünnung geschieht in einer Mischpipette.

Es ist dies eine starkwandige Capillare, die in einer
ampullenförmigen Erweiterung eine Glasperle enthält. Die
Pipette muss vor dem Gebrauch mit Alkohol und Aether
gereinigt werden. Mittelst eines am oberen Ende der
Pipette befindlichen Gummischlauches wird das zu untersuchende Blut in das capillare Ende eingesaugt, bis es
nahe der Ampulle die Marke 1 erreicht, sodann wird
das Ende der Pipette vorsichtig gereinigt und soviel Verdünnungsflüssigkeit ($2^0/_0$ Kochsalzlösung oder Hayem'sche
Flüssigkeit: Hydrarg. bichlor. 0,5; Natr. sulfur. 5,0; Natr.
chlorat. 1,0; Aqu. dest. 200,0.) nachgesaugt, bis das
Gemisch die Ampulle angefüllt und die Marke 100 erreicht
hat; jetzt wird die Pipette unten mit dem Finger verschlossen und nun kräftig geschüttelt. Ist die Mischung
vollendet, so treibt man durch Blasen zuerst einige Tropfen
aus und bringt dann eine minimale Menge auf den Boden
der Zählkammer; sodann wird diese mit dem dazu gehörigen, plan geschliffenen Deckglas bedeckt. Wenn die

Gläser gut gereinigt waren, so müssen unter dem Deckglas Newton'sche Farbenringe sichtbar werden. Man legt nun das Präparat auf den Objecttisch des Mikroskops und wartet einige Minuten, bis sich die Blutkörperchen zu Boden gesetzt haben.

Zum Zählen bedient man sich am besten einer Vergrösserung von etwa 250 (z. B. Zeiss D. Ocular 2). Der Boden der Zählkammer zeigt in der Mitte ein 1 qmm grosses Feld, welches durch rechtwinklig gekreuzte Linien in 400 Quadrate getheilt ist; jede fünfte Reihe dieser Quadrate ist zur Erleichterung der Orientirung durch besondere Linien hervorgehoben. Man zählt nun reihenweise die in den Quadraten liegenden Blutkörperchen, und zwar empfiehlt es sich, wenn man einigermaassen exacte Zahlen gewinnen will, mindestens 200 Quadrate zu zählen. Die Distanz zwischen dem Niveau der Quadrate und dem Deckglas beträgt 0,1 mm; da nun das zur Zählung benutzte Blut hundertfach verdünnt war, wird aus der gewonnenen Zahl die Anzahl der in einem cmm Blut enthaltenden Blutkörperchen wie folgt berechnet: Gesetzt, es habe sich bei der Auszählung von 200 Quadraten die Zahl 1500 ergeben, so würde folgende Gleichung aufzustellen sein:

$$x = 1500 \times 2 \times 10 \times 100 = 3000000.$$

Es versteht sich von selbst, dass bei dieser Multiplication kleine Zahlendifferenzen sich enorm vergrössern und dass also nur bei äusserst sorgfältiger Arbeit annähernd exacte Resultate zu erlangen sind.

Die Zählung der Leukocyten wird in derselben Weise vorgenommen, wie die der Erythrocyten, nur bedient man sich dabei (nach Thoma) als Verdünnungsflüssigkeit, um die rothen Blutkörperchen zu zerstören, einer $1/_3$ %igen Essigsäure-Lösung und verwendet eine Mischpipette, welche die Herstellung geringerer Verdünnungsgrade zulässt.*)

---

*) Alle hier angeführten Apparate werden von der optischen Werkstätte von Carl Zeiss in Jena hergestellt.

Schätzung des Volumens der rothen Blutkörperchen.

Es ist zuerst von Hedin vorgeschlagen worden, die Sedimentirung der rothen Blutkörperchen durch Centrifugirung des Blutes zur Abschätzung des Gesammtvolumens derselben und, wenn ihre Anzahl bekannt ist, zur Berechnung des Volumens eines einzelnen Blutkörperchens zu benutzen. Zu diesem Zwecke wird in einer Mischpipette ein abgemessenes Blutquantum mit einer $2^1/_2$ $^0/_0$ Lösung von Kalium bichromicum vermischt und in einer graduirten Röhre centrifugirt. Diesen Apparat hat Hedin „Hämatokrit" genannt. Als Centrifugen sind Apparate verschiedener Art empfohlen worden, zuletzt von Gärtner in Wien eine Kreiselcentrifuge*). Da schon normalerweise und noch mehr unter gewissen pathologischen Verhältnissen die Grösse der rothen Blutkörperchen verschieden ist, gestattet die Bestimmung ihres Gesammtvolumens selbstverständlich nicht, mit Sicherheit auf ihre Anzahl zu schliessen. Hierzu kommt noch, dass die Geschwindigkeit der Sedimentirung wieder in hohem Grade von dem specifischen Gewicht der Erythrocyten und wahrscheinlich auch von der Beschaffenheit des Plasmas, dem Grad der Klebrigkeit der geformten Bestandtheile u. s. w. abhängig ist. Die Methode bedarf deshalb, bevor sie für die klinische Untersuchung verwerthbar wird, noch vielseitiger Prüfung.

Bestimmung der Widerstandsfähigkeit der rothen Blutkörperchen.

Die Widerstandsfähigkeit der rothen Blutkörperchen gegen schädliche Einflüsse kann, wie wir später sehen werden, in verschiedener Weise verändert sein, es existirt aber bisher keine für den klinischen Gebrauch geeignete Methode zur Untersuchung dieser überaus wichtigen Frage.

---

*) Zu beziehen mit dem dazu gehörigen Hämatokrit von Hugershoff in Leipzig.

Wir wollen zwei von den bekannten Methoden, obgleich dieselben nur im Laboratorium Verwendung finden können, kurz beschreiben, um anzudeuten, in welcher Richtung Forschungen dieser Art sich bewegen können.

Die Methode von Hamburger beruht auf der Thatsache, dass die rothen Blutkörperchen in destillirtem Wasser sofort ihren Farbstoff verlieren, während dies nicht geschieht, wenn man dem Wasser Kochsalz (oder gewisse andere Salze) in einem bestimmten Mengenverhältniss zusetzt. Eine Salzlösung, deren Concentration eben hinreicht, um den Austritt des Farbstoffes aus den Blutkörperchen zu verhüten, hat Hamburger als isotonisch bezeichnet.

Unter gewissen pathologischen Verhältnissen ist nun der „isotonische Coefficient" des Blutes verändert. Will man den Grad dieser Veränderung feststellen, so hat man nur abgemessene Mengen (etwa 0,2 g) des zu untersuchenden Blutes in Probirgläschen einzubringen, die mit (je 5 ccm) Kochsalzlösungen von verschiedener Concentration (0,3—1,0 %) gefüllt sind. Das Blut wird gut umgeschüttelt und 24 Stunden in den Salzlösungen stehen gelassen; derjenige Concentrationsgrad, welcher genügt, um die über den abgesetzten Blutkörperchen stehende Flüssigkeit farblos zu erhalten, ist der für das untersuchte Blut isotonische.

Laker hat die bekannte auflösende Einwirkung elektrischer Entladungen auf die rothen Blutkörperchen dazu benutzt, um einen Maassstab für ihre Widerstandsfähigkeit zu gewinnen. Das zu untersuchende Blut wird in Capillaren von bestimmter Länge eingesaugt und darin dem Entladungsstrom einer Leydener Flasche ausgesetzt; die Zahl der Entladungen, welche bei einer bestimmten Funkenschlagweite nöthig sind, um das Blut lackfarben zu machen, wächst mit dem specifischen Widerstand, den die Blutscheiben ihrer Zerstörung entgegensetzen und kann demnach als Gradmesser für die Beurtheilung ihrer Resistenzfähigkeit gelten.

Bestimmung des Hämoglobingehaltes des Blutes.

Um exacte Bestimmungen des Hämoglobingehaltes vorzunehmen, muss man entweder den Eisengehalt einer Blutprobe quantitativ bestimmen und daraus die Hämoglobinmenge berechnen oder das Blut spectrophotometrisch untersuchen. Beide Methoden sind für die Praxis nicht verwendbar, und die klinische Untersuchung ist deshalb darauf angewiesen, den Hämoglobingehalt aus der Färbekraft des zu untersuchenden Blutes abzuschätzen. Es stehen hierfür mehrere Methoden zur Verfügung, von denen wir nur die beiden gebräuchlichsten beschreiben.

1. Hämoglobinbestimmung nach v. Fleischl. Ein, in einer kurzen Capillare abgemessenes Blutquantum wird in einem hohlen Metallcylinder, der durch eine Scheidewand getheilt und unten durch eine Glasplatte geschlossen ist, mit destillirtem Wasser stark verdünnt;*) und zwar wird in die eine Abtheilung des Cylinders das verdünnte Blut, in die andere reines Wasser eingebracht. Mit Hülfe eines kleinen Apparates wird nun die Farbe des verdünnten Blutes mit den verschiedenen Farben-Intensitätsgraden eines rothen Glaskeiles verglichen, der unter dem mit Wasser gefüllten Cylinderabschnitt hingleitet. Der Glaskeil trägt eine Scala, welche die Färbekraft des Blutes in Procenten des Normalen (normale Färbekraft = 100) abzulesen gestattet. Als Lichtquelle dient eine Kerze oder eine Petroleumlampe; bei Tageslicht entspricht die Farbe des Glaskeils nicht der Blutfarbe. Zu beachten ist, dass die den Fleischl'schen Apparaten beigegebenen Maasscapillaren nicht immer gleich gross sind, so dass man sein Instrument für die zu benutzende Capillare erst aichen und dann die gewonnenen Resultate entsprechend

---

*) Die Wassermenge braucht nicht abgemessen zu werden, weil bei gegebener Bodenfläche einer gefärbten Flüssigkeitssäule die Intensität der Farbe durch den Grad der Verdünnung nicht beeinflusst wird.

umrechnen muss. Hätte man z. B. festgestellt, dass bei Benutzung einer bestimmten Capillare das Blut eines notorisch gesunden Mannes eine Färbekraft von 90% der Scala hat, so würde man bei jeder mit dieser Capillare angestellten Untersuchung das gewonnene Resultat (z. B. 35%) umrechnen müssen wie folgt:

$$\frac{35}{x} = \frac{90}{100}; \quad x = \frac{350}{9} = 38,88\%.$$

Wie schon erwähnt, zeigt das Fleischl'sche Instrument, vom Erfinder „Hämometer"*) genannt, nur die Färbekraft des Blutes in Procenten des Normalen an, man muss also, um absolute Werthe zu erhalten, die mit dem Hämometer gewonnenen Zahlen umrechnen. Das normale Blut enthält bei Männern ungefähr 14% Hämoglobin, es würde sich demnach, wenn man z. B. bei einer Untersuchung nach Fleischl die Färbekraft einer Blutprobe $= 35\%$ bestimmt hat, folgende Rechnung ergeben:

$$\frac{x}{14} = \frac{35}{100}; \quad x = \frac{35 \cdot 14}{100} = 4,9.$$

Die Fleischl'schen Maasscapillaren fassen leider nur ein sehr kleines Blutquantum, so dass bei der Abmessung des Blutes sehr leicht relativ grosse Fehler entstehen, ferner entspricht die Farbe des Glaskeils nicht ganz vollkommen der des Blutes, wodurch die, allen colorimetrischen Methoden anhaftende Unsicherheit noch vermehrt wird. Nach neueren Anschauungen handelt es sich überhaupt bei dieser Methode mehr um Vergleichungen von Lichtintensitäten. Ich getraue mir deshalb, trotz grosser Uebung, nicht, Fehler bis über 5% zu vermeiden. Für die klinische Untersuchung kommen freilich solche Differenzen in der Regel nicht in Betracht, weil die bei Kranken gefundenen Differenzen meist weit über diese Fehlergrenze hinausgehen; aber als eine exacte Methode kann die Untersuchung mit dem Fleischl'schen Hämometer nicht bezeichnet werden. Dasselbe gilt von der

---

*) Zu beziehen von C. Reichert in Wien.

2. Hämoglobinbestimmung mit dem „Hämoglobino-meter" von Gowers.*) Ein, in einer Maasscapillare abgemessenes Blutquantum wird in einem aufrecht stehen-den Glasrohr so lange mit destillirtem Wasser verdünnt, welches man aus einem Tropfglas nachfliessen lässt, bis die Farbe der Blutlösung der Farbe der als Muster dienenden Carmin - Pikrocarmin - Gelatine gleichkommt, welche in einen neben dem ersterwähnten Glasrohr stehen-den Glascylinder eingeschmolzen ist. Die Gelatine giebt die Farbe einer 1 $^0/_0$ wässrigen Lösung normalen Blutes wieder und der Stand der Flüssigkeitssäule in dem Röhrchen, welches die Blutlösung enthält, giebt den Hämoglobingehalt des untersuchten Blutes in Procenten des Normalen an. Die Umrechnung in absolute Werthe geschieht wie bei dem Fleischl'schen Hämometer. Die Untersuchung mit diesem Apparat wird bei Tageslicht ausgeführt und es empfiehlt sich, die beiden Gläschen in dem beigegebenen Holzstativ vor ein Blatt weisses Papier zu halten.

---

*) Zu beziehen von Hawksley in London.

B. Allgemeine Pathologie des Blutes.

1. Die Blutmenge.

Die Unmöglichkeit, am lebenden Menschen Daten zu gewinnen, die eine Schätzung seiner Blutmenge gestatten, hat zur Folge, dass wir uns über die fundamentale Frage, ob unter krankhaften Verhältnissen eine dauernde Vermehrung oder Verminderung der Blutmenge vorkommt, noch völlig im Unklaren befinden. Es wird gewöhnlich angenommen, dass das Blut beim Menschen $1/13$ (nach Bischoff $7,1—7,7\ ^0/_0$) des Körpergewichtes ausmacht, so dass also beispielsweise ein 65 kg wiegender Mann etwa 4,6—5,0 kg Blut besitzt. Ob aber dieses Verhältniss unter allen Umständen aufrecht erhalten wird, oder ob eine andauernde Verschiebung desselben in dem einen oder andern Sinne vorkommt, wissen wir nicht. Es ist beim Gesunden möglich, durch starke Flüssigkeitszufuhr das Blut zu verdünnen und zwar so rasch, dass dabei nur an eine Vermehrung der Blutmenge und nicht an Zerstörung geformter Elemente gedacht werden kann; aber diese Verdünnung ist nur von äusserst kurzer Dauer und schon nach wenig Minuten ist unter starker Harnsecretion das normale Verhältniss wieder hergestellt. Die folgende, an mir selbst gemachte Beobachtung diene als Beispiel:

9 Uhr Vorm. spec. Gewicht des Blutes . . . . = 1,061
9 Uhr 45 Min. Aufnahme von $^3/_4$ L. 0,6 $^0/_0$ Kochsalzlösung.
10 Uhr spec. Gewicht des Blutes . . . . = 1,057
10 Uhr 10 Min. Aufnahme von $^1/_4$ L. Kochsalzlösung.
10 Uhr 15 Min. spec. Gewicht des Blutes . . . = 1,058
10 Uhr 30 Min. spec. Gewicht des Blutes . . . = 1,059
10 Uhr 45 Min. 250 ccm Harn mit einem spec.
Gewicht von 1,006
entleert.
10 Uhr 45 Min. spec. Gewicht des Blutes . . . = 1,059
11 Uhr spec. Gewicht des Harns . . . . = 1,002
11 Uhr spec. Gewicht des Blutes . . . . = 1,059
1 Uhr 30 Min. spec. Gewicht des Blutes . . = 1,059

Ausser durch Flüssigkeitszufuhr vom Verdauungskanal aus, wird die Blutconcentration auch durch die Intensität und Richtung der Strömungen beeinflusst, die zwischen dem Blutplasma und der Gewebsflüssigkeit stattfinden und die nach neueren Untersuchungen von G r a w i t z[1]) und K n ö p f e l m a c h e r[2]) nicht nur von mechanischen und osmotischen Momenten, sondern vermuthlich auch von dem Tonus der Gefässe abhängen.

Aber alle diese physiologischen Schwankungen der Blutmenge, die im gewöhnlichen Leben mit einer gewissen Gesetzmässigkeit vor sich zu gehen scheinen, bewegen sich in sehr geringen Excursionen um einen festen Mittelwerth und haben mit dem Begriff der wahren Plethora oder Oligaemie — der Vermehrung und Verminderung aller Blutbestandtheile — nichts zu thun.

In früheren Zeiten spielte die präsumptive „Plethora sanguinea" eine grosse Rolle in der Pathologie. Man nahm an, dass unter dem Einfluss üppiger Lebensweise die Blutmenge derart vermehrt werden könne, dass sie einen abnorm grossen Theil der Gesammtmasse des Körpers ausmacht. In neuerer Zeit ist nun zwar durch die bekannten experimentellen Untersuchungen von Worm-

Müller, Cohnheim[3]) u. A. dieser Lehre ihre allgemeine Gültigkeit genommen worden, aber eine Widerlegung derselben wurde dabei nicht erreicht. Die genannten Forscher haben nämlich nachgewiesen, dass nach der Transfusion grosser Blutmengen die dadurch erzielte wahre Plethora sehr rasch verschwindet. Es tritt schon binnen wenig Tagen das Plasma des überschüssigen Blutes aus den Gefässen aus und bald danach schwindet auch die dadurch entstandene Hyperglobulie, so dass in kurzer Frist wieder normale Verhältnisse hergestellt werden. Aber es leuchtet ein, dass durch Experimente dieser Art die Vorgänge nicht so wiedergegeben sind, wie sie bei der Entstehung einer pathologischen Plethora gedacht werden müssen. Es wäre immerhin möglich, dass durch dauernde Ueberernährung bei ungenügender Muskelthätigkeit, wobei dem Gefässsystem Zeit gelassen wird, sich an neue und abnorme Bedingungen zu gewöhnen, und wobei dem Blut nicht zugemuthet wird, die Blutkörperchen eines anderen Individuums aufzunehmen, eine dauernde Vermehrung der Blutmenge erzielt werden könnte.

Diese Ursache, anhaltende Ueberernährung, nimmt denn auch Bollinger[4]) zur Erklärung der von ihm behaupteten Plethora in Anspruch, indem er die bei starkem Biergenuss sich häufig entwickelnde Herzhypertrophie auf eine Vermehrung der Blutmenge zurückführt. Freilich liegt in diesem Theil der Lehre Bollinger's keineswegs ein zwingender Beweis; denn die Herzhypertrophie könnte auch durch manche andere Momente, wie z. B. die anhaltende Ueberladung des Blutes mit harnfähigen Stoffen, erklärt werden. Bedeutungsvoller ist die von Bollinger constatirte Thatsache, dass bei Thieren, auch bei Individuen derselben Race, grosse Differenzen in dem Verhältniss zwischen Blutmenge und Gesammtmasse des Körpers vorkommen. Und zwar fand Bollinger, dass jugendliche, stark wachsende Thiere relativ mehr Blut haben als erwachsene und männliche mehr als weibliche; ganz besonders aber stellte es sich heraus, dass zwischen der Entwickelung der Muskulatur und der Blutmenge ein directes Verhältniss bestand, während umgekehrt starke Fettbildung die Blutmenge herabsetzte. Der Beweis für das Vorkommen einer pathologischen Plethora ist freilich auch durch diese interessanten Untersuchungen nicht erbracht.

Nicht besser steht es mit unseren Kenntnissen von dem Vorkommen einer pathologischen Verminderung der relativen Blutmenge, einer wahren Oligaemie. Vorübergehend tritt eine solche natürlich nach jedem Aderlass ein, auch ist die Eindickung des Blutes, wie sie bei der Cholera und zuweilen bei der raschen Wiederkehr eines durch Punction entleerten Ascites (v. Limbeck[5]) beobachtet wird und künstlich durch Glaubersalzzufuhr und starke Darmentleerungen (Zawadzki[6]) erzeugt werden kann, mit einer Verminderung der Blutmasse verbunden. Aber diese Zustände sind nie von Dauer: auf den Aderlass folgt ein hydrämischer Zustand, der durch Resorption von Gewebsflüssigkeit zu Stande kommt und bis zur vollendeten Regeneration der Blutkörperchen anhält, und die Bluteindickung wird auf dieselbe Weise paralysirt. Ob aber durch Krankheit, oder durch fortgesetzte Unterernährung und andere äussere Einflüsse die Blutmenge in stärkerem Maasse abnehmen kann, als die übrigen Körpergewebe, wissen wir nicht.

Gewisse Beobachtungen scheinen allerdings darauf hinzudeuten: z. B. das Vorkommen einer völlig normalen Concentration und normalen Hämoglobingehaltes des Blutes bei Phthisikern und anderen Kranken mit äusserst anämischer Hautfarbe. Aber diese Erscheinungen lassen sich auch in anderer Weise erklären, z. B. durch die Annahme, dass bei diesen Kranken nur die Haut anämisch sei, oder — in Fällen, wo bei der Section alle Organe blutarm gefunden werden — durch die Voraussetzung, dass durch eine Anhäufung der geformten Elemente des Blutes in der Peripherie der normale Blutbefund nur vorgetäuscht wurde.

Vielleicht werden fortgesetzte experimentelle Untersuchungen an Thieren in diese wichtigen Fragen Klarheit bringen. Interessant ist in dieser Beziehung die Beobachtung Graffenberger's,[7]) dass unter dem Einfluss des Lichtabschlusses eine Verkleinerung der Gesammtblutmenge eintrete; es fand sich ausserdem bei den Thieren eine mangelhafte Ausbildung des Knochengerüstes und ein Zurückbleiben des Leberwachsthums.

Literatur.

1. Grawitz, Zeitschr. für klin. Medicin XXI, 1892.
2. Knöpfelmacher, Wiener klin. Wochenschr. 1893, 45 u. 49.
3. Cohnheim, Vorlesungen über allgem. Pathologie, 1882.
4. Bollinger, Münchner med. Wochenschr. 1886, 5—6.
5. v. Limbeck, Grundriss einer klin. Pathologie des Blutes. Jena, 1892.
6. Zawadzki, Gazeta Lekarska 1888. Ref. in Schmidt's Jahrb. Bd. 222.
7. Graffenberger, Arch. f. d. gesammte Physiol. 1892. Ref. in Schmidt's Jahrb. Bd. 238.

2. Das specifische Gewicht des Blutes.

Das specifische Gewicht des Blutes ist, wie sich dies von selbst versteht, schon frühzeitig Gegenstand der Untersuchung gewesen. Schon Davy[1]) hat im Jahre 1839 Angaben über diesen Gegenstand veröffentlicht und Becquerel und Rodier haben in ihren berühmten „Untersuchungen über die Zusammensetzung des Blutes im gesunden und kranken Zustande"[2]) auch die Dichtigkeit des Blutes eingehend gewürdigt. Während aber früher zu Untersuchungen der Blutdichte, die stets mit Pyknometern vorgenommen wurden, grössere Blutmengen erforderlich waren, sind in neuerer Zeit Methoden erfunden worden, welche Bestimmungen der fraglichen Grösse auch dann gestatten, wenn nur wenige Tropfen Blutes zur Verfügung stehen, und erst dadurch sind

Dichtigkeitsbestimmungen am Blute in die Reihe der klinischen Untersuchungsmethoden eingeführt und Untersuchungen in dieser Richtung auf breiterer Basis ermöglicht worden.

Nach der übereinstimmenden Angabe aller Autoren, die mit zuverlässigen Methoden gearbeitet haben, ist unter normalen Verhältnissen, abgesehen von Differenzen, die durch das Geschlecht bedingt sind, das specifische Gewicht des Blutes eine annähernd constante Grösse. Entsprechend seinem geringeren Gehalte an rothen Blutkörperchen und an Hämoglobin hat das Blut der Frauen ein etwas niedrigeres specifisches Gewicht (im Mittel etwa 1,056) als das der Männer (im Mittel etwa 1,059); dagegen finden sich bei Personen desselben Geschlechtes nur geringe Abweichungen (etwa bis $\pm$ 0,003) von der Mittelzahl. Ich fand bei 20 Personen beiderlei Geschlechts folgende Zahlen [3, 6]:

Männer		Frauen	
Alter	Spec. Gew. des Blutes	Alter	Spec. Gew. des Blutes
22 Jahr	1,058	17 Jahr	1,057
26 „	1,059	18 „	1,057
28 „	1,058	20 „	1,057
32 „	1,060	23 „	1,056
33 „	1,059	25 „	1,055
35 „	1,058	29 „	1,057
36 „	1,059	36 „	1,055
56 „	1,062	38 „	1,059
		47 „	1,057
		52 „	1,056
		55 „	1,055
		75 „	1,055
Durchschnitt 1,0591		Durchschnitt 1,0562	

Durch Einwirkungen verschiedener Art erfährt zwar die Blutconcentration vorübergehende Aenderungen, so

durch Nahrungs- und Flüssigkeitszufuhr, starke Schweiss-
absonderung u. s. w., aber in der Norm werden diese
Schwankungen schnell wieder ausgeglichen. Es gelang
mir z. B. nicht, durch Aufnahme von 1 L. physiologischer
Kochsalzlösung das Gewicht meines Blutes für länger als
$^3/_4$ Stunde unter dem Durchschnitt zu erhalten. Ich habe
ferner im Laufe eines Jahres eine grosse Zahl von Bestimmungen an mir selbst vorgenommen und gefunden,
dass während dieses Zeitraumes mein Blutgewicht nie
unter 1,056 absank und nie über 1,062 anstieg; durchschnittlich fanden sich in den Morgenstunden etwas höhere
Werthe, als während des übrigen Tages[6]):

Datum	Tageszeiten				
	7—8	8—11	11—2	2—5	5—8
2. IV. 1890	—	—	1,058	1,057	1,057
7. IV. 1890	—	1,061	—	—	—
9. IV. 1890	—	1,059	—	1,061	1,059
13. IV. 1890	—	—	1,060	1,060	1,060
14. IV. 1890	—	—	1,058	1,059	—
19. IV. 1890	—	—	1,059	1,059	—
22. V. 1890	1,058	—	1,060	—	—
23. V. 1890	—	—	1,056	—	—
25. V. 1890	1,060	1,060	—	—	1,059
1. VI. 1890	1,062	—	1,060	—	1,059
2. VI. 1890	1,062	—	1,059	—	1,058
9. VI. 1890	—	1,060	—	—	1,060
10. VI. 1890	1,062	—	—	—	—
9. III. 1891	1,059	—	1,058	—	1,057
10. III. 1891	1,060	—	1,060	—	1,059
13. III. 1891	1,061	—	—	1,060	—
14. III. 1891	1,059	—	1,061	—	1,062
Durchschnitt	1,060	1,060	1,059	1,059	1,059

Von Glogner[18]) und Eijkmann[7]) sind an Tropen-
bewohnern Untersuchungen angestellt worden; die Resultate des letztgenannten Autors stimmen mit den oben

angegebenen Zahlen vollkommen überein, Glogner fand bei einem Theil der untersuchten Personen niedrigere Ziffern.

Auch der Ort der Blutentnahme scheint auf dessen Dichte nur von geringem Einfluss zu sein, wie speciell' hierauf gerichtete Untersuchungen von Sophie Scholkoff[8]) beweisen; das Gleiche gilt von dem Füllungsgrad der Hautgefässe[3]). Ein anderes Verhalten macht sich geltend, wenn durch vasomotorische Einflüsse weite Gefässgebiete zur Contraction oder zur Erweiterung veranlasst werden. Grawitz[9]), der hierüber eingehende Studien gemacht hat, fand, dass auf Reizung der Vasomotoren (durch ein kaltes Bad, psychische Erregung u. s. w.) eine Eindickung des Blutes folgte, während umgekehrt durch Lähmung der Vasomotoren (durch ein heisses Bad oder Amylnitriteinathmung) eine Verdünnung des Blutes erzeugt werden konnte. Grawitz, dessen Beobachtungen neuerdings durch Untersuchungen von Knöpfelmacher bestätigt worden sind[22]), führt diese Erscheinung auf einen, vom Gefässtonus abhängigen Austausch von Flüssigkeit zwischen den Gefässen und den Geweben zurück.

Unter pathologischen Verhältnissen kommen Aenderungen des specifischen Gewichtes des Blutes auf verschiedene Weise zu Stande. Da die rothen Blutkörperchen der schwerste Bestandtheil des Blutes sind, so ist es klar, dass eine Verminderung ihrer Zahl im Blute das Gesammtblut specifisch leichter machen muss, da ferner die rothen Zellen vorwiegend aus Hämoglobin bestehen und ihrem Gehalt an dieser Verbindung ihr hohes Gewicht verdanken, so muss das specifische Gewicht des Blutes auch dann sinken, wenn dessen Gehalt an rothen Blutkörperchen zwar normal ist, diese letzteren aber abnorm arm an Hämoglobin sind. Umgekehrt muss das Gewicht des Blutes steigen, wenn Hyperglobulie besteht. Das Blutplasma hat zwar ein wesentlich niedrigeres specifisches Gewicht, als das Gesammtblut (nach Hammerschlag[15—17]) im Mittel 1,030), dennoch ist es selbstverständlich, dass Aenderungen seiner Concentration gleichfalls einen Einfluss auf das Gewicht des Gesammtblutes haben. Ob die Anwesenheit fremder Stoffe im Blute an sich in deutlicher Weise seine Dichte beeinflussen kann, erscheint zweifelhaft — die von Einzelnen behauptete Gewichtserhöhung bei Icterus ist von anderer Seite geleugnet worden —, dagegen gelingt es, experimentell durch Einführung solcher Stoffe, welche die endosmotischen Verhältnisse im Gefässsystem modificiren, die Blutdichte zu verändern (Grawitz, Zawadzky).

Nach dem eben Gesagten ist es nur natürlich, dass sich die grössten Abweichungen von der Norm bei der Chlorose finden, wobei ja der Hämoglobingehalt des Blutes zuweilen enorm herabgesetzt gefunden wird, und dass hierbei, wie meine eigenen Untersuchungen und die vieler anderer Autoren übereinstimmend gelehrt haben, das Verhalten des specifischen Gewichtes des Blutes dem Hämoglobingehalt desselben annähernd parallel geht, während es sich von der Blutkörperchenzahl in weiten Grenzen unabhängig zeigt.

Ich fand z. B. die folgenden Zahlen:

No.	Spec. Gew.	Hämoglobin *) %	Zahl der rothen Blutkörperchen in 1 cbmm	No.	Spec. Gew.	Hämoglobin %	Zahl der rothen Blutkörperchen in 1 cbmm
1	1,035	4,20	3 364 000	11	1,040	5,60—6,30	—
2	1,036	4,90	2 972 000	12	1,041	4,90—5,60	3 380 000
3	1,038	4,90	2 728 000	13	1,041	5,60—6,30	2 852 000
4	1,038	4,90	4 400 000	14	1,041	5,60—6,30	—
5	1,039	4,90	4 144 000	15	1,041	4,20—4,90	3 604 000
6	1,039	4,90—5,60	2 448 000	16	1,042	5,60—6,30	3 440 000
7	1,039	5,60	3 352 000	17	1,042	6,30	—
8	1,039	5,60	—	18	1,042	4,90—5,60	—
9	1,039	4,90	3 360 000	19	1,043	7,00	3 376 000
10	1,040	5,60—6,30	—	20	1,043	6,30—7,00	—

*) Der Hämoglobingehalt des normalen Blutes ist etwa 14% bei Männern und 12% bei Frauen.

No.	Spec. Gew.	Hämo-globin *) %	Zahl der rothen Blut-körperchen in 1 cbmm	No.	Spec. Gew.	Hämo-globin %	Zahl der rothen Blut-körperchen in 1 cbmm
21	1,043	6,30	—	36	1,047	7,00	—
22	1,043	5,60	—	37	1,047	5,60—6,30	....
23	1,043	5,60	3 876 000	38	1,047	7,00—7,70	—
24	1,044	7,00	4 208 000	39	1,048	7,70	—
25	1,044	6,30—7,00	3 096 000	40	1,049	6,30—7,00	4 164 000
26	1,044	5,60—6,30	—	41	1,050	8,40	- -
27	1,044	4,90—5,60	4 068 000	42	1,050	7,70—8,40	—
28	1,044	8,40	4 512 000	43	1,051	9,10	—
29	1,044	6,30	3 520 000	44	1,951	9,80	4 464 000
30	1,045	5,60—6,30	3 780 000	45	1,052	9,10	—
31	1,045	6,30	—	46	1,053	10,50	—
32	1,045	7,00	—	47	1,054	9,8—10,50	—
33	1,045	6,30—7,00	—	48	1,054	11,20-12,10	4 008 000
34	1,045	6,30—7,00	3 536 000	49	1,056	11,20	4 664 000
35	1,046	6,30—7,00	—				

Die Herabsetzung des specifischen Gewichtes des Blutes bei der Chlorose ist oft eine sehr erhebliche, bis auf 1,035, ja sogar 1,030; mit fortschreitender Besserung steigt dann, entsprechend dem zunehmenden Hämoglobingehalt, auch das Gewicht des Blutes wieder an und erreicht mit erfolgter Heilung die Norm. In diesen Fällen geben Bestimmungen des Blutgewichtes, die ja leicht in völlig exacter Weise ausführbar sind, den genauesten Maassstab für den Grad der Erkrankung und die Fortschritte der Heilung ab (Beispiele s. in dem Capitel über Chlorose).

Auch bei allen anderen Formen der Anämie wird, sobald eine Verarmung des Blutes an Hämoglobin vorhanden ist, ein Absinken des specifischen Blutgewichtes beobachtet, so nach Aderlässen und anderen Blutverlusten, bei schweren Anämien und bei Kachexien verschiedenen Ursprunges.

---

*) Der Hämoglobingehalt des normalen Blutes ist etwa 14% bei Männern und 12% bei Frauen.

Baginsky[23]) hat kürzlich die Krankengeschichte eines
an perniciöser Anämie leidenden Kindes mitgetheilt, bei
dem die Dichte des Blutes bis auf 1,020 gesunken war!
Eigene Beobachtungen an einigen kranken Frauen:

Alter in Jahren	Diagnose	Spec. Gew. des Blutes
26	Haematemesis	1,031
22	Haematemesis	1,045
15	Leukaemia, Endocarditis ulcerosa	1,034
26	Septikaemia, Endocarditis	1,030
62	Carc. ventr. et hepatis, Leukocytosis	1,039
43	Fibrosarcoma uteri, Ascites	1,041
35	Chyluria, Anaemia	1,045
36	Metrorrhagiae	1,042
19	Nephritis chron., Anaemia	1,046
22	Phth. pulm., Anaemia	1,036
33	Typhus abd. (2.—3. Woche)	1,044
15	Typhus abd., Otitis med. (Recidiv. 7. Woche) .	1,046
25	Insuff. valv. mitr.	1,042
17	Insuff. valv. mitr.	1,044
21	Insuff. valv. Aortae	1,047
20	Insuff. valv. mitr.	1,046

Die oben aufgestellte Regel, dass bei der Chlorose
und den meisten Anämien das specifische Blutgewicht
dem Hämoglobingehalt des Blutes parallel geht, erleidet
nach Untersuchungen von Hammerschlag[15—17]) und
Siegl[13]) eine Ausnahme bei der Anämie der Nephritiker.
In Folge der hydrämischen Beschaffenheit des Plasmas
wird nämlich in diesen Fällen häufig die Dichte des
Blutes in höherem Grade erniedrigt, als dem Hämoglobingehalt entsprechen würde.

Hammerschlag, S. Scholkoff und Stein[21]) prüften
den Einfluss des Fiebers auf die Blutdichte, erhielten aber
widersprechende Resultate.

Endlich haben wir noch zu erwähnen, dass Schlesinger[20]) in Fällen von Pemphigus, sowie nach Verbren-

nungen das specifische Gewicht des Blutes erhöht fand, wie er annimmt, in Folge der Exsudation eiweisshaltiger Flüssigkeit aus dem Blute.

Auffallend sind die Resultate, die bei Phthisikern gefunden werden. Es hat sich nämlich herausgestellt, dass nicht selten gerade die schwersten Fälle von Lungenschwindsucht ein normales, ja theilweise sogar ein relativ hohes Blutgewicht zeigen. Die Erklärung für diese Thatsache ist theilweise vielleicht in der Annahme zu suchen, dass die Anämie solcher Kranker nicht sowohl in Oligochromämie und Oligocythämie besteht, sondern dass in Folge der Consumption die Gesammtblutmenge vermindert ist, theilweise aber kommt wahrscheinlich noch ein zweites Moment in Frage.

Es wurde oben schon erwähnt, dass eine Vermehrung der rothen Blutkörperchen im Blute das specifische Gewicht des letzteren erhöhen muss. Eine solche Hyperglobulie tritt nun überall da ein, wo in Folge von Circulationsstörungen der Blutstrom über ein gewisses Maass hinaus verlangsamt wird, und die Beobachtungen zahlreicher Autoren lehren, dass nur ganz geringfügige Stauungen erforderlich sind, um das venöse Blut abnorm reich an Blutkörperchen zu machen. Die Folge dieser „globulösen Stase" ist ein Ansteigen des specifischen Gewichtes des Blutes in allen Fällen, in denen die Circulation in der Peripherie verlangsamt ist. Wie hohe Grade die Blutconcentration unter solchen Umständen erreichen kann, beweist eine Mittheilung von Krehl[27]), der in einem Falle von Stenose des Ostium pulmonale am Aderlassblut ein specifisches Gewicht von 1,071 fand!

Diese Erscheinung, die bei Herzkranken gar nicht selten gefunden · wird, deutet darauf hin, dass bei dem Bestehen von Circulationsstörungen, wie solche ja auch in vielen Fällen von Lungentuberkulose vorkommen, die Untersuchung einer in der Peripherie gewonnenen Blutprobe keinen Aufschluss über den Zustand des Gesammtblutes giebt und deshalb werthlos ist.

Nach neueren Untersuchungen von Grawitz kommt für die Erklärung des hohen specifischen Gewichtes des Blutes bei Tuberkulösen vielleicht noch ein anderes Moment in Betracht. Grawitz fand nämlich, dass den Substanzen, die sich aus tuberculösen Herden extrahiren lassen, eine starke lymphtreibende Wirkung zukommt und nimmt an, dass auch bei Kranken durch die Anwesenheit dieser Stoffe im Blut eine Eindickung desselben stattfinden könne.

Eigene Beobachtungen an einigen Phthisikern und Herzkranken:

Alter	Geschl.	Diagnose	Spec. Gew. des Blutes
42	m.	Phthisis progressa	1,051
20	w.	Phthisis progressa	1,055
48	w.	Phthisis pulm., Myoma uteri, Metrorrhagiae	1,056
13	w.	Phthisis progressa	1,062
35	w.	Phthisis progressa	1,053
24	w.	Phthisis pulmonum, Gastrectasia	1,050
19	w.	Phthisis progressa	1,052
16	w.	Suspicio phthiseos, Anaemia	1,063
16	w.	Insuff. valv. mitr., Rheumat. artic. . . .	1,060
18	w.	Insuff. valv. mitr., Rheumat. artic. . . .	1,051
38	w.	Insuff. valv. mitr., Cirrhos. hepat., Ascites	1,058
29	w.	Insuff. valv. mitr., Stenos. ost. venos. sin.	1,060
20	w.	Insuff. valv. mitr., Stenos. ost. venos. sin.	1,063
26	m.	Insuff. valv. mitr. et valv. Aortae . . .	1,058
37	m.	Stenos. ost. venos. sin., Dilatatio cordis .	1,057
51	w.	Insuff. valv. Aortae	1,056
22	w.	Stenos. ost. pulmonalis	1,055

Literatur.

1. Rollet, Physiologie des Blutes, in Hermann's Handbuch 1880.
2. Becquerel u. Rodier, Unters. über die Zusammensetzung des Blutes. Deutsch von Eisenmann, Erlangen 1845.
3. R. Schmaltz, Deutsches Arch. f. klinische Medicin XLII, 1890.
4. E. Peiper, Centralbl. f. klinische Medicin 1891, 12.
5. Rumpf, Dissertation, Kiel 1891.

6. R. Schmaltz, Verh. des X. Congr. f. innere Medicin 1891 und Deutsche med. Wochenschr. 1891, 16.
7. Eijkmann, Virchows Arch. Bd. 125, 1891.
8. Sophie Scholkoff, Dissertation, Bern 1892.
9. E. Grawitz, Zeitschr. f. klin. Med. XXI, 1892.
10. Lloyd Jones, Journ. of Physiol. VIII und XII.
11. Devoto, Zeitschr. f. Heilkunde XI.
12. Monckton Copeman, Brit. med. Journ. 24. Jan. 1891.
13. Siegl, Wiener klin. Wochenschr. 1892.
14. Derselbe, Prager med. Wochenschr. 1892.
15. Hammerschlag, Zeitschr. f. klin. Med. XX.
16. Derselbe, Centralbl. f. klin. Med. 1891.
17. Derselbe, Zeitschr. f. klin. Med. XXI.
18. Glogner, Virchows Arch. Bd. 126.
19. Hock und Schlesinger, Centralbl. f. klin. Med. 1891.
20. Schlesinger, Virchows Arch. Bd. 130.
21. Stein, Centralbl. f. klin. Med. 1892.
22. Knöpfelmacher, Wiener klin. Wochenschr. 1893, 45 u. 49.
23. Baginsky, Deutsche med. Wochenschr. 1894, 7.
24. Felsenthal u. Bernhard, Arch. f. Kinderheilk. XXVII, 1894.
25. Monti, Wiener med. Presse 1894, 41—42.
26. Menicanti, Deutsch. Arch. f. klin. Med. L, 1892.
27. Krehl, Deutsch. Arch. f. klin. Med. XLIV.

3. Die Trockensubstanz des Blutes.

Beim gesunden Menschen beträgt die Trockensubstanz des Blutes nach den Angaben zahlreicher Autoren etwa 20 $^0/_0$ des Gesammtblutes, bei Männern im Allgemeinen etwas mehr, als bei Frauen. Stintzing und Gumprecht[2]), die zuletzt diesen Gegenstand an einem grösseren Material bearbeitet haben, fanden im Durchschnitt bei Männern 21,6, bei Frauen 19,8 $^0/_0$.

Dieselben Autoren haben auch an einer grossen Zahl von Kranken Untersuchungen angestellt und dabei, was die Blutkrankheiten anlangt, die folgenden Resultate gehabt.

Bei Anämien nimmt die Trockensubstanz ab, und zwar annähernd, aber nicht genau proportional dem Hämoglobingehalt, während ihr Verhalten von dem Gehalt des Blutes an rothen Blutkörperchen in weiten Grenzen unabhängig ist. Immerhin übt die Blutkörperchenzahl insofern einen Einfluss auf die Menge der Trockensubstanz aus, als bei solchen Anämieformen, die eine hohe Blutkörperchenzahl bei niedrigem Hämoglobingehalt des Blutes aufweisen, wie bei der Chlorose, die Trockensubstanz erheblich höhere Zahlen ergiebt, als bei anderen Anämieformen mit gleichem Hämoglobingehalt. Auch bei der Leukämie sind die Werthe der Trockensubstanz, in Folge der Leukocytose, relativ hoch bei niedrigen Hämoglobinwerthen.

Literatur.

1. Stintzing, Verh. d. XII. Congr. f. innere Med. 1893.
2. Stintzing u. Gumprecht, Deutsches Arch. f. klin. Med. 1894.
3. Biernacki, Wiener med. Wochenschr. 1893, 43—44.
4. Derselbe, Zeitschr. f. klin. Med. XXIV, 1894.

4. Die Alcalescenz des Blutes.

Den Alcalien des Blutes kommt eine mehrfache Bedeutung zu. Zunächst dienen sie als Kohlensäureträger: die durch die Oxydationsvorgänge in den Geweben sich bildende Kohlensäure wird in das Blut aufgenommen und hier grösstentheils an die Alcalien und zwar in ihrer Hauptmasse an das Natron des Plasmas gebunden. (Bunge[1]). Ferner schützen die Blutalcalien den Organismus gegen die schädlichen Wirkungen im Ueberschuss vorhandener saurer Stoffwechselproducte (s. unten). Weiter ist durch neuere Untersuchungen von Hamburger[2] nachgewiesen, dass Erhöhung des Alcaligehaltes des Blutes die Permeabilität der rothen Blutkörperchen günstig beeinflusst, so dass sie in einer schwächeren Salzlösung ihren Farbstoff behalten, während Ansäuerung des Blutes die entgegengesetzte Wirkung hat. Und zwar ist dieser Einfluss der Alcalien schon bei Differenzen des Alcaligehaltes des Blutes bemerkbar, die weit hinter den, unter pathologischen Verhältnissen zuweilen beobachteten Schwankungen zurückbleiben. Ferner hat Buchner[3]) nachgewiesen, dass die Alcalien eine specifische Bedeutung für das Leben der rothen Blutkörperchen haben; endlich scheint aus neuen Untersuchungen von v. Fodor[5]) hervorzugehen, dass eine Steigerung des Alcaligehaltes des Blutes die Widerstandsfähigkeit des Organismus gegen Infectionen zu erhöhen vermag.

Die Erforschung des Alcali-Reichthums des Blutes ist demnach von grossem Interesse für die Pathologie; leider haben aber hierauf gerichtete Untersuchungen mit grossen Schwierigkeiten zu kämpfen. Die Alcalescenz des Blutes wird nämlich durchaus nicht allein durch seinen Gehalt an Alcalien im gewöhnlichen Sinne bestimmt, vielmehr ist das Blut ein Gemisch von Stoffen, die in ihren sauren und basischen Eigenschaften grossentheils gänzlich unbekannt sind, und es ist deshalb überhaupt nicht statthaft von der Alcalescenz des Blutes als einer absoluten Grösse zu reden. Aber auch die Bestimmung der Blutalcalescenz mit Bezug auf gewisse Reagentien, z. B. die Titrirung mit Säure und Lackmus ist nur von beschränktem Werth; denn es ist nicht anzunehmen, dass bei Aenderungen des dabei beobachteten Alcalescenzgrades die Grösse des gegen Lackmus indifferenten Säuren- und Basenantheils unverändert bleibt, sodass dann durch die Titration zwar an sich unrichtige, aber doch mit einander vergleichbare Werthe gewonnen werden könnten (H. Meyer[4]), Krauss[6]). Jüngst haben ausserdem Löwy und v. Limbeck und Steindler[14]) dargethan, dass bei der Titrirung des Blutes nach Landois und v. Jaksch eigentlich nicht die Alcalescenz des Gesammtblutes, sondern, da die rothen Blutkörperchen dabei erhalten bleiben, nur die des Plasmas bestimmt wird, ein Umstand, der eine Quelle erheblicher Fehler sein kann.

Zuverlässigere Resultate ergiebt die Bestimmung der im Blut gebundenen Kohlensäuremenge, deren Ergebnisse zwar wiederum nicht die absolute Grösse der Alcalescenz des Blutes angeben, aber gerade auf die Menge der darin enthaltenen Alcalien, auf seine „Säurencapacität", werthvolle Schlüsse zu ziehen gestatten. Leider erfordern aber Untersuchungen dieser Art grössere Blutmengen und sind überhaupt mit den für klinische Untersuchungen verfügbaren Mitteln in der Regel nicht ausführbar.

Unter diesen Umständen kann den auf diesem Gebiete unternommenen zahlreichen Forschungen theilweise nur ein beschränkter Werth zuerkannt werden, und es versteht sich von selbst, dass die mit verschiedenen Methoden gewonnenen Zahlen nicht mit einander verglichen werden können. Wir geben im Folgenden die von den Bearbeitern dieser Frage (H. Meyer und Feitelberg[4]), Williams, Walther, v. Jaksch[7]), Krauss[6]), Peiper[8]), Klemperer[10]), v. Limbeck[11]), Rumpf[12]), Drouin[9]), Cohnstein[15]), v. Limbeck und Steindler[14]) u. A.) mitgetheilten Resultate wieder.

Beim Gesunden reagirt das Blut auf Lackmus stets alcalisch; der Grad seiner Alcalescenz wird, abgesehen von individuellen und durch die Ernährung, das Alter und das Geschlecht (Peiper, Rumpf, Drouin) bedingten Differenzen, hauptsächlich durch intensive Muskelthätigkeit beeinflusst (Cohnstein), indem die hierbei producirten Säuren einen Theil der Alcalien des Blutes binden.

Unter pathologischen Verhältnissen kommen, wie erwähnt, sehr erhebliche Abweichungen von der Norm vor.

Die Alcalescenz des Blutes wird herabgesetzt durch gewisse Gifte, wie Arsen, Jod, Quecksilber, oxalsaures Natron, Phosphor, Kohlenoxyd, ferner durch Vergiftung mit anorganischen Säuren und durch Blutgifte, die eine Zerstörung der rothen Blutkörperchen bewirken (wobei nach der Meinung von Krauss die sauren Zersetzungsproducte des frei werdenden Lecethins die Alcalien des Plasmas theilweise binden). Ausserdem nimmt der Alcaligehalt des Blutes ab im Fieber (Einwirkung der dabei in gesteigertem Maasse entstehenden Säuren. Die Constanz der Alcalescenzverminderung im Fieber wird von v. Limbeck und Steindler geleugnet), im Stadium algidum der Cholera (C. Schmidt), bei der Carcinomkachexie und in urämischen

Anfällen. Bei der Chlorose fand v. Jaksch gleichfalls abnorm niedrige Werthe, während Rumpf und Krauss mindestens normale und Peiper und Gräber sogar abnorm hohe Zahlen fanden. Auch die an Leukämischen gemachten Beobachtungen haben widersprechende Resultate ergeben. Kürzlich haben Löwy und Richter Beobachtungen veröffentlicht, denen zufolge bei gewissen Formen der künstlich erzeugten Leukocytose eine Steigerung der Alcalescenz des Blutes vorkommen soll, eine Erscheinung, die von den genannten Autoren auf die der Leukocytose häufig vorausgehende Leukocytenverminderung (Leukolyse) zurückgeführt wird.

Von besonderem theoretischem und praktischem Interesse sind die Verhältnisse beim Diabetes.

Es ist nämlich durch die Untersuchungen von Stadelmann[16]) nachgewiesen worden, dass sich bei dieser Krankheit aus dem Körpereiweiss oft in grosser Menge eine abnorme Säure bildet, die von Stadelmann zuerst als Crotonsäure gedeutet und später von Minkowsky[17]), Stadelmann, Külz und Anderen als β-Oxybuttersäure bestimmt worden ist. Stadelmann und mit ihm Minkowsky nehmen nun an, dass diese Säure, sobald ihre Production derart gestiegen ist, dass sie im Organismus nicht mehr durch Ammoniak neutralisirt werden kann, die Alcalien des Blutes bedrohe und zu einer Säurevergiftung führen könne, die unter dem bekannten Bilde des Coma diabeticum verläuft. Diese Hypothese, die durch die mehrfach gemachte Beobachtung gestützt wird, dass beim Diabetes die Alcalescenz des Blutes herabgesetzt ist, hat Stadelmann[18]) dazu geführt, für die Behandlung des Coma diabeticum die intravenöse Infusion einer alcalischen Lösung zu empfehlen. Von anderer Seite wird freilich behauptet (Penzoldt, Lépine), dass die Wirkung der Oxybuttersäure nicht auf Säureintoxication beruhe, sondern eine narcotische sei und entweder unmittelbar oder nach Umsetzung der Oxybuttersäure in Aceton, Acetessigsäure u. s. w. zu Stande komme. Jedenfalls sind die beim

Diabetes gefundenen Verhältnisse besonders geeignet, die Wichtigkeit der Integrität des Blutalcali - Bestandes ins rechte Licht zu setzen.

Literatur.

1. Bunge, Lehrb. d. physiol. und pathol. Chemie. Leipzig 1889.
2. Hamburger, Arch. f. Anatomie und Physiol. (Physiol. Abth.) 1893, Suppl.
3. Buchner, Centralbl. f. Physiol. 1892. 4.
4. H. Meyer und Feitelberg, Arch. für exper. Pathol. und Pharmakol. XVII, 1883.
5. v. Fodor, Centralbl. f. Bakteriol., Ref. in Schmidt's Jahrb. Bd. 247.
6. Krauss, Arch. f. exper. Pathol. u. Pharmakol. XXVI, 1890.
7. v. Jaksch, Zeitschr. f. klin. Med. XIII, 1887.
8. Peiper, Virchow's Arch. Bd. 116, 1889.
9. Drouin, Thèse de Paris 1892, Ref. in Centrbl. f. klin. Med. 1892.
10. Klemperer, Charité-Annalen XV, 1890.
11. v. Limbeck, Grundriss einer klin. Pathol. d. Blutes. Jena, 1894.
12. Rumpf, Dissertation. Kiel, 1891.
13. Swiatecki, Zeitschr. f. physiol. Chemie XV, 1891.
14. v. Limbeck und Steindler, Centrbl. f. innere Med. 1895, 27.
15. Cohnstein, Virchow's Arch. Bd. 130, 1892.
16. Stadelmann, Arch. f. exper. Pathol. u. Pharmakol. XVII, 1883.
17. Minkowski, Ebenda XVIII 1884.
18. Stadelmann, Therapeut. Monatsh. I, 1887.

5. Der Gaswechsel im Blute.

Eine der wesentlichen Functionen des Blutes ist die Aufrechterhaltung des Gaswechsels, die Zufuhr von Sauerstoff zu den Geweben des Körpers und die Abfuhr der durch den Stoffwechsel gebildeten Kohlensäure. Arterielles Hundeblut enthält 19—25 Volum-Procent Sauerstoff, das der Pflanzenfresser 10—15 Procent, und zwar ist der Sauerstoff im Blute nicht nur absorbirt, sondern chemisch gebunden enthalten. In dem Abschnitt über das Hämoglobin wird erwähnt werden, dass die Sauerstoffversorgung des Körpers eine so reichliche ist, dass auch das venöse Blut noch mindestens 5 Volum-Procent Sauerstoff enthält und dass erst bei sehr erheblichem Absinken des Sauerstoff-Partiardruckes in der Lunge seine Aufnahme in das Blut beeinträchtigt wird.

Der Sauerstoffaustausch zwischen dem Blut und den Geweben erfolgt wahrscheinlich nicht durch Eindringen reducirender Substanzen in die Gefässe, sondern erst in den zelligen Elementen der Gewebe selbst (Schmiede-berg u. A.). Neuerdings hat Jaquet[6]), ein Schüler Schmiedeberg's, nachgewiesen, dass die verschiedenen Gewebe ein in functionsfähigem Zustande extrahirbares Enzym enthalten, unter dessen Einfluss die Oxydations-vorgänge zu Stande kommen. Diese Untersuchungen Jaquet's sind kürzlich von Abelous und Biarnes[8]) mit demselben Resultat nachgeprüft worden und diese Forscher nehmen an, dass auch die Oxydationsvorgänge im Organismus durch ein Ferment vermittelt werden.

Die durch diesen Gasaustausch, die „Gewebsathmung", entstehende und vom Blut aufgenommene Kohlensäure enthält selbstverständlich nur einen Theil des überhaupt verbrauchten Sauerstoffes, da ja ein grosser Theil des-selben in anderen Endproducten des Stoffwechsels den Körper verlässt. Sie wird im Blut wahrscheinlich fast ausschliesslich an die Alcalien des Plasmas gebunden; die rothen Blutkörperchen enthalten davon nur wenig und ein weiterer kleiner Theil wird vom Plasma absorbirt (Bunge[1]).

Die Kohlensäure verlässt das Blut grossentheils bei seinem Durchgang durch die Lunge. Ob hierbei nur die Kräfte der Diffusion wirksam sind oder ob die Decarbo-nisation des Blutes noch durch andere Kräfte unterstützt wird, ist noch zweifelhaft. Vielleicht sind auch hierbei die rothen Blutkörperchen betheiligt, wenigstens wohnt diesen die Fähigkeit inne, nicht nur das in ihnen selbst enthaltene Gas abzugeben, sondern auch die fester ge-bundene Kohlensäure des Serums auszutreiben (Halli-burton, Physiol. Chemie). v. Fleischl hat die geistvolle, aber vielfach angefochtene Hypothese aufgestellt, dass der Stoss, den das Blut durch die Systole des Herzens erhält, die Verbindung der Gase mit dem Blute lockeren und dass dadurch die Sauerstoffabgabe in den Geweben und die Abgabe der Kohlensäure in der Lunge erleichtert werde.

Das Verhältniss des exspirirten Kohlensäure-Volumens zu dem inspirirten Sauerstoff-Volumen nennt man „respiratorischer Quotient"; derselbe ist beim Menschen nach Vierordt ungefähr $= {}^9/_{10}$ $\left(\dfrac{4,55}{5,16}\right)$. Der Sauerstoff und die Kohlensäure haben aber auch, abgesehen von ihrer Bedeutung für den Gesammtorganismus, auf das Blutleben selbst einen wesentlichen Einfluss. Schon früher hat Hamburger[9]) gezeigt, dass unter der Einwirkung des Sauerstoffes Eiweiss und Alkali aus dem Plasma in die rothen Blutkörperchen übergehen, während durch Kohlensäurezufuhr ein Austausch dieser Stoffe in umgekehrter Richtung stattfindet, und kürzlich ist es demselben Forscher gelungen, nachzuweisen, dass für Zucker und Fett dasselbe Gesetz gilt. Nach neuen Untersuchungen von v. Limbeck[10]) scheint es, dass diese Modification der Permeabilität der Erythrocyten durch eine Veränderung der Membran oder des Gerüstes der rothen Blutkörperchen selbst bedingt ist.

Die Sauerstoffaufnahme und die Kohlensäureabgabe unterliegt gewissen physiologischen Schwankungen. Sie sinkt während des Schlafes (im Winterschlaf der Thiere auf ein Minimum), zu Zeiten der Nahrungsenthaltung und bei Erhöhung der Aussentemperatur bis zu 25^0 C., während sie bei höheren Temperaturen wieder steigt (Colasanti, Paye); dagegen steigt sie nach der Nahrungsaufnahme und durch Muskelthätigkeit, wobei zugleich der respiratorische Quotient grösser wird.

Unter krankhaften Verhältnissen wird eine Verstärkung des Gaswechsels dann zu erwarten sein, wenn die im Körper stattfindenden Oxydationsvorgänge gesteigert sind, und eine solche liegt offenbar der von Liebermeister u. A. bei Fiebernden beobachteten Steigerung des Sauerstoffverbrauches zu Grunde.

Eine Beeinträchtigung des Gaswechsels wäre a priori überall da zu erwarten, wo der Stoffwechsel abnorm träge geworden ist oder wo durch Verlangsamung der Circulation in der Lunge und den Geweben unter ein gewisses Maass oder durch Beschränkung der Respirationsfläche in der Lunge oder endlich durch Verminderung der der Respiration dienenden Blutbestandtheile die Sauerstoffaufnahme und die Kohlensäureabgabe erschwert wird.

Ob thatsächlich unter dem Einfluss eines krankhaft trägen Stoffwechsels der Sauerstoffverbrauch abnehmen kann, ist meines Wissens noch nicht erforscht, und auch die Frage, ob eine erhebliche Verlangsamung des Lungenkreislaufes thatsächlich den Gasaustausch herabzusetzen vermag, bedarf noch der Bearbeitung. In Fällen dieser Art muss naturgemäss das Blut in der Zeiteinheit weniger oft mit der Lungenluft in Berührung kommen; da ausserdem durch die Blutüberladung der Lunge der Querschnitt der Blutgefässe grösser wird und da die hierbei entstehende Lungenstarrheit (v. Basch) die Excursionen der Athembewegungen verkleinert, wäre eine Beschränkung des Gaswechsels wohl zu erwarten.

Beschränkungen der Respirationsfläche, wie sie bei pleuritischen Exsudaten, beim Lungenemphysem und bei der Lungenphthise zu Stande kommen, setzen, wie Untersuchungen an Menschen (Möller u. A.) und Thierexperimente zu beweisen scheinen, wenn sie nicht lebensgefährliche Grade erreichen, die Sauerstoffaufnahme nicht herab. Die hierbei eintretende Beschleunigung der Respiration und der Herzthätigkeit genügt, um nicht nur die durch die Krankheit geschaffene Beschränkung der Luftzufuhr zu compensiren, sondern auch den Mehrbedarf an Sauerstoff zu decken, der durch die abnorm gesteigerte Muskelarbeit bedingt ist (v. Noorden, Pathologie des Stoffwechsels).

Das gleiche Verhalten scheint bei der Abnahme der respiratorischen Blutsubstanz Platz zu greifen.

Bauer fand zwar nach Blutentziehungen eine Herabsetzung des Sauerstoffverbrauches, aber Claus und Chwostek[5]), Kraus[4]) und Bohland[7]) fanden bei der Untersuchung des Gaswechsels in Fällen von Anämie verschiedener Art normale Zahlen. Auch hier tritt offenbar die Dyspnoë compensatorisch ein; Kraus[4]) zieht ausserdem als Compensationsmittel noch eine erhöhte Reductionskraft der Gewebe, eine Erhöhung des den Gewebselementen gebotenen Diffusionsraumes durch Erweiterung der kleinen Gefässe und eine Beschleunigung des Lungenkreislaufs durch Vermehrung der Pulsfrequenz herbei. Von grossem Interesse sind die Beobachtungen, die Kraus über den Gaswechsel an anämischen Kranken während der Muskelarbeit anstellte. Er fand nämlich, dass dabei selbst bei schwer anämischen Kranken der Gaswechsel zwar noch ansteigt, aber nicht so intensiv wie bei Gesunden und unter einem geringen Absinken des respiratorischen Quotienten. Kraus schliesst aus diesem Zurückbleiben der Kohlensäure-Ausscheidung, dass bei diesen Kranken durch qualitative Aenderungen des Stoffwechsels die der Spaltung unterworfenen Moleküle nicht in gewöhnlicher Weise zu den normalen Endproducten weiter oxydirt werden.

Bohland[7]) fand in einzelnen Fällen von Anämie, besonders bei Leukämischen, sogar einen abnorm grossen Sauerstoffverbrauch und nimmt an, dass dieser auffallende Befund theils durch die vermehrte Thätigkeit der Respirationsmuskeln, theils durch eine Steigerung des Stoffumsatzes in den hyperplastischen Organen (Milz, Leber) zu erklären sei.

Literatur.

1. Bunge, Lehrb. der physiol. u. pathol. Chemie. Leipzig 1889.
2. Halliburton, Lehrb. der chemischen Physiol. und Pathol. Heidelberg 1893.
3. v. Noorden, Lehrb. der Pathol. d. Stoffwechsels. Berlin 1893.

4. Kraus, Zeitschr. f. klin. Med. XXII.

5. Claus und Chwostek, Wiener klin. Wochenschr. 1891, 33. Ref. in Ctrbl. f. klin. Med. 1892, 12.

6. Jaquet, Arch. f. exper. Pathol. und Pharmakol. XXIX. Ref. in Schmidt's Jahrb. B. 235.

7. Bohland, Berliner klin. Wochenschr. 1893, 18.

8. Abelous et Biarnès, Arch. de Physiol. V, 1895. Ref. in Schmidt's Jahrb. B. 247.

9. Hamburger, Arch. f. Anatomie u. Physiol. (Physiol. Abth.) 1894. Ref. in Schmidt's Jahrb. B. 245.

10. v. Limbeck, Arch. f. exper. Pathol. u. Pharmakol. XXXV. 1895. Ref. im Ctrbl. f. innere Med. 1895.

Eine eingehende Besprechung der Literatur über den Einfluss verschiedener Krankheiten auf den respiratorischen Gaswechsel findet sich in der Abhandlung von Kraus (l. c.).

6. Die rothen Blutkörperchen, die Blutbildung und Blutzerstörung.

Die Lehre von der Blutbildung ist noch nicht abgeschlossen, und es stehen sich hierbei mehrere Theorien schroff gegenüber, die von ganz verschiedenen Anschauungen ausgehen. Ohne auf eine Discussion der Ansichten der zahlreichen Autoren einzugehen, die sich mit diesem Gegenstand beschäftigt haben, wollen wir doch, um das Verständniss der pathologischen Verhältnisse zu erleichtern, kurz die Richtungen andeuten, in denen sich die Forschung bewegt hat. Für das postfötale Leben wird gewöhnlich angenommen, dass die Blutneubildung, das heisst der Ersatz des verbrauchten Blutes, im Knochenmark, der Milz und den Lymphdrüsen erfolgt. Beim Fötus findet jedenfalls noch in anderen Organen eine Neubildung von rothen Blutkörperchen statt; so in der Leber (Kuhborn, M. Schmidt[2])), im Netz (Ranvier, Hayem, Nicolaides[1])), im Unterhautzellgewebe (Schäfer) u. s. w. — Früher herrschte allgemein die Annahme, dass die rothen Blutkörperchen aus den Leukocyten entstünden, bis Bizzozero[5]) nachwies, dass die von Neumann[3]) im Gewebssaft des Knochenmarkes entdeckten kernhaltigen rothen Blutkörperchen sich durch Kerntheilung vermehren und die Ansicht aussprach, dass diese Gebilde die Jugendformen der Erythrocyten darstellten. Während Neumann annahm, dass die kernhaltigen rothen Blutkörperchen aus „lymphkörperartigen Zellen" hervorgingen, erkennt Bizzozero farblose Vorstufen derselben nicht an. Auch Stephen Mackenzie[6]) und Galloway lassen die rothen Scheiben durch Mitose aus präexistirenden gefärbten Zellen in den Gefässen entstehen. Hayem[7]) und sein Schüler Luzet[8]) halten den als „Blutplättchen" bekannten dritten geformten Bestandtheil des Blutes für die Vorstufe der rothen Blutkörperchen und Hayem hat diesen Gebilden die Bezeichnung „Hämatoblasten" gegeben. Es ist dies eine Anschauung, die von den meisten Forschern verworfen wird.

Nach Löwit[10]) und H. F. Müller gehen die Erythrocyten aus einer ungefärbten Zellenart hervor; während aber Müller (und mit ihm Wertheim[9])) die rothen und weissen Blutkörperchen durch Karyokinese aus einer gemeinsamen Grundform, den „Leukoblasten" entstehen lässt, unterscheidet Löwit Erythroblasten und Leukoblasten und vindicirt diesen beiden Zellformen hauptsächlich Verschiedenheiten in der chromatischen Substanz ihrer Kerne. Diese Zellen, von denen nach Löwit nur die Erythroblasten durch Mitose theilbar sind, liegen wahrscheinlich in einem mit Endo- oder Epithel ausgekleideten Spaltsystem, das zu den Lymph- oder Blutbahnen in naher Beziehung steht und die Follikel der Lymphdrüsen und der Milz ausmacht.

Erheblich gesteigert zeigt sich die Thätigkeit der blutbildenden Organe nach Blutverlusten, mögen dieselben durch Aderlässe oder durch Blutgifte bedingt gewesen sein (Mya[11]); und zwar wird dabei namentlich eine starke Volumzunahme der Milz und eine intensive Blutbildung im Knochenmark beobachtet (Neumann[13]), Freiberg[12]), Mya u. A.). Diese Blutregeneration ist oft so lebhaft, dass die Production den Bedarf übersteigt und eine Ueberschwemmung des Blutes mit neugebildeten rothen Blutkörperchen stattfindet. Neumann[13]), der diesen Vorgang als „regenerative Hyperplasie" bezeichnet, fand in einem Fall von schwerer Anämie, der zur Heilung führte, vorübergehend ein Ansteigen der Blutkörperchenzahl bis auf 7,700,000.

Die neugebildeten Blutscheiben haben in der Regel einen abnorm niedrigen Hämoglobingehalt, so dass auch nach Blutverlusten das unten zu erwähnende Missverhältniss zwischen dem Gehalt des Blutes an rothen Blutkörperchen und seiner Färbekraft beobachtet wird.

Die normale Blutzerstörung, das heisst die Eliminirung der alternden Erythrocyten geht wahrscheinlich vorwiegend in der Milz vor sich (Freiberg[12]), Tizzoni[14]) u. A.), ob auch noch andere Organe, namentlich das Knochenmark und die Leber daran theilnehmen, ist noch Gegenstand der Discussion. Bei pathologisch gesteigerter Blutzerstörung scheint dies der Fall zu sein (Gabbi[15]). (Ueber das Schicksal des durch den Zerfall der Blutkörperchen frei werdenden Hämoglobins vergl. den Abschnitt über das Hämoglobin.)

Die rothen Blutkörperchen haben bekanntlich normaler Weise die Gestalt einer kreisrunden biconcaven Scheibe. Ihre Grösse ist, auch beim Gesunden, verschieden. Im Mittel haben sie einen Durchmesser von $7-8\ \mu$, doch kommen bei demselben Individuum Differenzen bis zu $6\ \mu$ einerseits und $9\ \mu$ andererseits und darüber hinaus vor.

Die histologische Beschaffenheit der rothen Blutkörperchen ist noch Gegenstand der Discussion. Die meisten neueren Forscher nehmen an, dass sie eine Gerüstsubstanz besitzen, von Ehrlich[37]) als „Discoplasma" bezeichnet, die ihre Auflösung im Blutplasma verhindert und ihnen ihre eigenthümliche Gestalt verleiht. Dieses „Stroma" der rothen Blutkörperchen besteht nach Kühne und Halliburton und Friend hauptsächlich aus Zellglobulin.

Dem Discoplasma hat Ehrlich das Hämoglobin als „Paraplasma" gegenübergestellt.

Die Zahl der rothen Blutkörperchen im Cubikmillimeter Blut beträgt, wenn man aus den von Reinert[16]) und v. Limbeck[17]) zusammengestellten Ergebnissen der Untersuchungen zahlreicher Autoren den Mittelwerth berechnet, 4,952,623 beim Manne und 4,473,004 bei der Frau, also rund 5 und $4^1/_2$ Million; die von mir selbst an Gesunden gewonnenen Zahlen stimmen hiermit vollkommen überein. Ausser dem eben schon berücksichtigten, durch das Geschlecht bedingten Unterschied, wird der Gehalt des Blutes an Erythrocyten noch durch einige andere Momente beeinflusst. Zunächst stimmen fast alle Forscher darin überein, dass derselbe bei Neugeborenen in der Regel relativ hoch ist; dagegen habe ich die von Quinquaud[19]), Nasse und Sörensen[20]) für das höhere Lebensalter behauptete Armuth des Blutes an rothen Blutkörperchen nicht bestätigt gefunden (ich fand bei 2 gesunden Greisen von $80^1/_2$ und 81 Jahren 6,766,000 und 4,962,000 und bei 2 Greisinnen von 74 und 77 Jahren 4,816,000 und 3,680,000 rothe Blutkörperchen im Cubikmillimeter[18]).

Durch die Nahrungsaufnahme werden, hauptsächlich wohl durch die sie meist begleitende Flüssigkeitszufuhr, unbedeutende Schwankungen in der Zahl der rothen Blutkörperchen hervorgebracht. Abgesehen hiervon ist aber unter normalen Verhältnissen der Gehalt des Blutes an Erythrocyten eine ziemlich constante Grösse, die nur geringen zeitlichen und individuellen Verschiedenheiten unterliegt; auch haben neuere Untersucher (Zuntz und Cohnstein, Kiefer, [22]) Krüger[21]) übereinstimmend gefunden, dass das arterielle und venöse Blut keine bemerkenswerthen Differenzen zeigt (nur bei Stauung tritt sofort globulöse Stase ein).

Von grossem Interesse ist die früher schon von Viault bei einem Aufenthalt in den Cordilleren bemerkte und neuerdings von Egger[24]) und Mercier[26]) für Arosa und von F. Wolff und Koeppe [23]) für Reiboldsgrün bestätigte Thatsache, dass in grösserer Höhe die Blutkörperchenzahl erheblich zunimmt. Eine befriedigende Erklärung für dieses auffallende Verhalten ist bisher nicht gefunden worden.

Unter krankhaften Verhältnissen verschiedener Art erleiden nun die rothen Blutkörperchen Veränderungen, die unter Umständen zum Zerfall führen; und zwar kann dieser Zerfall in einer abnorm verminderten Widerstandsfähigkeit der Erythrocyten gegen äussere Einflüsse überhaupt oder in der Einwirkung von Giften oder anderen Schädlichkeiten auf die vorher unveränderten Blutkörperchen begründet sein oder endlich durch ein Zusammenwirken beider Momente zu Stande kommen.

Wenn normale Erythrocyten aus dem Kreislauf herausgenommen werden, so gehen sie bekanntlich rasch zu Grunde unter Erscheinungen, die Maragliano [27, 28]) als „Necrobiose" bezeichnet hat. Diese Vorgänge, die nur unter gewissen Cautelen beobachtet werden können, werden eingeleitet durch das Auftreten einer farblosen, mit amöboiden Bewegungen begabten Masse im Innern der Blutkörperchen, später verändern diese selbst ihre Gestalt und strecken verschieden geformte Fortsätze aus, die gleichfalls amöboide Bewegungen zeigen, endlich zieht sich ihr gefärbter Bestandtheil in verschiedener Weise zusammen und sie zerfallen völlig. Wichtig ist, dass die in Necrobiose begriffenen rothen Blutkörperchen auch ein abnormes Verhalten gegen Farbstoffe aufweisen.

Unter dem Einfluss verschiedener Schädlichkeiten kann nun der Eintritt dieser Necrobiose beschleunigt werden, und Maragliano und Castellino [28]) glauben, dass sich dieselbe in manchen Krankheiten schon im circulirenden Blute vollzieht. Die bekannten Erscheinungen der Poikilocytose, das Auftreten der „Stechapfelformen" u. s. w. werden von ihnen auf diese Vorgänge zurückgeführt.

Diese gesteigerte Hinfälligkeit der rothen Blutkörperchen kann, wie schon erwähnt, in diesen selbst begründet sein und zwar ist es wahrscheinlich, dass bei manchen Erkrankungen eine Affection der blutbildenden Organe mangelhaft entwickelte Erythrocyten in die Blutbahn gelangen lässt, wenigstens wird dies z. B. bei der paroxysmalen Hämoglobinurie von den Meisten angenommen. Ferner übt, wie es scheint, die Syphilis einen ungünstigen Einfluss auf die Blutbildung aus. Das häufigere Vorkommen der paroxysmalen Hämoglobinurie bei Syphilitischen scheint darauf hinzudeuten, dass unter dem Einfluss dieser Krankheit die Widerstandsfähigkeit der Erythrocyten geringer wird, auch lässt sich die Beobachtung von Schiff [29]) in diesem Sinne deuten, dass bei syphilitischen Kindern durch Quecksilberbehandlung Anämie erzeugt wurde, während dies bei gesunden Kindern nicht der Fall war. Die deletäre Wirkung äusserer Schädlichkeiten auf die rothen Blutkörperchen ist, abgesehen von den Blutparasiten, am meisten in die Augen springend bei den sogenannten Blutgiften, von denen manche, wie z. B. der Arsenwasserstoff, schon in sehr geringer Dosis ungeheure Mengen von Blutkörperchen zu zerstören vermögen. In ähnlicher Weise wie die Blutgifte wirken wahrscheinlich gewisse Substanzen auf das Blut, die sich unter dem Einfluss von Verdauungsstörungen oder in Folge der Thätigkeit von Mikroorganismen im Darmkanal bilden und von dort resorbirt werden. So konnte Vanni [30]) an Thieren mit künstlich erzeugter Koprostase schon nach wenig Tagen eine erhebliche Abnahme der rothen Blutkörperchen nachweisen. Es scheint, dass auf diesen Vorgang manche Fälle von perniciöser Anämie zurückzuführen sind (Hunter, Wiltschur [32]), und auch bei der Chlorose und anderen vorübergehenden Anämien unbekannten Ursprungs mag derselbe eine Rolle spielen. Hierher gehört ferner die Anämie, die als Folge der Anwesenheit von Helminthen, namentlich Bothriocephalen im Darmkanal nicht selten beobachtet wird und der Resorption von Stoffwechselproducten dieser Thiere oder von giftigen Substanzen, die sich aus ihren Leichen bilden, ihre Entstehung verdankt. Ervant-Arslan[31]) gelang es sogar, aus dem Harn von Kranken, die an Anchylostomen-Anämie litten, Toxine zu isoliren, mit deren Injection sich bei Kaninchen Anämie hervorrufen liess. Auch bei Carcinomatose soll nach Untersuchungen von Klemperer ein giftiger Stoff in das Blut gelangen und dieselbe Annahme müssen wir zur Erklärung der Blutzerstörung heranziehen, die im Laufe verschiedener Infectionskrankheiten beobachtet wird; mag das hypothetische Gift nun ein Product des veränderten Stoffwechsels sein oder unter dem Einfluss von Mikroorganismen im Körper entstehen. E. Fraenkel[33]) vermuthet, dass auch die Blutzerstörung bei Hautverbrennungen auf die Wirkung eines unter dem Einfluss der hohen Temperatur entstehenden Giftes zurückzuführen sei.

Von grossem Interesse für das Verständniss dieser Vorgänge sind neue Untersuchungen von Maragliano[28]) über den Einfluss, den bei verschiedenen Krankheiten das pathologisch veränderte Blutserum auf die rothen Blutkörperchen ausübt. Während nämlich die Blutkörperchen im Serum von gesunden Individuen derselben Species conservirt werden, fand Maragliano, dass sie zu Grunde gingen, wenn er Serum von Kranken verwendete, ja es wurde dabei sogar auch das aus den Blutkörperchen ausgetretene Hämoglobin zerstört, so dass in dem Serum Hämatoidin und in einzelnen Fällen sogar Urobilin nachgewiesen werden konnte. Diese Erscheinung fand Maragliano an dem Blutserum bei Carcinom, Saturnismus, Leukämie, essentieller Anämie, Purpura, Lebercirrhose, Nephritis, Pneumonie, Malaria, Typhus abdominalis, Erysipel, Tuberculose. Die hämatolytische Eigenschaft des pathologisch veränderten Serums wurde weder durch Erwärmung noch durch die Einwirkung des diffusen Lichtes aufgehoben, wie dies im Gegensatz hierzu bei der Giftwirkung des heterogenen (von einer anderen Species stammenden) Serums der Fall ist.

An den durch Einwirkungen der eben besprochenen

Art erkrankten Blutkörperchen lassen sich nun eine Reihe von Veränderungen nachweisen. Zunächst ist es bei Anämien ein sehr gewöhnliches Vorkommniss, dass die rothen Blutkörperchen die normale Geldrollenbildung verlieren, eine Erscheinung, die auch dann, wenn sie isolirt oder wenigstens ohne andere gröbere Veränderungen gefunden wird, schon allein genügt, um den Verdacht auf das Vorhandensein einer tieferen Störung im Blutleben wachzurufen (nach Hofmeier[34]) soll die Geldrollenbildung im Blute gesunder Neugeborener fehlen). Ferner ist es v. Limbeck,[35]) Maragliano u. A. gelungen, in einigen Fällen die Verminderung der Resistenzfähigkeit der rothen Blutkörperchen direct nachzuweisen, und zwar wurde dazu theils die Prüfung des isotonischen Coefficienten, theils die Widerstandsfähigkeit gegen Druck, gegen elektrische Entladungen und andere Einwirkungen benutzt.

Wie verhängnissvoll eine Erhöhung des isotonischen Coefficienten unter Umständen sein kann, liegt auf der Hand; denn dadurch wird bewirkt, dass rothe Blutkörperchen in einem Plasma von bestimmtem Salzgehalt zu Grunde gehen, worin sie normaler Weise noch erhalten bleiben würden.

In chemischer Beziehung hat von Jaksch[36]) bei Anämien den Stickstoffgehalt der Erythrocyten meist erheblich herabgesetzt gefunden. Die pathologische Verminderung ihres Hämoglobingehaltes wird anderwärts besprochen.

Wenn die Erkrankung des Blutes weiter fortschreitet, macht sie sich durch gröbere histologische Veränderungen an den rothen Blutkörperchen bemerkbar.

Ehrlich,[37]) dem wir grundlegende Studien über diesen Gegenstand verdanken, stellt als den Hauptcharakter des anämischen Blutes das Ineinandergreifen von Degenerations- und Regenerationsvorgängen hin.

Die bekannten Mikrocyten deutet Ehrlich als Theilproducte alter Erythrocyten und die bei erkranktem Blut so häufig vorkommenden Birnen- und Biscuitformen würden demnach theilweise als Vorstufe dieser Theilung, deren Product Ehrlich „Schistocyten" nennt, aufzufassen sein. Eine weitere Veränderung wird von Ehrlich als „anämische Degeneration" bezeichnet. Dieselbe ist nur an gefärbten Präparaten deutlich nachweisbar und besteht darin, dass sich in den Blutscheiben Substanzen ablagern, die sich in einer Reihe von Farbstoffen tingiren, welche auf normale Blutscheiben nicht einwirken und bei der Behandlung des Blutes mit Farbengemischen die erkrankten Blutkörperchen in einer anderen Färbung erscheinen lassen als die gesunden. Ehrlich hat diesen Process als eine Art Coagulations-Necrose bezeichnet und seine Anschauungen haben durch die oben erwähnten Untersuchungen Maragliano's und durch neuere Mittheilungen von Askanazy u. A. eine werthvolle Bestätigung erhalten.

Weiter fand Ehrlich, dass unter der Einwirkung der meisten Blutgifte sich in den Erythrocyten kuglige Körperchen bilden, die er als „hämoglobinämische Innenkörper" bezeichnet und die das Hämoglobin in einer abnorm widerstandsfähigen Form enthalten. Geht die Veränderung weiter, so büssen die Blutscheiben ihr Hämoglobin gänzlich ein und es bleiben nur die bekannten farblosen Schatten übrig.

Die degenerirten rothen Blutkörperchen zeigen zuweilen die von Hayem, Browicz [39]) u. A. beschriebenen rotirenden, schwingenden und Locomotionsbewegungen. Entgegen Hayem hält Browicz diese Bewegungen nicht für eine vitale, sondern für eine Brown'sche Bewegungserscheinung, bedingt vielleicht durch veränderte Adhäsionsverhältnisse.

Als Erscheinung der Blutregeneration fasst Ehrlich das Auftreten von kernhaltigen rothen Blutkörperchen auf, die normaler Weise beim Menschen nur im fötalen Leben und kurz nach der Geburt gefunden werden. Und zwar unterscheidet Ehrlich „Normoblasten" und „Megalo"- oder „Gigantoblasten". Die Normoblasten sind kernhaltige Blutkörperchen von der Grösse der rothen Scheiben und von stumpf-fingerhutförmiger, im Trockenpräparat scheibenförmig-runder Gestalt, mit einem stark tingirbaren Kern;

sie sind die Jugendform der rothen Blutkörperchen und ihr Auftreten ist von günstiger Bedeutung. Die Megaloblasten sind wesentlich grösser und haben einen grossen, schwach färbbaren Kern; ihr Auftreten bezeichnet Ehrlich als einen Rückschlag in den embryonalen Typus der Blutbildung und als prognostisch ungünstig. Er identificirt diese Gebilde mit den bekannten „Makrocyten" der älteren Autoren.

Diese Beobachtungen Ehrlich's sind noch Gegenstand der Discussion, haben aber von sehr gewichtigen Seiten Bestätigungen gefunden. Speciell sind kernhaltige rothe Blutkörperchen bei verschiedenen Formen der Anämie bei Kindern und Erwachsenen beschrieben worden, ja einzelnen Forschern (Troje,[40]) Luzet,[41]) Askanazy[42]) ist es sogar gelungen Karyokinesen an denselben nachzuweisen.

Die erkrankten oder zerfallenen rothen Blutkörperchen werden in den Organen, die schon normaler Weise mit der Blutzerstörung betraut sind, der Circulation entzogen. Ob es Zustände giebt, wobei an sich gesunde Erythrocyten durch abnorm gesteigerte Thätigkeit der blutzerstörenden Organe zu Grunde gehen, wissen wir nicht; Mott[45]) deutet in diesem Sinne den starken Eisengehalt der Leber in Fällen von perniciöser Anämie; ferner nehmen Manche an, dass bei der sogenannten Anaemia lienalis die vergrösserte Milz eine solche Rolle spiele.

Was aus den Stromata der zerstörten Blutscheiben wird, ist unbekannt, das Hämoglobin wird in der Leber, der Milz und vielleicht auch in den Nieren gespalten und theilweise mit den Secreten dieser Organe ausgeschieden. Sein Eisen bleibt zum Theil im Körper liegen, ein kleinerer Theil davon wird in den Secreten verschiedener Drüsenapparate ausgeschieden (Näheres hierüber siehe in dem Abschnitt über das Hämoglobin). Wenn die Blutzerstörung sehr rasch erfolgt, so dass gleichzeitig eine grosse Menge freies Hämoglobin im Blute kreist, so tritt ein Theil davon unverändert in den Harn über und es entsteht Hämoglobinurie.

Die Folgen des Verlustes eines Theiles der rothen Blutkörperchen („Oligocythämie") treten klinisch als „Anämie" in die Erscheinung. Man spricht aber von Anämie auch dann, wenn die rothen Blutkörperchen nur ärmer an Hämoglobin geworden sind („Oligochromämie"), ohne dass ihre Zahl vermindert wäre. Bei den meisten Anämien verschiedenen Ursprungs, auch bei denen, die nach Blutverlusten eintreten, pflegt die Oligochromämie vorzuherrschen, das heisst die Hämoglobinverarmung erreicht meist einen höheren Grad als die Herabsetzung der Blutkörperchenzahl. Am stärksten ausgeprägt findet man dieses Missverhältniss in manchen Fällen von Chlorose. Nur bei dem als Anaemia perniciosa bekannten Symptomencomplex ist meist das Umgekehrte der Fall: hierbei gehen Oligocythämie und Oligochromämie parallel, ja die Blutscheiben erweisen sich sogar zuweilen farbstoffreicher als im normalen Zustande.

Dass der Verlust grosser Mengen eines mit so lebenswichtigen Functionen betrauten Körpers, wie das Hämoglobin, für den Organismus von der grössten Bedeutung sein muss, liegt auf der Hand, und da das Hämoglobin allein, wenn es die Blutscheiben verlassen hat, werthlos ist und, als dem Blute fremder Körper ausgeschieden wird, so muss eine Zerstörung der rothen Blutkörperchen, die ja manchmal enorme Grade erreicht (bis unter $1/4$ Million in 1-cbmm!), nothwendig auch Hämoglobinverarmung herbeiführen. Auf dieses Moment ist denn auch ein grosser Theil der pathologischen Erscheinungen zurückzuführen, die wir als Folgen der Anämie kennen lernen werden.

Der innere Zusammenhang zwischen der Blutverarmung und ihren klinisch und anatomisch wahrnehmbaren Folgen ist aber noch nicht nach allen Richtungen hin klar gestellt. Speciell haben neuere Untersuchungen wahrscheinlich gemacht, dass die Herabsetzung des respiratorischen Gaswechsels dabei nicht eine so grosse Rolle spielt, wie man früher a priori allgemein annahm (Vergl. den Abschnitt über die Blutgase.)

Von grossem Interesse ist für diese Fragen die von Gottstein und später von Mya und Sanarelli[44]) an Thieren gemachte Beobachtung, dass durch Zerstörung eines Theiles der rothen Blutkörperchen (mit Acetylphenylhydracin) die Widerstandsfähigkeit des vergifteten Thieres gegen die Infection mit Milzbrand erheblich herabgesetzt wird.

Literatur.

1. Nicolaides, Arch. f. Anatomie u. Physiol. (Physiol. Abth.) 1891.
2. Martin Schmidt, Ziegler's Beitr. zur pathol. Anatomie XI, 1892.
3. E. Neumann, Arch. f. Heilkunde X.
4. Derselbe, Deutsche med. Wochenschr. 1893, 51.
5. Bizzozero, Deutsche med. Wochenschr. 1894, 8.
6. Stephen Mackenzie, Lancet 1891, I, 2—4.
7. Hayem, Du sang, Paris 1889.
8. Luzet, Arch. de Physiol. XXIII. 1891.
9. Wertheim, Zeitschr. f. Heilkunde XII, 1891.
10. Löwit, Anatom. Anzeiger VI, 1891.
11. Mya, Sperimentale 1891, 10. Ref. in Centralbl. f. klin. Med. 1892.
12. Freiberg, Dissertation, Dorpat 1892. Ref. in Schmidt's Jahrb. B. 235.
13. H. Neumann, Deutsche med. Wochenschr. 1894, 5.
14. Tizzoni, Arch. ital. di Biologie I 1882. Ref. in Schmidt's Jahrb. B. 197.
15. Gabbi, Ziegler's Beiträge z. pathol. Anatomie etc. XIV. 1893.
16. Reinert, Die Zählung der rothen Blutkörperchen. Leipzig, 1891.
17. v. Limbeck, Grundriss einer klinischen Pathologie des Blutes. Jena, 1892.
18. R. Schmaltz, Deutsch. Arch. f. klin. Med. XLVI, 1889.
19. Quinquand, citirt bei Demange, Étude clinique et anatomo-pathologique sur la vieillesse. Paris, 1886.
20. Rollet, Blut und Blutbewegung, in Hermann's Handb. der Physiol. 1880.
21. Krüger, Zeitschr. f. Biologie XXVI, 1890.
22. Kiefer, Philadelphia med. News, Febr. 27. 1892.
23. Wolff und Koeppe, Münchner med. Wochenschr. 1893, 11.
24. Egger, Verh. des XII. Congr. f. innere Med. 1893.
25. Miescher, Schweizer Corresp.-Bl. 1893, 24.
26. Mercier, Arch. de Physiol. XXVI, 1894.
27. Maragliano und Castellino, Zeitschr. f. klin. Med. XXI, 1892.

28. Maragliano, Wiener med. Blätter, 1891, 40.
29. Schiff, Petersb. med.-chir. Presse 1892, 3. Ref. in Centralbl. f. klin. Med. 1892.
30. Vanni, Morgagni 1893, 9. Ref. in Centralbl. für innere Med. 1894.
31. Ervant Arslan, Rev. des malad. de l'enfance. Dec. 1892. Ref. in Centralbl. f. klin. Med. 1893.
32. Wiltschur, Deutsche med. Wochenschr. 1893, 30—31.
33. E. Fränkel, Deutsche med. Wochenschr. 1889, 2.
34. Hofmeier, Zeitschr. f. Geburtsh. u. Gynäk. VIII, 1882. Ref. in Schmidt's Jahrb. B. 197.
35. v. Limbeck, Prager med. Wochenschr. 1890, 28—29.
36. v. Jaksch, Zeitschr. f. klin. Med. XXIV, 1894.
37. Ehrlich, Farbenanalyt. Unters. zur Histologie u. Klinik des Blutes. Berlin 1891.
38. Derselbe, Verh. des XI. Congr. f. innere Med. 1892.
39. Browicz, Verh. des IX. Congr. f. innere Med. 1890.
40. Troje, Verh. des XI. Congr. f. innere Med. 1892.
41. Luzet, Arch. gén. de Méd. Mai 1891.
42. Askanazy, Zeitschr. f. klin. Med. XXIII.
43. H. F. Müller, Deutsch. Arch. f. klin. Med. LI, 1893.
44. Mya et Sanarelli, Arch. ital. di Biologie XVII, 1892.
45. Mott, Practitioner, August 1893.

7. Das Hämoglobin.

Die Entstehungsweise des Blutfarbstoffes im Körper ist noch nicht bekannt. Nach Untersuchungen, die von Schwartz,[7]) einem Schüler Al. Schmidt's ausgeführt worden sind, scheint es, dass die Synthese des Hämoglobins die Function des Protoplasmas gewisser Zellen ist, und zwar scheint die Hämoglobinbildung nicht nur an einzelne Organe gebunden zu sein. Schon Nencki und Sieber[4]) vermutheten, dass die Leberzellen im Stande seien aus Bilirubin unter Eisenaufnahme Blutfarbstoff zu produciren. Dass aus dem in den verschiedenen Organen des Körpers deponirten, von untergegangenen Blutkörperchen herstammenden Eisen wieder Hämoglobin gebildet werde, wird auch von Quincke[5]) zur Erklärung der besonderen Verhältnisse angenommen, die sich bei dem

Auftreten der Siderosis der Leber, der Milz und des Knochenmarks in solchen Fällen bemerkbar machen, in denen ein gesteigerter Zerfall und ungenügende Neubildung von rothen Blutkörperchen Platz greift. Und in demselben Sinne hat Baserin[6]) den von ihm erhobenen auffallenden Befund gedeutet, dass bei der Polycholie, die nach der Zerstörung abnormer Mengen rother Blutkörperchen durch Blutgifte auftritt, der Eisengehalt der Galle nicht vermehrt ist. Schwartz gelang es nun, nachzuweisen, dass das Protoplasma der Leukocyten, die Stromata der rothen Blutkörperchen und namentlich das Protoplasma der Pulpazellen der Milz, wenn sie mit einer Lösung von Hämoglobinkrystallen zusammengebracht werden, den Blutfarbstoff intensiv zu beeinflussen vermögen. Zunächst wird in dem Gemisch das Hämoglobin zerstört: sein Absorptionsstreifen verschwindet vollständig aus dem Spectrum, nachdem kurze Zeit der des Methämoglobins aufgetreten ist. Allmählich tritt aber wieder Hämoglobin auf und schliesslich ist davon in der Mischung mehr enthalten als im Anfang; es ist neuer Blutfarbstoff aufgebaut worden. Wenn diese interessanten Beobachtungen sich bestätigen, so würde in dem Protoplasma, namentlich der Milz und der Leukocytenzellen, wahrscheinlich aber auch in dem anderer Organe der Ort zu suchen sein, wo Hämoglobin aus dem Eisen der Nahrungsmittel gebildet wird, besonders aber auch aus dem Eisen, welches durch den physiologischen Zerfall der rothen Blutkörperchen frei wird.

Dass in der Milz Neubildung von Hämoglobin stattfindet, hat auch Krüger[8]) durch vergleichende Untersuchungen des Blutes der Milz-Arterie und Vene nachgewiesen.

Der rothe Blutfarbstoff, der $^9/_{10}$ der Gesammtmasse der rothen Blutkörperchen ausmacht, besteht nicht nur aus Hämoglobin, sondern enthält dasselbe in Verbindung mit Lecithin (vielleicht auch mit Cholestearin), und nur in dieser Verbindung besitzt das Hämoglobin die Fähigkeit, den Sauerstoff locker gebunden aufzunehmen, während krystallinisches Hämoglobin eine wesentlich festere Verbindung damit eingeht (Hoppe-Seyler[9]).

Unter verschiedenen Einflüssen verlässt das Hämoglobin die rothen Blutkörperchen und kann dann aus dem Plasma, worin es normaler Weise nicht enthalten ist, krystallinisch dargestellt werden. Aus Menschenblut kann man es u. A. dadurch in Krystallform gewinnen, dass man das Blut in zugeschmolzenen Glasröhren faulen lässt (Hüfner[10—12]). Bei der perniciösen Anämie finden sich zuweilen schon im frisch entleerten Blut bei Beginn der Gerinnung Hämoglobinkrystalle (Copeman[20]).

Das Hämoglobin ist ein Eiweisskörper, der nach den Analysen mehrerer Forscher bei verschiedenen Thiergattungen 0,335—0,47 % Eisen enthält. Ob es ein einheitlicher Körper ist, erscheint noch zweifelhaft; manche Autoren fanden sogar bei einer und derselben Thierart verschieden zusammengesetzte Hämoglobine (Bohr). Von grossem Interesse ist die Beobachtung v. Limbeck's,[13] dass das Hämoglobin verschiedener Thierspecies eine verschieden grosse Widerstandsfähigkeit gegen den zerstörenden Einfluss der Blutgifte und gegen directe Behandlung mit Alcalien und Säuren zeigt.

Normaler Weise ist das Hämoglobin bekanntlich im Körper in zwei Modificationen enthalten: als Oxyhämoglobin und als reducirtes Hämoglobin oder Hämoglobin schlechtweg. Die Umwandlung des letzteren in Oxyhämoglobin, das auch spectroskopisch von jenem unterscheidbar ist, geschieht in der Lunge, doch wird auch bei dem höchsten Sauerstoff-Partiardruck nie das gesammte Hämoglobin oxydirt. Umgekehrt kann der Partiardruck des Sauerstoffs weit unter den in der atmosphärischen Luft gebotenen absinken, ohne die Oxydation des Hämoglobins ernstlich zu gefährden. Hüfner[10—12] hat nachgewiesen, dass selbst bei einem Luftdruck von 238,5 mm Hg. und einem Partiardruck des Sauerstoffs von 50,0 noch 95,4 % Oxyhämoglobin vorhanden ist. Wenn trotzdem, wie durch P. Bert und Fränkel u.

Geppert nachgewiesen ist, schon in Berghöhen, die einen viel höheren Barometerdruck haben, eine Sauerstoffverarmung des Blutes eintritt, so sind hierfür andere Momente verantworlich zu machen (Veränderungen der Circulation und der Diffusionsfläche in der Lunge, Muskelthätigkeit etc.).

Ausser mit dem Sauerstoff, geht das Hämoglobin noch mit dem Kohlenoxyd und mit dem Stickoxyd chemische Verbindungen ein, die fester sind, als die Sauerstoffverbindung; ob es auch Kohlensäure-Hämoglobin giebt, ist noch zweifelhaft.

Endlich kommt unter pathologischen Verhältnissen noch eine vierte Modification des Hämoglobins vor, das Methämoglobin. Diese, von Hoppe-Seyler zuerst bemerkte Verbindung wurde neuerdings von Hüfner krystallinisch dargestellt, und es gelang nun diesem Forscher in Gemeinschaft mit Otto[15]) und Külz[14]) nachzuweisen, dass das Methämoglobin die gleiche Menge austreibbaren Sauerstoffs enthält, wie das Oxyhämoglobin, nur ist er bei dem Methämoglobin viel fester gebunden, so dass diese Verbindung für den respiratorischen Gaswechsel werthlos ist. Das Methämoglobin, das sich durch seine braunrothe Farbe äusserlich vom Hämoglobin unterscheidet, entsteht im Körper unter dem Einfluss gewisser, als Blutgifte bezeichneter Substanzen (s. Blutgifte). Direct darstellen kann man es unter anderem durch Schütteln des Blutes mit Amylnitrit (Gamgee).

Das Hämoglobin wird durch die Einwirkung von Alcalien oder Säuren in Hämochromogen und Globin (ein den Globulinen zugehöriger Eiweissstoff) gespalten und aus dem Hämochromogen entsteht durch Sauerstoffeinwirkung sofort Hämatin (Hoppe-Seyler[9]). Im Körper ist das Hämoglobin die Quelle einer Reihe von Farbstoffen, die daraus normaler Weise oder unter krankhaften Bedingungen entstehen. So gehen bekanntlich der Gallen- und der Harnfarbstoff, unter Abspaltung von Eisen, theilweise aus dem fortwährend in der Leber und in den Nieren verbrauchten Hämoglobin hervor. Die früher herrschende Anschauung, es könne unter gewissen pathologischen Verhältnissen im strömenden Blute Gallenfarbstoff gebildet werden, ist durch die Untersuchungen Naunyns[16]) und seiner Schüler (Minkowsky, Stadelmann[17, 18]) widerlegt. Wir wissen jetzt, dass der früher als „hämatogener" gedeutete, bei der Einwirkung blutlösender Gifte oder in entsprechenden Krankheitszuständen beobachtete Icterus ein Resorptionsicterus und wahrscheinlich theilweise die Folge der Stauung einer abnorm farbstoffreichen Galle in der Leber ist, anderntheils durch eine Schädigung der Leberzellen und Ablenkung des Gallenstromes von dem normalen Weg entsteht (Pick[19]). Das Eisen des Blutfarbstoffes ist in dem eisenfreien Bilirubin nicht enthalten, es wird normaler Weise in der Leber abgespalten und theilweise durch die Secrete der meisten Drüsen, namentlich auch durch das der Darmschleimhaut aus dem Körper eliminirt, zu einem grossen Theil aber zur Neubildung von Blutfarbstoff verwendet (Nencki und Sieber[4]), Quincke[5]).

Bei pathologisch gesteigerter Blutzerstörung wird ein Theil des frei gewordenen Blut-Eisens in Form von Eisenoxydulkörnchen, oder in Form von Pigmenten, worin es zum Theil in organischen, schwer nachweisbaren Verbindungen enthalten ist, im Körper abgelagert, und zwar hauptsächlich in der Leber, in der Milz und im Knochenmark (Quincke[5]), Hindenlang, Zaleski[21]) u. A.).

In Blutextravasaten und in Thromben findet sich das eisenhaltige Hämosiderin und das eisenfreie Hämatoidin (Virchow, Quincke u. A.).

Ein besonderes pathologisches Interesse hat in neuester Zeit ein anderer Blutfarbstoff gewonnen, das Hämatoporphyrin. Diese Verbindung bildet sich unter anderem bei lange fortgesetztem Sulphonalgebrauche und gelangt durch die Nieren in den Harn, dem sie bei auffallendem Licht eine schwärzliche Farbe verleiht, die in dünnen Schichten gelbroth bis braunroth erscheint. Salkowski[23]) nimmt an, dass bei diesem, oft lebensgefährlichen Vorgang täglich $^1/_{32}$ des Gesammtblutes verloren gehen kann. Auch bei Trionalgebrauch ist Hämatoporphyrinurie beobachtet worden (E. Schulze[22]).

Wenn die Zerstörung der rothen Blutkörperchen sehr rasch erfolgt, so vermögen die blutlösenden Organe damit in der Spaltung des Hämoglobins nicht Schritt zu halten und dieses wird unverändert in den Nieren ausgeschieden. Nach Ponfick[24]) soll Hämoglobinurie dann auftreten, wenn mehr als $^1/_{60}$ des gesammten Hämoglobins auf einmal frei ins Blut gelangt. Dieser Vorgang wird bei verschiedenen Arten von Vergiftung beobachtet, ferner bei gewissen Infectionskrankheiten (maligne Malaria), endlich bildet er das Hauptsymptom der sogenannten paroxysmalen Hämoglobinurie (s. diese).

Das Blut des gesunden Menschen enthält etwa $14^0/_0$ Hämoglobin, bei Frauen meist etwas weniger. Individuelle Verschiedenheiten kommen wahrscheinlich vor, doch innerhalb enger Grenzen; desgleichen sind die beobachteten Tagesschwankungen nur unbedeutend und, wie es scheint, hauptsächlich durch die Nahrungs- und Flüssigkeitsaufnahme bedingt. Der Hämoglobingehalt des venösen und arteriellen Blutes ist nur in den Organen verschieden, worin Hämoglobin zerstört oder neu gebildet wird, wie in den Nieren und besonders in der Milz (Krüger[8]). Die geringste Staung lässt an der Stauungsstelle die Anzahl der rothen Blutkörperchen und damit auch den Hämoglobingehalt des gestauten Blutes anwachsen.

Pathologische Verminderung des Hämoglobingehaltes kommt bekanntlich ausserordentlich häufig vor und erreicht oft sehr hohe Grade, wenigstens wird die Färbekraft des Blutes nicht selten bis auf $^1/_3$ des Normalen und sogar noch wesentlich tiefer herabgesetzt gefunden. Dabei wird durchaus nicht immer eine entsprechende Verminderung des Gehaltes an rothen Blutkörperchen beobachtet, ja diese letztere Grösse kann sogar bei stark verminderter Hämoglobinmenge annähernd normal bleiben, wie folgende Beispiele lehren:

17 jähr. Mädchen, Zahl der rothen Blutk. = 4,068,000.
Hämoglobin-Gehalt = 4,9—5,6%,
19 jähr. Mädchen, Zahl der rothen Blutk. = 4,400,000.
Hämoglobin-Gehalt = 4.9%.

Diese beiden Kranken litten an Chlorose und sind sehr treffende Beispiele des, gerade bei dieser Krankheit häufig beobachteten Missverhältnisses zwischen der Blutkörperchenzahl und dem Hämoglobingehalt. Von manchen Autoren wird dieses Verhalten sogar als pathognomonisch für die Chlorose bezeichnet (Gräber u. A.), eine Ansicht, die sich nicht strict aufrecht erhalten lässt.

Das umgekehrte Verhältniss trifft man gewöhnlich bei der perniciösen Anämie, hier sind die an Zahl oft enorm verminderten Erythrocyten verhältnissmässig reich an Hämoglobin.

Ausser bei diesen, gemeinhin als „primäre Anämie" bezeichneten Erkrankungen, findet sich Hämoglobinverminderung bei allen Zuständen, die auf das Blutleben einen ungünstigen Einfluss ausüben. So vor allem bei der traumatischen Anämie, ferner bei allen secundären Anämien (s. diese).

Literatur.

1. Rollet, Physiologie des Blutes, in Hermanns Handb. IV.
2. Halliburton, Lehrb. der chemischen Physiol. und Pathol. Heidelberg 1893.
3. Bunge, Lehrb. der physiol. u. pathol. Chemie. Leipzig 1889.
4. Nencki und Sieber, Arch. f. exper. Pathol. und Pharmakol. XVIII.
5. Ouincke, Deutsch. Arch. f. klin. Med. XXXIII, 1883.
6. Baserin, Arch. f. exper. Pathol. u. Pharmakol. XXIII.
7. Schwartz, Ueber d. Wechselbezieh. zwischen Hämoglobin und Protoplasma u. s. w. Jena, 1888.
8. Krüger, Ztschr. f. Biologie. XXVI, 1890.
9. Hoppe-Seyler, Ztschr. f. physiol. Chemie. XIII, 1889.
10. Hüfner, Ztschr. f. physiol. Chemie IV.
11. Derselbe, Du Bois-Reymonds Arch. 1893. Ref. im Centralbl. f. innere Med. 1894.
12. Derselbe, Arch. für Physiol. 1890.

13. v. Limbeck, Arch. f. exper. Pathol. u. Pharmakol. XXVI, 1890.
14. Hüfner und Külz, Zeitschr. f. physiol. Chemie VII.
15. Hüfner und Otto, Zeitschr. f. physiol. Chemie VII.
16. Naunyn, Arch. f. Anatomie u. Physiol. 1868.
17. Stadelmann, Arch. f. exper. Pathol. u. Pharmakol. XVI, 1883.
18. Derselbe, Arch. f. exper. Pathol. u. Pharmakol. XXIII, 1887.
19. Pick, Wiener klin. Wochschr. 1894. Ref. in Schmidts Jahrb. B. 248.
20. Copeman, Journ. of Physiol. XI, 1890.
21. Zaleski, Arch. f. exper. Pathol. u. Pharmakol. XXIII, 1887.
22. E. Schulze, Deutsche med. Wochenschr. 1894, 7.
23. Salkowski, Ztschr. f. physiol. Chemie XV, 1891.
24. Ponfick, Berliner klin. Wochenschr. 1883, Ref. in Schmidts Jahrb. B. 204.
25. Widowitz, Jahrb. f. Kinderhlk. XXVII u. XXVIII, 1888.
26. Sadler, Fortschr. der Med. X, 1892.

8. Die weissen Blutkörperchen.

Die Entstehungsweise der Leukocyten ist in dem Kapitel über die rothen Blutkörperchen theilweise schon berücksichtigt worden. Hier haben wir noch hinzuzufügen, dass die weissen Zellen sich zweifellos in ausgedehntem Maasse auch durch Theilung präformirter Leukocyten vermehren, und zwar im strömenden Blut sowohl wie im gesammten lymphatischen Apparat; grossentheils durch Karyokinese, z. Th. aber auch, wie es scheint, durch Amitose. Das Tempo, in dem diese Neubildung erfolgt, ist von einer Reihe von Bedingungen abhängig, die durch die Untersuchungen der letzten Jahre theilweise bekannt geworden sind und weiter unten berücksichtigt werden sollen.

Die weissen Blutkörperchen sind bekanntlich kernhaltige, theilweise mit Eigenbewegung begabte Zellen, die sich nach der verschiedenen Gestaltung ihres Kernes in drei Hauptklassen eintheilen lassen: 1. Die, nach Virchow aus den Lymphdrüsen stammende und deshalb als „Lymphocyten" bezeichnete Form, durch einen einfachen rundlichen, intensiv färbbaren Kern charakterisirt, der bei den

„kleinen Lymphocyten" nur einen schmalen Protoplasma-
saum zeigt, während er bei den „grossen" seiner Masse
nach dem reichlicher vorhandenen Plasma gegenüber mehr
zurücktritt; 2. die sogenannte mononucleäre Uebergangs-
form, mit einem unregelmässig gestalteten, vielfach einge-
buchteten Kern und 3. die polynucleären Leukocyten, die
mehrere theilweise durch schmale Brücken untereinander
verbundene Kerne enthalten. Die dritte Form soll eine
weitere Entwickelungsstufe der zweiten darstellen.

Diese, schon durch Max S c h u l z e angebahnte Differenzirung der Leukocyten hat E h r l i c h durch Einführung einer
ganz neuen Untersuchungsmethode wesentlich gefördert.

E h r l i c h [1, 2]) wies nach, dass die in den Leukocyten,
wie in gewissen anderen thierischen Zellen enthaltenen
K ö r n u n g e n, die für die chemische Untersuchung bisher
unzugänglich gewesen waren, sich durch die „F a r b e n -
a n a l y s e", das heisst durch ihr verschiedenes Verhalten
zu gewissen Tinctionsmitteln in scharfer Weise differenziren
liessen und dass ferner gewisse der von ihm aufgefundenen
„specifischen" Granulationen nur ganz bestimmten Zell-
elementen zukommen und dieselben in ähnlicher Weise
charakterisiren, wie das Pigment die Pigmentzellen.

Die für diese Farbenanalyse verwendeten Theerfarben
zerfallen nach E h r l i c h s Untersuchungen in zwei Haupt-
gruppen, die durch chemische Eigenschaften sowohl, wie
durch die Art ihrer Einwirkung auf das Protoplasma
und die Kerne der Zellen scharf von einander geschieden
sind. Die eine Gruppe, die der b a s i s c h e n A n i l i n -
f a r b e n, umfasst Körper, welche, wie das essigsaure
Rosanilin, durch den Zusammentritt einer Farbbase mit
einer . indifferenten Säure entstanden sind, während die
andere Gruppe die s a u r e n Farbstoffe enthält, worin, wie
im pikrinsauren Ammon, eine Säure das färbende Princip
darstellt. Als dritte Gruppe der „n e u t r a l e n" Farbstoffe schuf E h r l i c h eine Reihe von Verbindungen, die,
wie das pikrinsaure Rosanilin, durch den Zusammentritt
einer Farbbase mit einer Farbsäure entstehen.

Mit Hülfe dieser Färbemittel gelang es Ehrlich, fünf verschiedene Körnungen zu unterscheiden, die er, in Ermangelung einer rationellen Systematik, als α-, β-, γ-, δ- und ε-Granulationen bezeichnet hat.

Im normalen Blut kommen nach Ehrlich's weiteren Untersuchungen hauptsächlich zwei Arten von Körnungen vor, die „acidophile" oder „eosinophile" α-Granulation und die „neutrophile" ε-Granulation, während die „basophile" γ-Granulation den sogenannten Mastzellen eigen ist, die nach Ehrlich im normalen Blute fehlen und nur bei der Leukämie darin auftreten sollen. Spätere Untersucher haben diese Anschauung modificirt und z. B. nachgewiesen, dass bei vielen gesunden Individuen auch Mastzellen mit γ-Granulation im Blute gefunden werden (Canon[3]).

Es ist selbstverständlich, dass durch diese farbenanalytischen Untersuchungen über die Natur der Granula des Leukocytenprotoplasmas zunächst nichts Positives ausgesagt ist, aber es ist dadurch ein neuer Weg eröffnet, auf dem es gelingt wichtige Theile der Zellsubstanz unter einander zu differenziren und es ist für das Studium der Physiologie und Pathologie des Blutes eine mächtige Anregung geboten worden.

Die Versuche, über die chemische Natur der in der oben beschriebenen Weise unterscheidbaren Granulationen weitere Aufschlüsse zu gewinnen, haben bisher noch nicht zu einem befriedigenden Resultate geführt. Ehrlich betont, dass die von ihm unterschiedenen Körnungen ausser durch ihre tinctorielle Verschiedenheit auch durch ihr Verhalten gegen Lösungsmittel und gegen höhere Temperaturen, ferner durch ihre Grösse, ihre Form und ihr Lichtbrechungsvermögen und endlich auch durch ihre Vertheilung im Zellenleib zu unterscheiden seien; ferner glaubt Ehrlich für die α- und ε-Granulationen mit Wahrscheinlichkeit ausschliessen zu können, dass sie einem der bekannten Eiweissstoffe angehören. Neuerdings hat Weiss[4]), um die Erkenntniss der chemischen Be-

schaffenheit des Zellenleibes der Leukocyten von anderer
Seite her anzubahnen, gewisse, der botanischen Histologie entlehnte, mikrochemische Reactionen angewendet,
und ist dabei, im Gegensatz zu Ehrlich, zu dem Resultat gelangt, dass wenigstens die α-Granulationen wahrscheinlich aus einem Eiweisskörper bestehen.

Erwähnen wollen wir, dass Griesbach[5]) die selbständige Existenz der Granula völlig leugnet und diese
nur als den optischen Ausdruck des räumlichen Verhält-
nisses zwischen dem Zellprotoplasma und einer von ihm
angenommenen Gerüstsubstanz betrachtet; während ein
extremer Standpunkt in der anderen Richtung von Altmann eingenommen wird, der die Granula als „Bioblasten"
für die eigentlichen Hauptelemente des Zellprotoplasmas
erklärt, die darin nur durch eine indifferente Substanz
verbunden seien.

Abgesehen von den Granulis, die ja nur einen Theil
des Protoplasmas der Leukocyten bilden, ist über die
chemische Beschaffenheit dieser Zellen folgendes
bekannt (Halliburton[6]), A. Kossel[7]):

Der Kern der Leukocyten besteht, gleich anderen
Zellkernen, aus einem leicht färbbaren Netzwerk, „Chro-
matin" genannt und einer „achromatischen" Grundsubstanz;
seine chemische Zusammensetzung ist wahrscheinlich eine
äusserst complicirte. Der wichtigste Bestandtheil des
Kernes ist das Nucleïn, ein dem Eiweiss in vielen Punkten
ähnlicher, aber doch seiner Constitution nach differenter
stark phosphorhaltiger Körper. Nach Untersuchungen von
A. Kossel und Horberczewsky[8]) scheint das Nucleïn
die wichtigste, wenn nicht die einzige Quelle der im Organismus gebildeten Harnsäure zu sein. Nach neueren
Untersuchungen von A. Kossel und seinen Schülern ist
in den Nucleïnen eine organische, phosphorhaltige Säure,
die Nucleïnsäure, dem Eiweiss angefügt, enthalten, und
A. und H. Kossel haben nachgewiesen, dass diesem
Körper bactericide Eigenschaften zukommen.

Das Protoplasma der weissen Blutkörperchen besteht

nach der Ansicht vieler Histologen aus einem feinen Netzwerk, das eine flüssige Grundsubstanz in seinen Maschen enthält. Durch Osmiumsäure lässt sich nachweisen, dass Fettkörnchen im Protoplasma enthalten sind, besonders reichlich in den Leukocyten der Darmgefässe während der Verdauungsperiode. Ferner finden sich Lecithin, Cholestearin und anorganische Substanzen in kleinen Mengen im Protoplasma. Die Hauptmasse desselben besteht aber aus Eiweisskörpern, und zwar sind ein mucinähnlicher Eiweissstoff, zwei Globuline und ein Albumin unterschieden worden.

Ueber pathologische Veränderungen der chemischen Beschaffenheit der Leukocyten ist bis jetzt nur wenig bekannt. Fettige Degeneration scheint, namentlich bei Leukämie, nicht selten vorzukommen (Vehsmeyer[9]), Litten[10]). Ferner fand Czerny[11]) bei chronischen Anämien, lange andauernden Eiterungen und in Zuständen, die mit anhaltender Dyspnoe einhergehen, in einem Theil der Leukocyten eine Substanz, die ihrem mikrochemischen Verhalten nach als Vorstufe des Amyloid aufgefasst werden musste, und Czerny nimmt an, dass dieser Körper nach seiner Ablagerung in die Organe in wirkliches Amyloid umgewandelt werde. Es gelang Czerny diese Erscheinung auch experimentell an Thieren zu erzeugen. Kürzlich hat Livierato[12]) in Krankheiten, die mit der Bildung peptonisirbarer Exsudate einhergehen (z. B. die croupöse Pneumonie) Glykogenreaction an den Leukocyten gefunden, während er bei Gesunden nur ausserhalb der Leukocyten Glykogen im Blute nachzuweisen vermochte.

Wie andere Zellen, besitzen die Leukocyten die Fähigkeit, feste und flüssige Körper in ihr Protoplasma aufzunehmen, gewisse Nährstoffe zu assimiliren und umzusetzen und Stoffwechselproducte zu liefern. Ihr Protoplasma besitzt Reizbarkeit, das heisst es vermag auf äussere Reize durch Bewegungen zu reagiren und, da es sich um selbständige Zellen handelt, der ganzen Zelle eine Ortsbewegung zu ertheilen. Die Leukocyten sind sowohl für

Eindrücke, die das Tastgefühl betreffen, wie für chemische Reize empfänglich. Die tactile Erregbarkeit lässt sich leicht demonstriren durch die Beobachtung eines suspendirten Tropfens Froschlymphe: hier werden die Lymphzellen sowohl durch die Fläche der Glasplatte, woran der Tropfen hängt, wie auch, in geringerem Grade, durch die Oberflächenmembran des Tropfens zu Bewegungen veranlasst, während die in der Mitte des Tropfens befindlichen Zellen rund bleiben. Nach und nach sammeln sich die Leukocyten am Rande des Tropfens an, wo sie gleichzeitig mit der Oberfläche desselben und mit der Glasplatte in Berührung sind. Die Erregung des Tastgefühls veranlasst auch das bekannte Einwandern der Leukocyten in Hollundermarkstücke.

Von der grössten Bedeutung für die den weissen Blutkörperchen obliegenden Functionen ist ihre Empfänglichkeit für chemische Reize, ihre „Chemotaxis". Diese, durch Massart und Bordet[13]), Buchner[14]), Römer[24]) u. A. studirte Eigenschaft bewirkt, dass die Leukocyten durch gewisse, chemisch wirkende Agentien angezogen, durch andere abgestossen werden („negative Chemotaxis"). Bringt man eine, mit einer chemotactisch wirkenden Substanz gefüllte Capillare in den Lymphsack eines Frosches, so findet eine ausgedehnte Einwanderung von Leukocyten in die Capillare statt, während die Einwanderung ausbleibt, wenn die Capillare mit einem indifferenten Körper angefüllt ist.

Als chemotactisch wirksam sind bereits eine grosse Zahl von Stoffen bekannt geworden. Für die Physiologie und Pathologie besonders wichtig ist die Wirksamkeit der Bacterienproteïne, gewisser Pflanzenproteïne, mancher Verdauungsproducte und des Nucleïns.

Nebenbei erwähnen wollen wir, dass nach Untersuchungen von Dineur[15]) die Leukocyten auch „galvanotactische" Eigenschaften besitzen: sie sammelten sich in einem mit den Polen eines Daniell-Elementes armirten, in die Bauchhöhle eines Kalt- oder Warmblüters versenkten

Glasröhrchen namentlich am positiven Pol in grosser Menge an.

Die Reactionsfähigkeit der Leukocyten gegenüber den besprochenen Reizen kann noch durch gewisse äussere Einwirkungen modificirt werden: so durch die Temperatur der Umgebung (M. Schultze), und den Concentrationsgrad des Plasmas (Thoma); Sauerstoffzufuhr begünstigt, Kohlensäure vermindert ihre Beweglichkeit. Binz und Dogiel [16]) fanden, dass starke Chiningaben die Bewegungen der Leukocyten vorübergehend lähmen und Massart und Bordet beobachteten die gleiche Wirkung vom Chloralhydrat; Dineur fand die galvanotactische Reizbarkeit der Lymphkörperchen bei Fröschen während des Winters weniger ausgesprochen, als im Sommer.

Durch ihre Empfindlichkeit für Reize verschiedener Art und ihre übrigen biologischen Eigenschaften sind die Leukocyten befähigt zu mannigfachen Functionen, von denen bisher wahrscheinlich nur ein Theil bekannt ist.

Von der grössten Bedeutung ist die in neuester Zeit erkannte Betheiligung der Leukocyten an der Resorption der Nährstoffe im Verdauungskanal und zwar in Bezug auf die Aufnahme und Assimilation der Eiweiss-Körper.

Durch die Untersuchungen Hofmeisters [17]) und seines Schülers Pohl [18]) ist nämlich nachgewiesen, dass während der Eiweissverdauung in den lymphatischen Apparaten des Darmes eine starke Neubildung von Leukocyten stattfindet; diese neugebildeten Zellen gelangen mit dem Venenblutstrom in die allgemeine Blutbahn und erzeugen die schon früher von Moleschott (1854), Hirt u. A. beobachtete Verdauungsleukocytose. Die von Hofmeister durch vergleichende Zählung der karyokinetischen Figuren in den Darmfollikeln unzweifelhaft festgestellte Vermehrung der Zellbildung unter dem Einfluss der Peptonzufuhr betrifft hier nur die mononucleären Formen, während die Verdauungsleukocytose nach Pohl vorwiegend durch eine Vermehrung der mehrkernigen Leukocyten zum Ausdruck kommt; es ist dies eine neue Stütze für die Anschauung, dass die mehrkernigen weissen Blutkörperchen eine weitere Entwickelungsstufe der einkernigen Form darstellen.

Hofmeister und Pohl und mit ihnen die meisten neueren Forscher nehmen nun an, dass die neugebildeten Leukocyten die Form sind, in welcher dem Organismus das aus dem Darm resorbirte Eiweiss zum Stoffersatz zugeführt wird; den Lymphfollikeln des Darmes und den Lymphdrüsen des Mesenteriums fällt dabei die Aufgabe zu, eine Art Sammelplatz für die eingeführten Eiweiss-Stoffe zu bilden und dieselben dann in organisirter Form der Circulation zu übergeben. Aehnliche Vorgänge vermuthet Hofmeister in den peripheren Lymphdrüsen; auch hier werden wahrscheinlich die aus dem Gewebs-leben der Organe herstammenden Stoffwechselproducte aufgehalten und — soweit darin verwendbares Material enthalten ist — zur Leukocytenneubildung verwerthet, eine Anschauung, die eine werthvolle Stütze durch die neuere Beobachtung von Koeppe[19]) erhält, dass in den Lymphdrüsen die Leukocytenneubildung nach Absperrung des Lymphstromes auch dann äusserst reducirt wird, wenn der Blutzufluss intact bleibt.

Es liegt sehr nahe, zu vermuthen, dass manche Ernährungsstörungen dunklen Ursprungs in einer mangel-haften Functionirung des lymphatischen Apparates begründet sind, auch ist durch Untersuchungen von R. Müller[20]) nachgewiesen, dass bei Anämischen und Chlorotischen die normale Leukocytose nach Eiweissnahrung nur in ungenügender Weise und nur nach sehr reichlichen Mahlzeiten zu Stande kommt. Bei Personen, die an Magenkrebs leiden, soll sie gänzlich ausbleiben (Schneyer[21]).

In dieser Beziehung sind nun weitere Beobachtungen über die Wirkungsweise gewisser Arzneimittel von grossem theoretischem und praktischem Interesse. Es hat sich nämlich durch Untersuchungen von Hirt, Binz u. H. Meyer und Pohl[22]) herausgestellt, dass nach der innerlichen Zufuhr von ätherischen Oelen und sogenannten

„tonisirenden" Arzneimitteln eine Vermehrung der Leukocyten beobachtet wird, und Pohl, der besonders die
Riechstoffe der Früchte und Gewürze wirksam fand, vermuthet wohl mit Recht, dass durch Mittel dieser Art der
„celluläre Stofftransport" gefördert werde und dass darin
die Ursache ihrer günstigen Einwirkung auf die Verdauung
zu suchen sei. Auch nach Eisen- und Wismuth-Dar-
reichung fand Pohl häufig Leukocytose.

Wie die Leukocyten die ihnen vindicirte Rolle als
Eiweissträger weiter spielen, ist noch völlig unbekannt;
doch scheint es, dass dieselben, speciell das in ihren
Kernen enthaltene Nucleïn eine wesentliche, ja vielleicht
die einzige Quelle eines der Endproducte des Stickstoff-
Stoffwechsels, die Harnsäure darstellen (Horbaczewski[8]),
Kuehnau).

Ein weiterer Einblick in die Thätigkeit der Leukocyten ist durch die Entdeckung gewonnen, dass ihnen die
Fähigkeit innewohnt Hämoglobin zu produciren
(Schwartz). Bekannt ist ferner, dass dieselben kleine, in
das Blut gelangte Fremdkörper, wie Pigmentkörnchen,
Bacterienleichen u. s. w., in sich aufnehmen und daraus
entfernen. In wie weit durch sie ein Kampf gegen die
noch lebenden Mikroorganismen geführt wird (Metsch-
nikoff's Phagocytenlehre) ist zweifelhaft, doch ist es
neueren Forschungen zufolge wahrscheinlich, dass die Ab-
tödtung der Bacterien durch flüssige Blutbestandtheile
(Alexine, Buchner) erfolgt und den Leukocyten nur
die Aufgabe zufällt, die abgestorbenen Spaltpilze in sich
aufzunehmen und zu zerstören oder auf andere Weise aus
dem Blut zu entfernen.

An Körperstellen, die Sitz eines abnormen Reizes sind,
sammeln sich die Leukocyten an, ja sie verlassen sogar
die Blutbahn und gelangen als Wanderzellen oder als
Eiterkörperchen in die Gewebe.

Wenn demnach die Leukocyten Organe darstellen, die
mit einem überaus complicirten Stoffwechsel ausgestattet
sind, und deren Thätigkeit sich schon durch das Wenige,

was wir bis jetzt davon wissen, als höchst wichtig für das Bestehen des Thierkörpers erweist, so ist es selbstverständlich, dass pathologische Veränderungen ihrer Beschaffenheit oder ihrer Zahl von der grössten Bedeutung sein müssen. Leider sind aber unsere Kenntnisse hierüber noch äusserst beschränkt.

Abgesehen von dem oben erwähnten Vorkommen degenerirter Leukocyten bei der Leukämie und einzelnen Beobachtungen über einen in demselben enthaltenen amyloidartigen Körper, ist uns über Veränderungen der chemischen Beschaffenheit der weissen Blutkörperchen nichts bekannt. Dasselbe gilt von etwa vorkommenden Mängeln ihrer Functionirung und auch die zahlreichen Beobachtungen über Vermehrungen der Leukocytenzahl entziehen sich, namentlich was die Bedeutung dieser Erscheinung anlangt, bis jetzt dem pathologischen Verständniss. Wir wissen wohl, dass bei gewissen Zuständen die eine oder die andere Form der weissen Blutkörperchen vorherrscht oder dass auch ihre Gesammtzahl erheblich gesteigert ist, welches aber die Folgen dieser Erscheinung für den Organismus sind, ist uns selbst in extremen Fällen nur theilweise bekannt.

Die Zahl der Leukocyten im Blute zeigt schon normaler Weise sehr erhebliche Schwankungen. Man kann annehmen, dass bei gesunden Individuen ausserhalb der Verdauungsperiode etwa 7000—10000 Leukocyten in einem cbmm Blut enthalten sind (Reinert[25]). Diese Zahl steigt, wie erwähnt, während der Eiweissverdauung erheblich an, und zwar bis auf den doppelten Werth und darüber. Schlecht genährte Individuen haben in der Regel ein relativ leukocytenarmes Blut (v. Limbeck[23]).

Die als „Leukocytose" bezeichnete, abnorme Vermehrung der im Blute circulirenden Leukocyten haben wir nach den eben besprochenen Eigenschaften der weissen Blutkörperchen dann zu erwarten, wenn sich Stoffe im Körper befinden, die auf die Leukocyten einen formativen Reiz (Römer[24]) ausüben und durch das Tempo ihrer Neubildung die normale Grenze überschreiten lassen, oder solche Stoffe, die durch chemotactische Wirkung eine vermehrte Auswanderung von farblosen Zellen aus den lymphatischen Apparaten bewirken. Da nun in der That Stoffe dieser Art (Stoffwechselproducte, Nucleïn und Zerfallsproducte normaler Gewebsbestandtheile, Ptomaine verschiedener Art, Bacterien-Proteïne u. s. w.) bei den verschiedensten krankhaften Zuständen in gesteigerter Menge oder als abnormer Bestandtheil in den Säften circuliren, so ist es nur natürlich, dass auch die Leukocytose ein sehr häufiges Vorkommniss in Krankheiten ist.

Schon im Jahre 1879 wurde von Bouchut und Dubrisay[26]) bei schwerer septischer Diphtherie eine Steigerung der Leukocytenzahl im Blute nachgewiesen. Neuere Forscher fanden dieselbe namentlich bei der croupösen Pneumonie (v. Jaksch, Tumas, Rieder[27]), Lähr[28]), v. Limbeck[23]), Sadler[30]) u. A.), ferner bei den Pocken im Eiterungsstadium (Pick[31]), beim Scharlach (Felsenthal, Pée), bei der Sepsis, bei erblicher Syphilis (Loos[32]), nach der Injection des Koch'schen Tuberkulins (Tschistowich, Jürgens[33]), Grawitz). Bei anderen Infectionskrankheiten wird die Leukocytose vermisst, namentlich auch beim Typhus, ja nach Hayem[34]) soll dabei die Leukocytenzahl sogar herabgesetzt sein; ebenso bestritet Evans[35]) das Vorkommen von Leukocytose bei der Malaria. Dagegen wird dieselbe häufig in Fällen von malignen Tumoren (Reinbach u. A.) und bei der Rachitis (Pott[36]), Kuttner[37]) gefunden.

Ueber die Art und Weise des Zustandekommens der Leukocytose in den eben erwähnten Krankheiten herrscht noch Unklarheit. Virchow, der schon im Jahre 1853 den Begriff der „entzündlichen Leukocytose" aufgestellt hat, betrachtete dieselbe als die Folge einer Reizung der Lymphdrüsen; doch ist keineswegs jede Lymphdrüsenreizung von Leukocytenvermehrung gefolgt. In neuerer Zeit wurde die Leukocytose durch die formative und chemotactische Wirkung der erwähnten Substanzen erklärt; doch gehen die Meinungen der Forscher über die Natur der im einzelnen Falle wirksamen Stoffe noch auseinander. Die Annahme, dass bei den Infectionskrankheiten durch die Bacterien-Proteine und deren chemotactische Wirkung direct eine Vermehrung der Leukocyten im Blute erzeugt werde, wird nicht von Allen getheilt. Manche (v. Limbeck, Sadler) machen dieselbe von dem Vorhandensein eines Exsudationsprocesses im Körper abhängig und führen ihre Entstehung auf den dabei eintretenden Zellenzerfall zurück, und auch Löwit[38]) kommt auf experimentellem Wege zu dem Schluss, dass jeder Leukocytose zunächst ein abnorm gesteigerter Zerfall von weissen Blutkörperchen vorausgehen müsse, und dass erst durch das dabei frei werdende Nucleïn eine vermehrte Neubildung von Leukocyten angeregt werde. Unerklärt bleibt aber bei dieser Anschauung das rasche Auftreten der Leukocytose bei manchen acuten Infectionskrankheiten und ihr Ausbleiben bei gewissen Exsudationsprocessen, z. B. bei der reinen Influenza-Pneumonie und bei der katarrhalischen Pneumonie.

Schulz[39]) stellt die Thatsache, dass die Menge der im Blut kreisenden Leukocyten unter pathologischen Verhältnissen eine Steigerung erfahren könne, überhaupt in Abrede und führt die in dieser Richtung gemachten Beobachtungen insgesammt auf Veränderungen in der Vertheilung der zelligen Elemente des Blutes zurück. Doch ist· diese Anschauung durch Untersuchungen von Goldscheider und Jakob widerlegt, die fanden, dass bei der Leukocytose die Veränderung in allen Gefässen gleichmässig auftritt.

Es scheint, dass bei dem Entstehen abnormer Leukocytenvermehrung auch unbekannte individuelle Verhältnisse eine Rolle spielen, so dass unter anscheinend gleichen Umständen bei dem einen Kranken die Zahl der weissen Blutkörperchen stark ansteigt, während sie bei einem anderen normal bleibt. Ferner kommt die Quantität und Qualität der wirksamen Substanz in Frage: so fanden

Rieder und Tschistovich nach der Injection hoch-
virulenter, tödtlich wirkender Culturen von Diplococcus
Fränkel keine Leukocytose, ja sogar Absinken der Leukocytenzahl, während abgeschwächte Culturen Leukocytose erzeugten.

Bei Weitem die stärkste Vermehrung der Leukocyten
kommt bekanntlich bei der Leukaemie vor; die Besonderheiten der leukämischen Leukocytose finden in dem
Abschnitt über Leukämie eingehendere Berücksichtigung.

Ueber pathologische Verminderung der Leukocytenzahl ist nur wenig bekannt. Hayem erwähnt
dieselbe als eine Theilerscheinung der perniciösen Anämie und führt sie auf eine Läsion der blutbereitenden
Organe zurück. Ferner wurde schon erwähnt, dass bei
mangelhafter Ernährung und bei manchen Infectionen
(Typhus) das Blut relativ arm an Leukocyten sein kann.

Einer besonderen Besprechung bedürfen noch die sogenannten eosinophilen Leukocyten. Die Entstehung dieser, in erster Linie durch das tinctorielle
Verhalten ihres Protoplasmas ausgezeichneten Gebilde wird
von Ehrlich in das Knochenmark verlegt, während
Müller und Rieder[40]) den eosinophilen Zellen des
Knochenmarkes andere Eigenschaften zusprechen als denen
des Blutes. Weiss[4]) leugnet überhaupt, dass diese Zellen
nur dem Blute zukommende Elemente seien und nimmt
an, dass dieselben, wo sie in Secreten und Excreten verschiedener Art (z. B. im Sputum) gefunden werden, nicht
aus dem Blute dahin gelangt, sondern in den Zellen des
secernirenden Organes selbst gebildet worden seien. Und
in der That wurden sie, ausser im Blute, noch in vielen
anderen Organen gefunden. Ihre Zahl im Blute wird
sehr verschieden angegeben: Canon[3]) fand bei Gesunden an $0,3 — 4,19\,^0/_0$ der Leukocyten eosinophile
Granula, Müller und Rieder fanden sie zuweilen bei
$21\,^0/_0$. Bei diesen grossen Schwankungen der physiologischen Zahlen ist es schwer, eine Grenze zu finden,
deren Ueberschreitung als pathologisch bezeichnet werden

darf. Ehrlich glaubte einer Vermehrung der eosinophilen Zellen diagnostische Bedeutung für das Krankheitsbild der Leukämie zuschreiben zu dürfen. Es hat sich
aber herausgestellt, dass einerseits auch bei vielen anderen
Zuständen das Blut reich an eosinophilen Leukocyten sein
kann (so beim Asthma, bei vielen Hautkrankheiten, bei
Helminthiasis u. s. w. Fr. Müller, Gollasch, Gabri-
zewski,[42]) Neusser,[43]) Bücklers[44]) u. A.) und dass
andererseits eine Vermehrung derselben bei der Leukämie
nicht selten vermisst wird (Eigene Beobachtung, ferner
Kanthack[29]) u. A.)

Die Markzellen, grosse mononucleäre Leukocyten
mit neutrophiler Körnung, sind zuerst von Cornil im
Knochenmark gefunden und als „Cellules médullaires"
beschrieben worden. Eberth, Eisenlohr, Litten haben
nachgewiesen, dass diese Zellen bei Leukämie in das
Blut gelangen können, und H. F. Müller ist es sogar
gelungen, in einem solchen Falle an den Markzellen des
Blutes karyokinetische Kerntheilung zu entdecken. Die
Hoffnung, in dem Auftreten dieser Zellen im Blute ein
sicheres diagnostisches Merkmal der Leukämie zu besitzen, hat sich nicht bestätigt; sie wurden auch bei
anderen Erkrankungen darin gefunden, so von Loos in
Fällen von syphilitischer Anämie und von Reinbach
in einem Falle von Lymphosarcom.

Literatur.

1. Ehrlich, Verh. der physiol. Gesellsch. zu Berlin 1878—79
   und Farbenanalytische Studien, Berlin 1895.
2. Derselbe, Zeitschr. f. klin. Med. I u. farbenanalyt. Unters.
3. Canon, Deutsche med. Wochenschr. 1892, 10.
4. Weiss, Mittheil. des embryol.-histol. Inst. der Universität zu
   Wien 1892.
5. Griessbach, Pflüger's Arch. XL. 1891.
6. Halliburton, Lehrbuch der chemisch. Physiol. und Pathol.
   Heidelberg 1893.
7. Kossel, Deutsche med. Wochenschr. 1894, 7.
8. Horbaczewski, Monatsh. f. Chemie XII, 1892.

9. Vehsemeyer, Dissertation, München 1890.
10. Litten, Verh. d. XI. Congr. f. innere Med. 1892.
11. Czerny, Arch. f. exper. Pathol. u. Pharmakol. XXXI, 1893.
12. Livierato, Arch. ital. di clin. med. 1893. Ref. in Centralbl. f. innere Med. 1894.
13. Massart et Bordet, Journ. méd. de Bruxelles XL, 1890.
14. Buchner, Berlin. klin. Wochenschr. 1890, 47.
15. Dineur, Journ. de Méd. etc. de Bruxelles I, 1892.
16. Dogiel, Du Bois-Reymond's Arch. 1884.
17. Hofmeister, Arch. f. exper. Pathol. u. Pharmakol. XXII, 1887.
18. Pohl, Dasselbe Archiv XXV, 1889.
19. Köppe, Du Bois-Reymond's Arch. 1890 Suppl. Ref. in Schmidt's Jahrb. B. 231.
20. Rud. Müller, Prager med. Wochenschr. 1890, 17—19. Ref. in Schmidt's Jahrb. B. 219.
21. Schneyer, Internat. klin. Rundsch. VII. Ref. in Centralbl. für innere Med. 1895.
22. Pohl, Arch. f. exper. Pathol. u. Pharmakol. XXV, 1888.
23. v. Limbeck, Grundriss einer klin. Pathol. des Blutes. Jena 1892.
24. Römer, Berlin. klin. Wochenschr. 1891, 36.
25. Reinert, Die Zählung der Blutkörperchen etc. Leipzig, 1891.
26. Bouchut und Dubrisay, Gaz. des hôpitaux 1879. Ref. in Schmidt's Jahrb. 1892.
27. Rieder, Münchner med. Wochenschr. 1892, 29.
28. Lähr, Berlin. klin. Wochenschr. 1893, 36—37.
29. Kanthak, Brit. med. Journ. July 16. 1892.
30. Sadler, Fortschr. d. Med. X. Suppl. 1892.
31. Pick, Prager med. Wochenschr. 1892, 40.
32. Loos, Wien. klin. Wochenschr. 1892, 20.
33. Jürgens, Deutsche med. Wochenschr. 1890, 52.
34. Hayem, Du Sang. Paris, 1889.
35. Evans, Brit. med. Journ. April 11. 1891.
36. Pott, Verh. der II. Vers. d. Ges. f. Kinderheilk. 1885.
37. Kuttner, Berlin. klin. Wochenschr. 1892, 45.
38. Löwit, Studien z. Physiol. u. Pathol. d. Blutes u. d. Lymphe. Jena 1892.
39. Schulz, Deutsch. Arch. f. klin. Med. LI. 1893.
40. Müller u. Rieder, Dasselbe Arch. XLVIII.
41. Schwarze, Dissertation, Berlin 1880, und Ehrlich's farben-analytische Unters.
42. Gabritschewsky, Wien. klin. Wochenschr. 1891, 2.
43. Neusser, Wiener med. Presse 1892, 3—5.
44. Bücklers, Münchner med. Wochenschr. 1894, 2—3.

9. Die Blutplättchen.

Nachdem schon im Jahre 1865 Max Schultze darauf aufmerksam gemacht hatte, dass sich im Blute mancher Personen kleine ungefärbte, oft in Haufen beisammenliegende Körperchen von unregelmässiger Gestalt finden, wurden die Blutplättchen zuerst von Hayem 1877 als regelmässiger Bestandtheil des normalen Blutes beschrieben[1]). Hayem hielt diese Elemente für die Jugendform der rothen Blutkörperchen und nannte sie „Hämatoblasten". Die Arbeiten Hayem's über diesen dritten Formbestandtheil des normalen Blutes scheinen aber wenig bekannt geworden zu sein, denn erst, nachdem Bizzozero fünf Jahre später seine Arbeiten über die Blutplättchen veröffentlicht hatte, wurden dieselben zum Gegenstand zahlreicher Untersuchungen, die zu sehr widersprechenden Resultaten führten und bis heute noch nicht zu einem allgemein anerkannten Abschluss gelangt sind.

- Während nämlich mehrere Bearbeiter dieses Gegenstandes, wie Eberth und Schimmelbusch, Afanassiew, Pusari, Laker, Salvioli, Luzet,[2]) Petrone,[9]) Sacerdotti,[10]) die Blutplättchen als selbständigen Bestandtheil des normalen Blutes anerkannten und Modino und Aquisto[8]) sogar Kerne darin nachgewiesen haben wollen, wird namentlich von Löwit[5]) ihre Existenz geleugnet. Löwit hält sie für Globulinniederschläge, die hauptsächlich dem Plasma, theilweise vielleicht auch den Leukocyten entstammen sollen. Lilienfeld[4]) schliesst aus ihrem chemischen Verhalten, dass sie vorwiegend aus Nucleoalbumin bestehen und einer Abspaltung von Nuclein aus den Leukocytenkernen ihre Entstehung verdanken, und auch Hlava[6]) sieht in ihnen Zerfallsproducte der Leukocyten. Bremer[7]) hält sie für Abkömmlinge der Erythrocyten.

Immerhin scheint jetzt von der Mehrzahl der Forscher angenommen zu werden, dass die Blutplättchen wirklich einen Formbestandtheil des Blutes ausmachen. Dagegen ist ihre physiologische Bedeutung noch völlig dunkel; die Ansicht Hayem's wird gegenwärtig, in Deutschland wenigstens, wohl von Niemandem getheilt.

Um die Blutplättchen, die in dem entleerten Blute ausserordentlich rasch zerfallen, sichtbar zu erhalten, bedarf es sehr raschen Arbeitens. Man kann, nach Hayem's Empfehlung, einen Blutstropfen direct auf dem Object-tisch des Mikroskopes zwischen den Objectträger und das fixirte Deckglas eintreten lassen und bekommt dann die Blutplättchen als längliche, unregelmässig gestaltete Gebilde zu sehen. Ihre Grösse entspricht kaum dem halben Durchmesser eines rothen Blutkörperchens.

Die Zahl der Blutplättchen wurde von Afanassiew[11]) unter normalen Verhältnissen auf 200 000—300 000 im cbmm bestimmt, Andere fanden 180 000—500 000.

Ueber das Verhalten der Blutplättchen in krankhaften Zuständen ist nur wenig bekannt. Auf ihre von Eberth und Schimmelbusch u. A. behauptete Bedeutung für die Entstehung der weissen Thromben können wir hier nicht eingehen. Afanassiew und Pruss[12]) fanden bei der Leukämie ihre Zahl erhöht, dasselbe fand v. Lim-beck[12]) in mehreren Fällen von schwerer Anämie; nach Petrone sollen sie in allen den Zuständen vermehrt sein, die mit einer Auflösung des Hämoglobins einher-gehen. Bei Typhus fand Afanassiew stets Abnahme der Plättchen, Petrone fand sie bei Infectionskrank-heiten dann vermehrt, wenn die Infection eine sehr inten-sive war.

Literatur.

1. Hayem, Du Sang. Paris, 1889.
2. Luzet, Arch. de Physiol. XXIII, 1891.
3. Löwit, Arch. f. exper. Pathol. u. Pharmakol. XXIII, 1887.
4. Lilienfeld, Arch. f. Anatomie u. Physiol. (physiol. Abth.)1891.
5. Löwit, Centralbl. f. Pathol. u. pathol. Anat. 1891.
6. Hlava, Arch. f. exper. Pathol. u. Pharmakol. XVII, 1883.
7. Bremer, Centralbl. f. d. med. Wissensch. 1894, 20.

8. Acquisto, Moleschott's Unters. z. Naturl. XV, 1894.
9. Petrone, Riforma med. 1895. Ref. in Centralbl. f. innere Med. 1895.
10. Sacerdotti, Arch. ital. di Biologie XXI, 1894.
11. Afanassiew, Deutsch. Arch. f. klin. Med. XXXV, 1884.
12. v. Limbeck, Grundriss einer klin. Pathol. des Blutes. Jena 1892.

10. Das Blutplasma.

Wenn auch die Functionen des Blutplasmas bis jetzt nur theilweise bekannt sind, so genügt doch das Bekannte schon, um darzuthun, dass es sich hier um ein Gemisch von Stoffen handelt, deren physikalische und chemische Eigenschaften für den Organismus von der grössten Bedeutung sind, und dass mit der Aufgabe, ein flüssiges, alle Capillargebiete durchdringendes Vehikel für die Blutkörperchen und gewisse Nährstoffe und Stoffwechselproducte zu bilden, die Bedeutung des Plasmas bei Weitem nicht erschöpft ist. Es würde uns aber über unser Ziel hinausführen, wenn wir diese Bedeutung nach allen Richtungen hin würdigen wollten; wir müssen uns darauf beschränken, die für das Leben des Blutes selbst und für den Stoffwechsel wichtigsten Thatsachen hervorzuheben und andere nicht minder wichtige Capitel der Lehre vom Blutplasma, speciell alle hierzu gehörigen Forschungen über Bacterienvernichtung und Krankheitsschutz bei Seite lassen.

Das normale menschliche Blut enthält im Mittel ungefähr 50 °/₀ Plasma (Halliburton[3]) giebt an: auf 1000 Theile Blut 513,02 Theile Blutkörperchen und 486,98 Theile Plasma), ein Verhältniss, das sich bekanntlich bei Kranken sehr häufig durch eine, unter Umständen beträchtliche Abnahme der corpusculären Elemente zu Gunsten des Plasmas, seltener auch im umgekehrten Sinne verändert.

1000 Theile Plasma enthalten:

Wasser. 902,90
Feste Körper 97,10
Eiweissstoffe: 1. Fibrin 4,05
        „   2. Andere Eiweisskörper 78,84
Anorganische Salze. 8,55
Extractivstoffe, incl. Fett 5,66

Das specifische Gewicht des Plasmas beträgt bei Gesunden 1,029 — 1,032 (C. Schmidt, Hammerschlag [2]). Ueber das Verhalten der Dichtigkeit des Plasmas in Krankheiten ist nur wenig bekannt. Hammerschlag's, an zahlreichen Kranken vorgenommene Untersuchungen ergaben folgende Resultate: Bei der Chlorose ist das specifische Gewicht des Plasmas normal, von einer Hydrämie im Sinne einer wässrigen Beschaffenheit des Plasmas kann also bei dieser Krankheit nicht die Rede sein. Bei Anämien ist es gleichfalls in der Regel normal und nur dann herabgesetzt, wenn die Anämie durch starke Blutverluste entstanden ist oder wenn Oedeme bestehen, bei Tuberculose und malignen Tumoren nur dann, wenn die Krankheit zu Kachexie hohen Grades geführt hat. Bei fieberhaften Erkrankungen war es verschieden, meist etwas herabgesetzt, am häufigsten bei intermittirendem Fieber. Bei Circulationsstörungen war es niemals erhöht (auch dann nicht, wenn die Dichte des Gesammtblutes, offenbar durch globulöse Stase, erheblich gesteigert gefunden wurde), meist normal, in einigen Fällen herabgesetzt; der Einfluss verminderter Diurese schien dabei hervorzutreten. Bei Nephritis war die mehrfach beobachtete Herabsetzung des specifischen Gewichtes an das Vorhandensein von Oedemen gebunden, während der Grad der Albuminurie ohne Einfluss darauf war.

Schon diese Wahrnehmungen über die grosse Constanz des specifischen Gewichtes des Blutplasmas machen es wahrscheinlich, dass auch sein Wassergehalt eine sehr wenig veränderliche Grösse ist, und dass auch bei anämischen und kachectischen Zuständen die bis vor Kurzem als selbstverständlich angenommene Hydrämie nur in extremen Fällen vorkommt. Eine Bestätigung für diese Annahme ist durch die unten zu besprechenden Beobachtungen über den Eiweissgehalt des Plasmas geboten.

Nur dann, wenn durch Ausfall eines Theiles der Nierenthätigkeit der Körper überhaupt mit Wasser überladen ist, muss nothwendiger Weise auch das Blut wasserreicher werden. Ferner nimmt nach acuten Blutverlusten das Blutplasma eine hydrämische Beschaffenheit an, während es zugleich salzreicher wird.

Die Eiweisskörper sind im Blute in flüssiger Form enthalten, besitzen aber gleich allen „Colloid-Stoffen" die Fähigkeit unter gewissen Bedingungen aus der scheinbar gelösten in die geronnene Modification überzugehen.

Die Bedingungen, unter denen diese Veränderung erfolgt, sind für die verschiedenen Eiweissstoffe nicht dieselben und es lassen sich dadurch im Blutplasma drei Eiweissarten unterscheiden: das Fibrinogen, das Serumglobülin und das Serumalbumin. Nach der Fibrinbildung ist das Fibrinogen verschwunden und es findet sich an dessen Stelle im Serum ein Rest von Fibrinferment. Das Serumalbumin, welches durch Behandlung des, von seinem Gehalt an Fibrinogen befreiten Plasmas mit Magnesiumsulfat von dem Globulin getrennt wird, lässt sich wiederum durch Erwärmen auf verschiedene Temperaturen in α-, β- und γ-Serumalbumin differenziren (Halliburton l. c.).

Die physiologischen Functionen dieser verschiedenen Eiweissstoffe sind noch wenig bekannt. Aus den Untersuchungen Burckhardt's [5] u. A. geht hervor, dass bei hungernden Thieren die Abnahme des Gesammteiweisses des Blutplasmas nur gering ist und dass die Abnahme nur das Serumalbumin trifft, das nach längerem Hungern völlig aus dem Blute verschwinden kann, während das Globulin sogar eine Zunahme zeigt. Aus den an verschiedenen Thieren während langer Hungerperioden angestellten Beobachtungen lässt sich ferner schliessen, dass das Serumglobulin die Aufgabe erfüllt, ein, sei es durch Zersetzung, sei es durch Vertheilung entstandenes Deficit an Albumin zu ersetzen, wobei wahrscheinlich in den Muskeln die Quelle für das zum Ersatz herangezogene Globulin zu suchen ist. Und Bunge [2]) vermuthet, dass die Globulinmoleküle die Bausteine seien, aus denen sich die complicirteren Moleküle des lebenden Protoplasmas zusammensetzen; dafür spreche auch das Vorkommen der Globuline in den Eiern der Thiere und in den Samen und Wurzeln der Pflanzen.

Unter diesen Umständen ist es nicht zu verwundern, dass auch in Krankheiten (Leukämie, Chlorose, secundäre Anämien verschiedenen Ursprungs) der Gesammteiweiss-gehalt des Serums annähernd normal zu bleiben scheint (v. Jaksch, [6]); Wendelstadt und Bleibtreu [7, 8]) fanden denselben dagegen in mehreren Fällen herabgesetzt). Die Abweichungen von der Norm würden eben auch hier mehr in einer Veränderung der procentualen Verhältnisse der verschiedenen Eiweissarten zu suchen sein. Natürlich werden Untersuchungen, die auf die Feststellung dieser Verhältnisse am kranken Menschen abzielen, sehr erschwert durch die geringe Menge des verfügbaren Blutes, auch sind hierher gehörige Forschungen, soviel ich weiss, nur in geringem Umfange angestellt worden. Mya und Viglezio [10]) fanden in der That bei Kranken — wie bei hungernden Thieren — das Serumglobulin gegenüber dem Albumin vermehrt. Ferner konnte Emmerich an dem Blutserum von Kaninchen, die gegen Schweinerothlauf immunisirt waren, eine Verminderung des Globulingehaltes constatiren. v. Limbeck und Pick, [11]) die Untersuchungen an kranken Menschen angestellt haben, gelang es nicht, daraus ein constantes Verhältniss abzuleiten, in dem die beiden Eiweisskörper des Serums bei den verschiedenen Krankheiten ergriffen werden, speciell fand sich bei den acuten Infectionskrankheiten keine beträchtliche Verminderung des Globulins.

Die Bildung des Fibrins im Blute ist gegenwärtig noch Gegenstand der Discussion. Alle Forscher nehmen an, dass daran das Fibrinogen des Plasmas betheiligt sei, aber über die anderen bei diesem Process in Thätigkeit tretenden Stoffe gehen die Meinungen bis jetzt weit auseinander.

Alexander Schmidt und seine Schüler nehmen dafür die Einwirkung zweier durch den Zerfall der Leukocyten freiwerdenden Stoffe der „Fibrinoplastischen Substanz" und eines eigenen Fibrinfermentes in Anspruch. Nach Löwit wird nur aus dem Protoplasma der Leukocyten, ohne dass diese völlig zerstört werden, durch „Plasmoschisis" ein Eiweisskörper abgespalten, der die Gerinnung veranlasst und auch Griessbach [13, 14]) schliesst sich dieser Ansicht an. Wooldridge [15]) leugnet die Thätigkeit eines Fermentes und schreibt die Ursache der Blutgerinnung lediglich drei, im Plasma enthaltenen Fibrinogenen (A-, B- und C-Fibrinogen) zu, und Arthus und Pagès, Hamarsten und Freund stellen die Thätigkeit der Kalksalze, die einen Bestandtheil des Fibrins ausmachen, bei der Gerinnung in den Vordergrund, ein Gedanke, der später noch von Pekelharing [16]) u. A. in verschiedener Weise verwerthet worden ist.

In neuester Zeit hatte Lilienfeld [17]) nachzuweisen versucht, dass die Fibrinbildung eine Function der zerfallenden Leukocytenkerne, und zwar des dabei freiwerdenden Leukonucleïns sei und dass ausserdem die seiner Meinung nach gleichfalls aus den Leukocytenkernen entstehenden Blutplättchen an dem Process betheiligt seien.

Die hier angeführten Anschauungen geben nur die Hauptrichtungen an, in denen sich die neueren Theorien über die Blutgerinnung bewegt haben; ein näheres Eingehen auf die über diesen Gegenstand vorhandene ausgedehnte Literatur können wir uns, trotz seines grossen theoretischen Interesses, um so leichter versagen, als die auf pathologischem Gebiet in dieser Richtung bisher gefundenen Thatsachen nur spärlich und nur zum Theil von praktischem Werth sind.*)

Ein physiologisches Beispiel für herabgesetzte Gerinnbarkeit bildet das fötale Blut im Moment der Geburt (Krüger[19]). Künstlich kann die Blutgerinnung verzögert werden durch Zusatz von Pepton zum Blut (Schmidt-Mühlheim) und durch vermehrte Sauerstoffzufuhr bei gesteigerter Respiration (Hasebroek[20]), während Ueberladung des Blutes mit Kohlensäure durch Athemanhalten seine Gerinnbarkeit anfangs steigern und bei stärkerer Einwirkung herabsetzen soll (Wright). Auch das Gift mancher Schlangen erhöht die Gerinnbarkeit des Blutes und bewirkt dadurch bei starker Vergiftung tödtliche intravasculäre Gerinnungen; dieser Phase der gesteigerten Gerinnbarkeit soll aber eine solche der verminderten Gerinnungsfähigkeit folgen, während welcher dann erneute Giftzufuhr keine Gerinnung erzeugen soll (Heidenschild, Martin[22]). Besondere Erwähnung verdient die von Haycraft[23]) entdeckte Thatsache, dass die Mund- und Schlundtheile des officinellen Blutegels eine Substanz absondern, welche die Gerinnungsfähigkeit des Blutes aufhebt — wie Haycraft annimmt, durch Zerstörung des Fibrinfermentes. Die rothen und weissen Blutkörperchen werden durch diese Substanz nicht angegriffen, und auch am lebenden Thiere kann durch Injection derselben in das Blut dessen Gerinnbarkeit unter nur geringen Intoxicationserscheinungen für einige Stunden aufgehoben werden. Landois hat neuerdings vorgeschlagen, diese Eigenschaften des Blutegelsecrets zu benutzen, um Blut für die Verwendung zur Transfusion vorzubereiten (vgl. Abschnitt I, C).

Endlich ist bei manchen Krankheiten die Gerinnbarkeit des Blutes verändert. Bei der Pneumonie wurde sie gesteigert gefunden (nach Wright[24]) in Folge der Resorp-

---

*) Wer sich über die Lehre von der Fibrinbildung eingehend zu orientiren wünscht, findet in den citirten Büchern und Einzelarbeiten die nöthigen Unterlagen.

tion des, aus den dabei zu Grunde gehenden Leukocyten entstehenden Fibrinogens), bei septischen Processen von Angerer und Bergmann gleichfalls gesteigert, während v. Götschel[25] im Gegentheil Herabsetzung beobachtete.

Eine sehr wichtige Rolle spielen die Salze des Blutplasmas. Abgesehen von ihrem Werth als Nährmittel, der noch wenig bekannt ist und hier nicht besprochen werden kann, üben die Plasma-Salze Functionen aus, die für das Blut selbst von grosser Bedeutung sind.

Während destillirtes Wasser wie auf jedes andere Protoplasma, so auch auf das der rothen Blutkörperchen zerstörend wirkt, bleiben die rothen Scheiben in Salzlösungen von bestimmten Concentrationen erhalten, und zwar hat Hamburger[26—27] nachgewiesen, dass die Concentrationen, welche für verschiedene Salze erforderlich sind, um den Blutfarbstoff in den Blutkörperchen zurückzuhalten, fast genau den Concentrationsgraden entsprechen, welche de Vries schon früher als zur Erhaltung der normalen Structur der Pflanzenzelle erforderlich bestimmt hatte, und dass der Grad der „isotonischen" Concentration (von ἴσος gleich und τόνος Spannung) in einem bestimmten Verhältniss zu dem Molekulargewicht der Salze steht.

Obgleich, auch abgesehen von seinem Salzgehalt, das Blutplasma nicht wie destillirtes Wasser auf die rothen Blutkörperchen wirken würde, ist doch für diese die Erhaltung einer isotonischen Salzlösung in ihrer Umgebung zweifellos von grosser Bedeutung, zumal, wie gleichfalls Hamburger nachgewiesen hat, die rothen Blutkörperchen für Salze durchgängig sind und also ihr Salzgehalt durch den Salzgehalt ihrer Umgebung beeinflusst wird, wenn auch andererseits die Blutkörperchen in hohem Grade die Eigenschaft besitzen, ihr wasseranziehendes Vermögen constant zu erhalten. Ein besonderer Werth für das Leben der rothen Blutkörperchen scheint nach Buchner's[30] und Hamburger's[28] neueren Untersuchungen den Alcalien des Blutes zuzukommen. Hamburger fand, dass Alkalizusatz die Permeabilität der rothen Blutkörperchen derart veränderte, dass dieselben in einer schwächeren Salzlösung ihren Farbstoff behielten, als vorher; ihre Widerstandsfähigkeit in dieser Richtung wurde also durch Alkalizusatz gesteigert. Säuren hatten die entgegengesetzte Wirkung. Und zwar trat die beobachtete Wirkung schon ein bei einem Alkali- oder Säurezuwachs, der weit hinter den unter pathologischen Verhältnissen vorkommenden Schwankungen zurückblieb. Aber auch für das Leben der Eiweissstoffe des Plasmas ist, wie es scheint, dessen Salzgehalt von grösster Bedeutung, wenigstens fand Buchner, dass durch Behandlung von Thierserum mit verschiedenen Salzen die keimtödtende Kraft des Serums, die von Buchner u. A. auf die Thätigkeit nicht näher bekannter Eiweissstoffe zurückgeführt wird, sehr wesentlich modificirt werden kann. Buchner führt diese Erscheinungen, die auch auf die früher erwähnten Beobachtungen Maragliano's über die Wirkungen des pathologischen Serums auf die rothen Blutkörperchen ein Licht zu werfen geeignet sind, auf die wasserentziehende Kraft der Salze zurück.

Ferner wird durch die Salze der Austausch von Flüssigkeit zwischen dem Blut und den Geweben, sowie die secretorische Thätigkeit gewisser Drüsen beeinflusst: Hamburger [29]) wies nach, dass nach Herstellung einer künstlichen hydrämischen Plethora die Vermehrung der Ausscheidung aus den Gefässen nicht nur durch die Vergrösserung des Blutvolumens herbeigeführt wird, sondern auch von der Menge des mit der Flüssigkeit injicirten Salzes abhängig ist und dass nach der Injection von hypisotonischen (wenig concentrirten) Lösungen vermehrte Transsudation, nach der Injection von hyperisotonischen (concentrirten) Lösungen dagegen vermehrte Secretion erfolgt.

Was speciell die Beeinflussung der Harnsecretion anlangt, so hängt die Verschiedenheit der diuretischen Wirkung der dabei in Betracht kommenden Salze, bei der

Zuführung vom Magen und Darm aus, sehr wesentlich von ihrer Resorbirbarkeit ab (von Limbeck [31]).

Eine sehr wichtige Function der Alkalien des Blutes ist die Kohlensäureübertragung. Die in den Geweben gebildete und in das Blut aufgenommene Kohlensäure wird darin grossentheils an die Alkalien gebunden, und zwar nach Bunge [2]) hauptsächlich an das Natron.

Salze des Blutplasmas nach C. Schmidt.

1000 Theile Plasma enthalten:

Mineralbestandtheile 8,550
Chlor 3,640
Schwefelsäureanhydrid 0,115
Phosphorsäureanhydrid 0,191
Kalium 0,323
Natrium 3,341
Phosphorsaurer Kalk 0,311
Phosphorsaure Magnesia 0,222

Ueber die Art und Weise, wie im Blute der normale Concentrationsgrad der Plasmasalze erhalten wird, ist nur wenig bekannt. Von grossem Interesse sind für diese Frage experimentelle Untersuchungen von Klikowicz [32]) und von Grawitz, [33]) denen zu Folge schwefelsaures und phosphorsaures Natrium und Chlornatrium, wenn sie im Blute im Ueberschuss vorhanden sind, die Eigenschaft besitzen, zum Blute einen Zufluss von Wasser aus den Geweben einzuleiten, und diesem entgegen in die Gewebs-flüssigkeit überzutreten. Wenn dann allmählich das Blut mit Hülfe der Nieren von seinem Salz-Ueberschuss be-freit ist, so erlangt durch Umkehr des anfänglich ein-geleiteten Stromes das Blut seine ursprüngliche Zusammen-setzung zurück.

Ueber das Verhalten der Salze des Plasmas *) in

---

*) Untersuchungen über das Verhalten der Asche des Gesammt-blutes in Krankheiten haben nur einen beschränkten Werth, weil die dabei gewonnenen Resultate selbstverständlich durch den Gehalt des Blutes an corpusculären Elementen sehr wesentlich beeinflusst werden.

Krankheiten ist meines Wissens nichts bekannt. Von Interesse ist die Wahrnehmung Maragliano's, dass die hämatolytischen Eigenschaften des pathologischen Serums zum Theil durch Zusatz von Kochsalz aufgehoben werden konnten.

Es erübrigt noch, einiger organischer Bestandtheile des Blutplasmas zu gedenken, die als solche im Blute selbst wahrscheinlich nur eine untergeordnete Rolle spielen, die aber für die Physiologie und Pathologie des Stoffwechsels von Bedeutung sind.

Das normale Blut enthält stets Traubenzucker in nicht unbeträchtlicher Menge. v. Mering fand im Carotisserum des Hundes bei verschiedenartiger Nahrung $0,115$ bis $0,235\%$ Zucker und selbst nach fünftägigem Hungern noch $0,133\%$. Bei experimentell (durch intravenöse Injection) erheblich gesteigerter Zufuhr von Zucker zum Blute entledigt sich dieses seines Zuckerüberschusses theilweise durch die Nieren, zum andern Theil geht der Zucker in die Gewebsflüssigkeit über und ein weiterer Theil entzieht sich dem analytischen Nachweis (von Brasol[34]). Auf welche Weise dieser unnachweisbar gewordene Zucker verschwindet, ist bisher unbekannt, Lépine nimmt an, dass beim Gesunden im Blute ein glykolytisches Ferment kreise, durch dessen Wegfall der Diabetes mellitus oder wenigstens gewisse Formen dieser Krankheit zu erklären sein sollen. Von anderen Autoren wird das Vorhandensein eines solchen Fermentes zwar geleugnet, die glykolytische Fähigkeit des Blutes aber anerkannt, und neuerdings hat Spitzer[35]) nachgewiesen, dass diese Fähigkeit den Blutzellen innewohnt. Spitzer fand weiter, wie schon früher Kraus, dass die Glykolyse nur bei Anwesenheit von Sauerstoff im Blute vor sich geht und ist geneigt, sie in die Kategorie der „katalytischen Oxydationen" einzureihen. Sicher ist, dass normaler Weise das Blut einen Mittelwerth an Zuckergehalt mit Zähigkeit festhält; beim Diabetes soll dagegen ein Ansteigen des Blutzuckers bis auf $0,4-0,5\%$ vorkommen (Seegen) und auch gewisse Vergiftungen haben eine Vermehrung des Blutzuckers zur Folge.

Auch ein zuckerbildendes Ferment ist im Blute enthalten, wie durch die Arbeiten von Bial[44]) und neuerdings von Cavazzani[36]) nachgewiesen ist; am reichsten daran ist das Pfortaderblut.

Die Milchsäure ist gleichfalls ein regelmässiger Bestandtheil des Blutes, sie entsteht aus den Kohlehydraten der Gewebe, speciell aus dem Glykogen (Gaglio[37]) Berlinerblau[38]) und gelangt bei vermehrter Muskelthätigkeit, sowie in manchen Krankheitsprocessen in gesteigerter Menge in das Blut, worin sie einen Theil der Alcalien bindet und ihren normalen Functionen entzieht.

Harnstoff ist in kleinen Mengen ($0{,}02 - 0{,}04^0/_0$) im Blute enthalten, Harnsäure fehlt nach von Jaksch[42]) im normalen Blute und auch im Blute fiebernder Kranker, dagegen fand sich dieselbe in geringen Mengen bei dyspnoischen Zuständen verschiedenen Ursprungs, häufig bei der Nephritis, bei schweren Anämien und constant bei der Pneumonie. Das Auftreten auch grösserer Mengen von Harnsäure im Blute bildet demnach nicht, wie Garrod annahm, ein für die Gicht allein charakteristisches Symptom. Neben Harnsäure finden sich im Blute bei verschiedenen pathologischen Zuständen noch andere Derivate des Nucleïns (Xanthinbasen, von Jaksch).

Der Fettgehalt des Plasmas schwankt zwischen $0{,}2 - 0{,}6^0/_0$, nach fettreicher Nahrung ist er besonders gross und das Fett kreist dann im Blute in Form kleinster Fetttröpfchen, die das Plasma milchig trüben. Die in der Literatur vorhandenen spärlichen Mittheilungen über pathologische Vermehrung des Fettgehaltes des Blutes (Lipämie) beziehen sich theilweise auf das Gesammtblut. So fanden z. B. Freund und Obermayer in leukämischem Blut einen abnorm grossen Gehalt an Fett, Lecithin und Cholestearin. Da aber bei diesen Analysen die Leukocyten mit eingeschlossen waren und stark fetthaltige Leukocyten bei gewissen Krankheitszuständen (speciell bei der Leukämie) vorkommen, so ist es wahrscheinlich, dass der gesteigerte Fettgehalt auf Rechnung der Leukocytose kommt. Eine Vermehrung des Plasmafettes wird bei der Fettsucht, beim Diabetes (v. Noorden[39]) u. A.), bei Phthisikern und bei Alcoholmissbrauch beobachtet. Kürzlich hat Gumprecht[40]) in dem Blute eines Brauers durch Osmiumfärbung des getrockneten Präparates das Fett direct mikroskopisch nachweisen können.

Als constanten Bestandtheil des normalen Blutes ist ferner von Pavy, Salomon, Huppert u. A. das Glykogen nachgewiesen worden, und zwar fand Huppert in einem Liter Blut 0,005—0,01 gr. Livierato[41]) fand in solchen Krankheitszuständen, bei denen peptonisirbare Exsudate im Körper gebildet werden, das Glykogen im Blute vermehrt und nimmt an, dass es unter diesen Umständen durch die Leukocyten aus dem Pepton gebildet wird.

Bei verschiedenen Krankheitszuständen kreisen im Blut Substanzen, die nicht zu dessen normalen Bestandtheilen gehören. Diese Körper sind theilweise ihrem Wesen nach wohl bekannt, wie die Gallenbestandtheile, die zuweilen in solcher Menge in das Blut gelangen, dass sie die Farbe des Plasmas wesentlich verändern (von Jaksch[43]), theilweise kennen wir aber nur die Folgen, die aus der Anwesenheit giftiger Krankheitsproducte im Blute entstehen, ohne genau zu wissen, welcher Art dieselben sind. Endlich ist daran zu erinnern, dass neueren Forschungen zufolge im Blute Stoffe enthalten sind oder unter der Einwirkung gewisser organischer Krankheitserreger entstehen, die auf jene Krankheitserreger selbst zerstörend wirken, ja die sogar dem befallenen Organismus für kürzere oder längere Zeit Immunität gegen eine erneute Infection gewähren können.

Diese keimtödtenden Stoffe des Blutserums sind nach Daremberg und Buchner identisch mit den Stoffen, welche die Blutkörperchen einer andern Thierspecies zerstören, und zwar vermuthet Buchner, wie schon erwähnt, dass diese, von ihm „Alexine" genannten Substanzen in die Klasse der Eiweisskörper gehören*).

Literatur.

1. Rollet, Blut und Blutbewegung, Hermanns Handbuch der Physiol. IV, 1880.
2. Bunge, Lehrb. d. physiol. u. pathol. Chemie. 1889.
3. Halliburton, Lehrb. d. chemischen Physiol. u. Pathol. 1893.
4. Hammerschlag, Ztschr. f. klin. Med. XXI.
5. Burckhardt, Arch. f. exper. Pathol. u. Pharmakol. XVI, 1883.
6. v. Jaksch, Dieselbe Ztschr. XXIII.
7. Wandelstadt und Bleibtreu, Deutsche med. Wochschr. 1893, 46.
8. Dieselben, Ztschr. f. klin. Med. XXV, 1894.
9. v. Limbeck, Grundriss einer klin. Pathol. des Blutes. 1892.
10. Mya und Viglesio, Rivista clin. XXVII, 1888. Ref. in Schmidts Jahrb. B. 224.
11. v. Limbeck und Pick, Prager med. Wochenschr. 1893, 12—14.
12. Grützner, Einige neuere Arbeiten, betr. die Gerinnung des Blutes. Deutsche med. Wochenschr. 1892, 1—2.
13. Griessbach, Centralbl. f. d. med. Wissensch. 1892, 27.
14. Derselbe, Arch. f. d. gesammte Physiol. XL, 1891.
15. Wooldridge, Die Gerinnung des Blutes. Herausgegeben von M. v. Frey. Leipzig 1891.
16. Pekelharing, Deutsche med. Wochenschr. 1892, 50.
17. Lilienfeld, Arch. f. Anatomie u. Physiol. (physiol. Abth.) 1891.
18. Gürber, Sitzungsber. d. Würzburger physikal.-med. Ges. 1892, 6--7.
19. Krüger, Dissertation, Dorpat 1886. Besprochen von Kobert in Schmidts Jahrb. B. 210.
20. Hasebroek, Ztschr. f. Biologie. XVIII, 1882.
21. Wright, Lancet 1892, I, 9—10.
22. Martin, Journ. of physiol. XV, 1893.
23. Haycraft, Arch. f. exper. Pathol. und Pharmakol. XVIII.
24. Wright, Brit. med. Journ. July 14th 1894.
25. v. Goetschel. Dissertation Dorpat. 1883. Besprochen von Kobert in Schmidts Jahrb. B. 204.
26. Hamburger, Du Bois-Reymonds Arch. 1886.
27. Derselbe, Ztschr. f. Biologie XXVI, 1890.
28. Derselbe, Du Bois-Reymonds Arch. 1893. Suppl.
29. Derselbe, Ztschr. f. Biologie XXVII, 1890.

---

*) Ueber das Vorkommen abnormer Säuren im Blute vergl. den Abschnitt über die Alkalescenz des Blutes.

30. Buchner, Centralbl. f. Physiol. 1892, 4.
31. v. Limbeck, Arch. f. exper. Pathol. u. Pharmakol. XXV. 1889.
32. Klikowicz, Du Bois-Reymonds Arch. 1886.
33. Grawitz, Ztschr. f. klin. Med. XXII, 1893.
34. v. Brasol, Du Bois-Reymonds Arch. 1884.
35. Spitzer, Arch. f. d. ges. Physiol. LX. 1895. Ref. in Schmidts Jahrb. B. 247.
36. Cavazzani, Arch. ital. de Biologie XX, 1894.
37. Gaglio, Du Bois-Reymonds Arch. 1886.
38. Berlinerblau, Arch. f. exper. Pathol. u. Pharmakol. XXIII, 1887.
39. v. Noorden, Lehrb. d. Pathologie des Stoffwechsels 1893.
40. Gumprecht, Deutsche med. Wochenschr. 1894, 39.
41. Livierato, Deutsch. Arch. f. klin. Med. LIII.
42. v. Jaksch, Ztschr. f. Heilkunde XI, 1890.
43. Derselbe, Verh. des X. Congr. f. innere Med.
44. Bial, Pflügers Arch. LIII, 1892.

C. Allgemeine Therapie der Blut-krankheiten.

Um in den folgenden, der Besprechung der einzelnen Blutkrankheiten gewidmeten Capiteln Wiederholungen zu vermeiden, wollen wir hier die hauptsächlichsten Hülfs-mittel besprechen, die uns zur Behandlung dieser Er-krankungen zu Gebote stehen. Es kann dabei selbst-verständlich kein Heilplan für einzelne Fälle angedeutet werden. Vielmehr erfordern gerade gewisse Formen der Blutarmuth ein ganz besonders feinfühliges Individualisiren Seitens des Arztes; schematisches Vorgehen führt hier noch weniger zum Ziele, als bei den meisten anderen Krankheiten.

Eine weitere Thatsache, die wir bei unserem ärztlichen Handeln nie aus dem Auge verlieren dürfen, ist die, dass bei den sogenannten Blutkrankheiten nicht das Blut allein erkrankt ist. Bei einem Theil der hier in Frage kommen-den Zustände, wie bei den hämorrhagischen Diathesen spielen sogar die Veränderungen des Blutes vielleicht nur eine ganz untergeordnete Rolle. Aber auch bei den Krankheitsformen, wobei die Bluterkrankung mit ihren Folgen das klinische Bild beherrscht, wie bei der Chlorose und namentlich bei der perniciösen Anämie, be-theiligt sich meist der übrige Körper in einer Weise an der Erkrankung, die unsere volle Beachtung erfordert und bei sorgfältiger Nachforschung nicht selten auch auf die Aetiologie der Blutveränderungen ein neues Licht wirft.

Selten stehen die Veränderungen des Blutes ganz isolirt da und es ist meist ein Fehler und die Ursache von Misserfolgen, wenn die Behandlung des Arztes diese Veränderungen allein ins Auge fasst.

Uebrigens ist auch die Möglichkeit, therapeutisch auf das Blut direct einzuwirken, sehr beschränkt. Selbst bei der Behandlung mit Eisenmitteln ist es zweifelhaft, ob und in wie weit wir im Stande sind, dadurch die Blutbildung zu beeinflussen und in noch viel höherem Grade gilt dies von den anderen bei den Anämien angewendeten Medicamenten, sowie von den hygienischen und diätetischen Maassnahmen, die aber trotzdem von der allergrössten Bedeutung sind.

1. Blutzufuhr und Aderlass.

Eine directe Beeinflussung des Blutes lässt sich mit Sicherheit nur erzielen, indem wir seine Menge vermehren oder vermindern, durch die Transfusion und die Venäsection. Beide Eingriffe kommen bei der Behandlung der Bluterkrankungen in Frage.

Die Bluttransfusion, die bekanntlich jetzt nur noch mit Menschenblut ausgeführt wird, ist hauptsächlich indicirt bei der Anämie durch Blutverlust; ferner bei Vergiftung mit blutlösenden Giften oder solchen Gasen, die, wie das Kohlenoxyd, das Hämoglobin der Respiration entziehen. In diesen Fällen wird die depletorische Transfusion vorgenommen, das heisst es wird ein Theil des erkrankten Blutes entleert und durch gesundes ersetzt. Bei den eigentlichen Blutkrankheiten wird die Transfusion wenig angewendet, doch ist sie von Quincke und neuerlich von Brackenridge[2]), Affleck[3]) und Ewald[4]) mit Erfolg bei der perniciösen Anämie versucht worden. Bei der Leukämie wurde die depletorische Transfusion von Blasius und Mosler empfohlen.

Die Technik der Transfusion kann hier nicht erörtert

werden[1]), nur möchten wir auf eine neuere Mittheilung von v. Ziemssen[5]) hinweisen, wonach die Benutzung von nicht defibrinirtem Blut in folgender Weise möglich ist. Dem Blutspender wird eine sterilisirte Hohlnadel in eine Vene eingestochen, daraus eine mit sterilisirtem Wasser angewärmte, 25 ccm fassende Glasspritze vollgesogen und diese sofort in die Vene des Blutempfängers entleert, in welche vorher schon eine Hohlnadel eingestochen worden war. Inzwischen wird bei dem Blutspender schon eine neue Spritze gefüllt u. s. w. Man braucht drei Spritzen, weil die benutzte Spritze sofort wiederholt mit destillirtem Wasser ausgespritzt und neu vorgewärmt werden muss. v. Ziemssen hat diese Art der Transfusion in 7 Fällen mit gutem Erfolg angewendet.

Landois[6]) schlägt vor, die bekannte Eigenschaft des Extractes aus Blutegelköpfen, das Blut ungerinnbar zu machen, für die Bluttransfusion zu verwerthen. Versuche am Menschen mit dieser Methode, die an Thieren gute Resultate ergeben hat, sind mir nicht bekannt.

An Stelle der Transfusion von Menschenblut in die Vene oder Arterie (Landois[1]) hat zuerst Ponfick vorgeschlagen, das Blut intraperitoneal zuzuführen, um die Gefahren zu vermeiden, welche die Fermentintoxication (Einbringung von Fibrinferment in die Gefässe) mit sich bringt. Auch sind von Kaczorowski[7]) im Jahre 1880 günstige damit erzielte Resultate veröffentlicht worden; spätere Beobachter haben aber schlechtere Erfahrungen gemacht und die Methode ist verlassen worden. Kürzlich hat Southgate[8]) wieder Versuche damit an Thieren gemacht und gefunden, dass, bei Verwendung von Blut derselben Thierart, das injicirte Blut gut resorbirt wurde und bei dem Empfänger den Gehalt des Blutes an rothen Blutkörperchen und an Hämoglobin steigerte.

Auch Infusionen unter die Haut sind, zuerst mit Thierblut und 1879 von Casse[9]) mit Menschenblut versucht worden. v. Ziemssen[10]), der diese Methode wiederholt angewendet und empfohlen hat, benutzte defibrinirtes

Menschenblut und injicirte 50 gr auf einmal in 2 Einstichen zu 25 gr; um die von Casse und anderen beobachteten heftigen Schmerzen nach der Injection zu verhüten, lässt v. Ziemssen schon während derselben durch einen Gehülfen die Hautstelle massiren. Er sowohl, wie später Silbermann[12]) theilen günstige Resultate bei anämischen Kranken mit.

Benczur[11]) machte auch Versuche mit subcutaner Hämoglobinzufuhr, doch scheiterten dieselben an der grossen Schmerzhaftigkeit; auch stellte sich danach Hämoglobinurie ein.

Sogar die Infusionen von Kochsalzlösung, die bekanntlich bei acuten Anämien vielfach und theilweise mit Erfolg angewendet worden sind, wurden bei chronischen Anämien versucht; so z. B. mit angeblich glänzendem Erfolg von Lépine. Wenn man aber bedenkt, dass auch bei acuten Anämien die Infusion von Kochsalzlösung oder anderen nicht bluthaltigen Flüssigkeiten (Zuckerlösung, Landerer) nur momentan belebend wirkt (Thomson, Feis u. A.), so ist ihre behauptete Wirksamkeit bei den Blutkrankheiten schwer verständlich; bei perniciöser Anämie scheint sogar die Anwendung derselben nicht unbedenklich (Lichtheim [13 B]). Eher verdient diese Methode bei den Blutvergiftungen, und zwar in Verbindung mit einem depletorischen Aderlass, Anwendung.

Im Ganzen kommt den Blut-Transfusionen und Infusionen bei der Behandlung der Erkrankungen des Blutes, abgesehen von den Vergiftungen, nur eine geringe Bedeutung zu.

Die nach modernen Anschauungen a priori unsinnig erscheinende Empfehlung des Aderlasses bei Anämien, namentlich bei der Chlorose geht von Dyes aus; später haben sich namentlich Wilhelm,[13]) Scholz[14]) und Schubert[15]) dieser Empfehlung angeschlossen. Dyes empfahl, 2 g Blut pro Kilogramm Körpergewicht zu entziehen, Wilhelmi beschränkte sich auf kleinere Venäsectionen von 60—80 g. Der Aderlass muss an dem im

Bett liegenden Kranken vorgenommen, und der in der Regel nachfolgende Schweiss muss abgewartet, ja sogar, wenn nöthig, durch stärkere Bedeckung und Darreichung warmer Getränke herbeigeführt werden. Unter Umständen ist die Blutentziehung nach einigen Wochen zu wiederholen.

Mir selbst stehen keine Erfahrungen über die Erfolge des Aderlasses bei Anämien zu Gebote, aber die von den genannten Beobachtern mitgetheilten Erfolge lassen es erlaubt erscheinen, namentlich in Fällen von hartnäckiger Chlorose einen Versuch damit zu machen. Es wäre ja immerhin möglich, dass durch solche Blutentziehungen die blutbildenden Organe zu lebhafterer Thätigkeit angeregt würden.

Zu erwähnen ist, dass kürzlich Lenhartz [16]) vor der Anwendung der Blutentziehungen bei der Chlorose wegen der bei dieser Krankheit bestehenden abnorm gesteigerten Neigung zur Thrombusbildung gewarnt hat.

2. Behandlung mit Arzneimitteln.

Eisen.

Unter den Arzneimitteln, von denen man anzunehmen pflegt, dass sie die Blutbildung direct oder indirect beeinflussen, spielt von Alters her das Eisen bei weitem die wichtigste Rolle. Ich werde deshalb die Fragen, die sich an die Verwendbarkeit und die Wirkungsweise der Eisenpräparate knüpfen, etwas eingehender besprechen.

Der Nutzen des Eisens bei gewissen Formen der Anämie, namentlich bei der Chlorose, lässt sich kaum anzweifeln.

Abgesehen davon, dass die tägliche Erfahrung der ärztlichen Praxis an ambulant behandelten Kranken in deren Lebensweise, ausser der Eisendarreichung, keinerlei

Veränderung eintritt, die Wirksamkeit dieses Medicamentes handgreiflich erscheinen lässt, sind auch von verschiedenen Seiten vergleichende Untersuchungen an klinischem Krankenmaterial angestellt worden, die zu Gunsten des Eisens sprechen.

Von Ziemssen [17]) stellte mit seinem Assistenten Gräber solche vergleichende Beobachtungen an Chlorotischen an. Er liess einen Theil der Kranken nur mit kräftiger Ernährung u. s. w. behandeln, während ein anderer Theil Eisen in grossen Dosen, per os oder subcutan zugeführt, erhielt; dabei stellte sich heraus, dass bei der ersten Kategorie von Kranken der anämische Zustand nur wenig beeinflusst wurde, während bei den mit Eisen behandelten Kranken der Hämoglobingehalt des Blutes rasch anstieg, und zwar rascher bei der innerlichen Darreichung, als bei der subcutanen Einverleibung.

Analoge Versuche hat Barbacci [18]) gemacht und dabei dasselbe Resultat gehabt. Wenn wir also eine Wirksamkeit des Eisens für viele Fälle von Chlorose als erwiesen annehmen müssen, so erhebt sich die weitere Frage: wie kommt die Eisenwirkung zu Stande? Und vor Allem bedarf die weitere Frage der Erledigung, ob und in welcher Form das Eisen im Verdauungskanal resorbirt werden kann.

Es unterliegt keinem Zweifel, dass der menschliche Verdauungskanal Eisen zu resorbiren vermag, wenn es ihm in geeigneter Form zugeführt wird. Da durch den Magen-, Pankreas- und Darmsaft, durch Galle, Harn und Sperma normaler Weise Eisen ausgeschieden wird, muss die dadurch dem Körper entzogene Eisenmenge ersetzt werden, wenn nicht Eisenverarmung eintreten soll. Das Eisen gehört demnach zu den für uns unentbehrlichen Nährstoffen, deren Fehlen in der Nahrung, wie entsprechende Versuche von v. Hösslin [21]) beweisen, Krankheitserscheinungen erzeugt. Boussingault hat den täglichen Bedarf von Eisen für den Menschen auf 60—90 mg geschätzt. Diese Eisenmenge wird nun unter normalen Verhältnissen dem

Körper durch die täglich aufgenommene Nahrung zugeführt. Die Mehrzahl unserer Nahrungsmittel ist eisenhaltig und es lässt sich berechnen, dass bei gemischter Kost ein Erwachsener in 24 Stunden etwa $0,27-0,30$ $Fe_2O_3 = 0,189-0,210$ Fe erhält. Durch diesen Eisengehalt der Nahrung ist nicht nur der tägliche Bedarf gedeckt, sondern es kann, bei normalem Zustand des Verdauungsapparates sogar ein Eisenverlust des Körpers durch das Nahrungseisen ersetzt werden. Nehmen wir z. B. an, ein Mensch von 70 kg Körpergewicht hätte $1/3$, also ca. 0,8 g seines Bluteisens verloren, so würde er, bei einer nur um wenig (um ca. 0,025 g in 24 Stunden) gesteigerten Resorption von Nahrungseisen im Stande sein, binnen 32 Tagen seinen Verlust zu decken, vorausgesetzt, dass keine dauernde Steigerung der Eisenabgabe eingetreten ist. Wenn aber die Nahrungsaufnahme beträchtlich herabgesetzt ist, oder wenn die Verdauung und Assimilation der Nahrungsmittel darniederliegt, so kann der Wiederersatz verlorener Eisenmengen ausbleiben, ja vielleicht sogar eine weitere Eisenverarmung des Körpers eintreten. Unter diesen Bedingungen, die ja in vielen Fällen von spontan eingetretener und nicht selten auch bei der durch Blutverlust entstandenen Anämie erfüllt sind, sucht die Therapie durch Darreichung künstlicher Eisenmittel nachzuhelfen. Für die dabei in Frage kommenden Mittel gelten aber, was ihre Resorbirbarkeit anlangt, wahrscheinlich nicht dieselben Bedingungen, wie für die Eisenverbindungen der Nahrungsmittel.

Bunge[22]) hat nachgewiesen, dass im Eidotter das Eisen in einer, der Gruppe der Nucleïne zugehörigen, complicirten und sehr festen Eiweissverbindung enthalten ist (aus 2258 g Eidotter konnte Bunge 34 g dieses Präparates mit einem Eisengehalt von 0,29 $\%$ isoliren). Diese Verbindung, die Bunge Hämatogen nennt, stellt nach der Meinung dieses Autors auch die Form dar, in der das Metall in der Milch und den Vegetabilien enthalten ist, und bildet die Quelle, woraus normaler Weise dem Organismus

Ersatz für die verlorenen Eisenmengen und Material zur Hämoglobinbildung zufliesst.

Ganz anders liegen die Verhältnisse bei der medicamentösen Eisenzufuhr, soweit dabei anorganische Eisenverbindungen in Frage kommen. Und zwar gehören hierzu auch die als Medicamente vielfach beliebten Eisen-Albuminate und Saccharate und die Eisensalze der organischen Säuren, denn alle diese Verbindungen werden unter dem Einfluss des Magensaftes gespalten und gelangen als anorganische Salze in den Darmkanal; ob aber solche Eisensalze der Resorption im Verdauungskanal zugänglich sind, erscheint nach sorgfältigen Untersuchungen zahlreicher Forscher zweifelhaft.

Wenn man auf eine Erörterung dieser Frage eingeht, so drängt sich vor Allem die Erwägung auf, ob eine Einverleibung von Eisensalzen, ihre Ausführbarkeit vorausgesetzt, überhaupt wünschenswerth ist; müssen wir nicht von dem resorbirten Eisen, das ja ein Schwermetall ist, giftige Wirkungen erwarten?

Ueber die Giftwirkung des Eisens sind im Jahre 1880 von Meyer und Williams [23]) und 1883 von Kobert [24]) sehr interessante Beobachtungen veröffentlicht worden. Meyer und Williams sahen nach der intravenösen Injection von weinsaurem Eisenoxydhydrat in schwach alcalischer Lösung schwere Vergiftungserscheinungen, die sich als eine Lähmung des Centralnervensystems und enteritische Reizung charakterisirten, gleichzeitig war das Verhältniss der Säuren zu den Alcalien im Blute ein abnormes geworden. Die Thiere starben nach wenig Stunden oder Tagen. Kobert beobachtete nach der subcutanen Injection von citronensaurem Eisenoxydul Erbrechen, Diarrhoe mit Entleerung schwarzer schmieriger Massen, Kräftezerfall und Tod des Thieres nach wenig Tagen; bei der Section fand sich, abgesehen von Veränderungen an der Darmschleimhaut, auch beginnende Nephritis. Wurde die Vergiftung mehr allmählich herbeigeführt, so stellte sich zuletzt hohes Fieber ein, eine Erscheinung, die Kobert auf einen rapiden Zerfall von Körpereiweiss zurückführt. Kobert konnte diese Vergiftungserscheinungen auch bei innerlicher Eisenzufuhr hervorrufen, wenn er den Darmkanal der Thiere plötzlich mit grossen Eisenmengen überschwemmte, während sie bei innerlicher Verabreichung kleiner Mengen ausblieben. Aus früherer Zeit ist zu erwähnen, dass Orfila, Kölliker und Müller[25]) (Letztgenannte bei intravenöser Application) Eisenvergiftungen studirt haben, ferner theilt Frank mit, dass von ihm nach innerlicher Darreichung von 20—40 g Ferrum aceticum im Laufe von 14 Tagen Schwäche, Benommenheit, Koliken, Erbrechen, Pulsverlangsamung beobachtet worden sei. Aus dem letzten Jahrzehnt sind noch Veröffentlichungen von Neuss[26]) und Hugo Schulz[28]) zu erwähnen. Neuss machte sich selbst subcutane Injectionen von Chininum ferro-citricum und hatte danach Blutandrang nach dem Kopfe, Hitzegefühl, Schweiss und heftiges Erbrechen und Schulz theilt mit, dass bei 4 kräftigen Studenten nach der Einnahme von 0,473 g Ferrum sesquichloratum innerhalb 4 Wochen Kopfcongestion, Herzklopfen, Brustbeklemmung und Digestionsstörungen aufgetreten seien; dabei soll zunächst ein Gefühl gesteigerter Muskelkraft und nach dem Aussetzen des Eisens Mattigkeit und allgemeine Abgeschlagenheit bemerkbar gewesen sein.

Aus all dem Angeführten geht hervor, dass das Eisen im Körper unter Umständen Vergiftungserscheinungen erzeugen kann. Wenn man aber die mitgetheilten Experimente und Beobachtungen eingehender prüft, so sieht man leicht, dass hier Verhältnisse geschaffen wurden, die durchaus nicht denen entsprechen, welche bei der therapeutischen Verwendung des Eisens in Frage kommen, und es ist schwer verständlich, wie Bunge in seinem vortrefflichen Lehrbuch der physiologischen und pathologischen Chemie das Ausbleiben von Vergiftungserscheinungen bei der medicamentösen Eisendarreichung als Beweis für die Unresorbirbarkeit der Eisenmittel anführen kann. Vor Allem ist zu bedenken, dass bei den citirten Versuchen

die Dosen des zugeführten Eisens ganz enorm grosse
waren: Kobert injicirte binnen 24 Stunden pro Kilo
Thier 0,06 g reines Eisen subcutan, das würde für einen
60 kg schweren Menschen 3,6 g reines Eisen betragen,
und Neuss hatte bei einem Versuch an sich selbst 0,33 g
Chin. ferro-citricum mit 0,1 g reinen Eisens, also auch
eine recht grosse Dosis verwendet. Merkwürdig sind die
Beobachtungen des Prof. Schulz, sie stehen aber so ver-
einzelt da, dass ihnen wohl kein sehr grosses Gewicht
beigelegt werden kann. Wenn sie richtig sind, so können
sie als ein glänzender Beweis für die Resorbirbarkeit der
Eisensalze angesehen werden; aber es wäre dann doch sehr
auffallend, dass bei der alltäglichen Verwendung des
Eisens und dem Missbrauch, der vielfach mit diesem
Mittel getrieben wird, nicht häufiger Störungen der angeführten Art beobachtet werden sollten.

Wie die Sachen liegen, geht aus den, über die Eisen-
vergiftung bekannten Erfahrungen meines Erachtens nur
hervor, dass bei der Anwendung subcutaner Eiseninjectionen, wenn man solche überhaupt vornehmen will, Vorsicht geboten ist, und dass auch die innerliche Darreichung
ihre Grenzen hat, und zwar nicht nur wegen der zu be-
fürchtenden Digestionsstörungen, sondern weil bei der Zufuhr sehr grosser Dosen unter Umständen eine Verletzung
des Darmepithels und Resorption giftiger Eisenmengen eintreten kann.

Wir kommen nun zu der Frage, ob das medicamentöse
Eisen von der unverletzten Magen- und Darmschleimhaut
überhaupt resorbirt wird. Diese Frage, die schon früher
wiederholt Gegenstand der Discussion gewesen ist, hat in
neuerer Zeit eine grosse Menge von Bearbeitern gefunden.

Die grossen Schwierigkeiten, mit denen alle Untersuchungen über die Resorbirbarkeit des Eisens zu kämpfen
haben, leuchten sofort ein, wenn man bedenkt, dass das
Eisen ein normaler Bestandtheil des Blutes ist und durch
das Blut fast allen Organen fortwährend zugeführt wird,
und dass es ferner auch in allen Nahrungsmitteln enthalten

ist. Um die Resorptionsfrage zu entscheiden, genügte es deshalb nicht, wie etwa beim Quecksilber oder Mangan, die Anwesenheit oder das Fehlen des Eisens in den Organen zu constatiren, vielmehr war die Experimentalforschung darauf angewiesen, nach künstlich gesteigerter Eisenzufuhr den Eisengehalt der Secrete zu prüfen oder diejenigen Organe, von denen anzunehmen wäre, dass sie dem Eisen als Ablagerungsstätte dienen, künstlich zu entbluten und sodann ihren Eisengehalt zu bestimmen, oder endlich an Thieren zu experimentiren, die eine künstlich eisenarm gemachte Nahrung erhielten und diesen Thieren, als Ersatz des Nahrungseisens, medicamentöses Eisen zu reichen.

Alle diese Wege sind beschritten worden. Ein Theil der Untersucher hat als Maassstab den Eisengehalt des Harns gewählt. Man ging früher von der Ansicht aus, dass der normale Harn kein Eisen enthalte und glaubte, die stattgehabte Resorption des Eisens nachgewiesen zu haben, wenn nach der Zufuhr des Metalls Eisenreaction im Harn auftrat. Nach neueren Untersuchungen von Simon, Bidder und Schmidt, Boussingault, Damaskin [30]) u. A. enthält aber der normale Harn an und für sich schon Eisen, nur findet es sich darin in der Regel in einer Form, die dasselbe dem directen Nachweis entzieht: es ist im Harn enthalten in festen organischen Verbindungen, hauptsächlich in Form von Farbstoffen und muss, um in exacter Weise nachgewiesen werden zu können, im veraschten Harn bestimmt werden. Daher kommt es, dass die Resultate der früheren Untersucher einander theilweise widersprechen und grossentheils im wesentlichsten Punkte unzuverlässig sind.

Ende der 70er Jahre und im Jahre 1880 veröffentlichte nun Hamburger [31]) eine Untersuchungsreihe, die den veränderten Anschauungen Rechnung trug.

Hamburger brachte seine Hunde zunächst mit Pferdefleisch, in Eisengleichgewicht, so dass die beiden Thiere

täglich 15 resp. 25 mgr Eisen erhielten und 3,0 resp.
3,07—3,28 mgr im Harn ausschieden; dann gab er 9 Tage
lang täglich 49 resp. 55,6 mgr Ferrum sulfuricum zur
Nahrung zu. Es fand sich nun, dass während der letzten
Tage dieser Eisendarreichung, sowie dieselbe 2—3 Tage
überdauernd, die Eisenausscheidung im Harn nur um 2 resp.
1,5 mgr gesteigert war; das übrige Eisen erschien grossentheils im Koth, ein kleiner Theil, bei dem einen Thier
26, bei dem anderen 22 mgr, blieb verschwunden. In
einer zweiten Arbeit untersuchte Hamburger bei zwei
entsprechenden Versuchen die Galle, fand aber keine Vermehrung des Eisengehaltes.

Wenn hier schon die Vermehrung des Eisengehaltes
der untersuchten Secrete ganz ausblieb oder wenigstens
eine sehr geringe war, so hatte Gottlieb[35]), der vor
5 Jahren in Ludwigs Laboratorium in Wien den Harn
bei Eisenzufuhr mit sehr genauen Methoden prüfte, vollkommen negative Resultate. Gottlieb gab einem Hunde
täglich 0,6 gr Ferrum citricum und 2 Menschen 1 Monat
lang täglich 0,6 gr Ferrum carb. sacch. bezw. 6 Stück
Blaud'sche Pillen: in allen Fällen sank sogar während
der Eisendarreichung Anfangs der Eisengehalt der Harn-
asche, stieg dann zwar wieder an, überschritt aber in
keinem Falle die Norm. Endlich haben Kumberg und
Busch[32]) kürzlich im pharmakologischen Institut zu Dorpat
Harnuntersuchungen bei Eisendarreichung gemacht: gleichfalls mit vollkommen negativem Resultat.

Es ist aber nicht richtig, wenn aus diesen Untersuchungen der Schluss gezogen wurde, dass das medicamentöse Eisen überhaupt nicht resorbirt wird; es wäre
doch denkbar, dass eine Resorption stattfände und dass
nur die Ausscheidung auf einem anderen Wege als durch
die Nieren erfolgt. Diese Erwägung hat zu einer Reihe von
Untersuchungen geführt, die sich mit der Ausscheidung
des durch subcutane oder intravenöse Injection ein-
verleibten Eisens beschäftigen. Bei dieser Form der
Darreichung konnte kein Zweifel darüber aufkommen,

dass das Eisen wirklich in die Säftemassen gelangte und man durfte hoffen, dabei zunächst zu lernen, auf welchem Wege das Eisen den Körper wieder verlässt, um dann die gewonnenen Kenntnisse zur Aufklärung der Resorptionsfrage zu verwerthen.

Es sind da in erster Linie zwei Arbeiten von Jacobj[33]) aus den Jahren 1887 und 1891 zu nennen. Jacobj kommt zu dem Schluss, dass, wenn man das Eisen in nicht allzu toxischen Mengen und in zweckmässiger Form sogar direct in die Säftemasse selbst einbringt, im Harn nur eine sehr geringe Menge davon ausgeschieden wird, etwa $1-5\%$ des injicirten Eisens; ein weiterer Theil wird mit dem Darmsecret und der Galle secernirt, so dass etwa 10% des Eisens nach kurzer Zeit den Körper verlassen haben, die **Hauptmasse des eingespritzten Eisens wird aber zunächst überhaupt nicht ausgeschieden**, sondern im Körper deponirt, und zwar grossentheils in der Leber, ferner auch in der Milz und in anderen Organen. Diese Ergebnisse bieten eine Bestätigung für die Untersuchungsresultate, die von Zaleski[34]) gleichzeitig mit der ersten Arbeit Jacobj's mitgetheilt worden sind und werden andererseits bestätigt durch eine sehr werthvolle Arbeit von Gottlieb[35]) aus dem Jahre 1891, worin weiter gezeigt wird, dass auch die in den Organen deponirte Hauptmasse des injicirten Eisens ausgeschieden wird, aber nicht sofort, sondern erst im Laufe von 28 Tagen und zwar zum bei weitem grössten Theil durch den Darm. Diese Ausscheidung erfolgt, wie eine Untersuchungsreihe von Schmul[36]) zu beweisen scheint, mit Hülfe der Leukocyten, die das Eisen in der Leber aufnehmen und es dann in die Darmschleimhaut transportiren.

Nach diesen Untersuchungen, die grossentheils der neuen und neuesten Zeit angehören, ist es einleuchtend, dass das Ausbleiben einer Steigerung des Eisengehaltes des Harns an und für sich in der Eisenresorptionsfrage nicht beweisend ist: anorganische Eisensalze, in ungiftiger

Dosis einverleibt, werden eben nicht durch die Nieren ausgeschieden.

Zugleich geben diese Untersuchungen interessante Aufschlüsse über den Verbleib des Eisens im Körper selbst.

Um nun auf dem Wege, den diese Untersuchungen andeuten, in der Forschung über die Resorbirbarkeit anorganischer Eisenverbindungen weiter zu schreiten, haben kürzlich Kunkel[37]) und Schmul[36]) nach innerlicher Eisendarreichung den Eisengehalt der Leber untersucht. Diese beiden Forscher sind dabei zu verschiedenen Resultaten gekommen: während Kunkel bei Mäusen nach Fütterung mit Ferrum oxychloratum den Eisengehalt der Leber bedeutend vermehrt gefunden zu haben angiebt, fand Schmul, der an Ratten experimentirte, dass die Lebern der mit Eisen gefütterten Thiere nur wenig mehr Eisen enthielten, als normale Lebern. Leider hat Schmul nur zwei Versuche dieser Art angestellt und bei der Analyse, die in sehr exacter Weise vorgenommen worden zu sein scheint, nur die Leber berücksichtigt, während doch die soeben erwähnten Untersuchungen Jacobj's bewiesen haben, dass das Eisen auch in anderen Organen abgelagert wird. Der von Schmul gezogene negative Schluss ist demnach nicht vollkommen berechtigt.

Ich habe hier noch interessante Beobachtungen von Robert Schneider[38]) zu erwähnen. Schneider fand bei niederen Thieren die Eisenablagerung in gewissen inneren Organen grösser, wenn diese Thiere in einem eisenreichen Medium lebten, als bei Exemplaren derselben Gattung, die sich in einer an Eisen ärmeren Umgebung aufhielten; auch Schneider fand besonders eisenreich die Leber und Milz dieser Thiere, und zwar fand er das Eisen, wie er annimmt, locker an Eiweissstoffe gebunden, besonders in den Kernen der Zellen angehäuft; es ist dies von Interesse, weil Schmul später dieselbe Beobachtung gemacht hat.

Aus dem Mitgetheilten ergiebt sich, dass die Forschung,

soweit sie die ersten der vorher angedeuteten Wege betreten, das heisst, indem sie das Eisen auf seinem Weg im Körper mit mikroskopischen und chemischen Hülfsmitteln verfolgt hat, noch zu keinem abschliessenden Resultat gekommen ist; immerhin scheint mir das Ergebniss, das die Arbeiten der letzten Jahre geliefert haben, nicht das schroff verneinende Urtheil zu rechtfertigen, welches von Manchen noch kürzlich in Fragen der Resorbirbarkeit des anorganischen Eisens gefällt wurde.

Dieses Urtheil ist aber noch weniger berechtigt, wenn man die Ergebnisse betrachtet, die von einigen Forschern auf anderem Wege gewonnen worden sind.

Schon vor zehn Jahren nämlich hat v. Hösslin[10]) an wachsenden Hunden Studien über künstliche Blutarmuth angestellt: den Hunden wurde eine möglichst eisenarme Nahrung gereicht und zugleich durch Aderlässe Blut entzogen; es bildete sich dabei ein Zustand aus, der sehr an die Bleichsucht des Menschen erinnerte. Einem von diesen Hunden nun gab Hösslin Ferrum lacticum zur Nahrung und dieser Hund zeigte dann, obgleich gerade bei ihm die stärksten Blutentziehungen gemacht worden waren, eine viel geringere Verminderung des Hämoglobins im Blute, als die beiden anderen Hunde. Ferner gab Hösslin der einen von zwei jungen, an der Mutter saugenden Katzen täglich $1-1\frac{1}{2}$ ccm einer Eisenalbuminatlösung zur Nahrung zu; nach 54 Tagen hatte diese Katze 9,5 % Hämoglobin im Blute, die andere, die kein Eisen erhielt, nur 6,2 %. Endlich haben Oddi und Lo Monaco[11]) im Jahre 1891 den Versuch Hösslin's wiederholt: sie haben Hunde durch eisenfreie Nahrung „chlorotisch" gemacht; diese Hunde wurden geheilt, wenn sie zu ihrer eisenfreien Nahrung acht Tage lang 0,25 g Ferrum lacticum pro die hinzuerhielten.

Wenn man alles Mitgetheilte überblickt, so ergiebt sich, wie mir scheint, der Schluss, dass die Frage nach der Resorption der anorganischen Eisenverbindungen zwar noch nicht endgültig entschieden ist, dass aber eine Reihe von Thatsachen dafür spricht, dass eine solche Resorption thatsächlich stattfindet, vor allem auch die Erfahrung der ärztlichen Praxis, und dass die Experimentalforschung bis jetzt nicht über Untersuchungen gebietet, die unbedingt dagegen sprächen.

Wie wir uns freilich die Wirkung des Eisens im Körper vorzustellen haben, darüber lassen sich auch nicht einmal Hypothesen aufstellen. So lange als man annahm, dass die rothen Blutkörperchen aus den Leukocyten entstünden, konnte man vermuthen, dass diese Zellen das Eisen aufnähmen und zu Hämoglobin verarbeiteten, eine Anschauung, die z. B. Nothnagel und Rossbach in ihrem Lehrbuch der Arzneimittellehre vertraten. Nachdem es aber durch neuere Untersuchungen wahrscheinlich geworden ist, dass keine von den Leukocytenformen als Entwickelungsvorstufe der rothen Zellen angesehen werden kann, wird diese Hypothese hinfällig; wahrscheinlicher ist es wohl, dass in der Leber, der Milz und den anderen Organen, in denen die Ablagerung des Eisens zuerst stattfindet, dessen Einfügung in feste organische, dem Blutfarbstoff nahestehende Verbindungen erfolgt, in derselben Weise, wie dies Nencki und Sieber von dem, normaler Weise fortwährend aus dem Hämoglobin abgespalteten Eisen angenommen haben.*)

Diejenigen Forscher, welche die Resorbirbarkeit der anorganischen Eisenverbindungen leugnen, haben, um die allgemein angenommene Wirkung der Eisenmittel bei der Bleichsucht zu erklären, verschiedene Hypothesen aufgestellt.

Schon Wunderlich[42]) hat in seinem 1845 erschienenen „Versuch einer pathologischen Physiologie des Blutes" ausgesprochen, dass es zweifelhaft sei, ob das Eisen durch Aufnahme in das Blut oder indirect wirke. Als Möglichkeit einer solchen indirecten Wirkung ist in neuerer Zeit die Anschauung ausgesprochen (Kobert[24])

---

*) Vergl. den Abschnitt über das Hämoglobin.

und vielfach vertreten worden, dass die Eisenmittel nur durch Reizung der Darmschleimhaut wirken sollen. Durch die dadurch bedingte Hyperämisirung der Schleimhaut solle die Digestion und Resorption der Nahrungsmittel günstig beeinflusst werden. Neuerdings hat Bunge[43]) die Ansicht vertreten, dass durch die medicamentösen Eisenpräparate nur die vorher erwähnten organischen Eisenverbindungen im Darm vor Zersetzung geschützt würden. Bunge führt aus, dass in Folge der bei Chlorotischen meist vorhandenen, als Folge des Salzsäuremangels im Magensaft auftretenden Verdauungsstörungen, im Darm Schwefelalcalien gebildet würden, und dass dieselben die Eisenverbindungen der Nahrungsmittel allmählich zu Schwefeleisen zersetzten und sie dadurch unresorbirbar machten; werde nun Eisen in anorganischer Form zugeführt, so werde dieses sofort den Schwefel der Schwefelalcalien binden, bevor derselbe auf die organischen Eisenverbindungen einwirken kann, die letzteren werden vor der Zersetzung bewahrt und gelangen zur Resorption.

Im besten Einklang mit dieser Hypothese stehe die Erfahrung der Aerzte, dass das Eisen nur in grossen Dosen wirksam sei; als Material zur Hämoglobinbildung würden sehr geringe Mengen ausreichen.

Ich will hierzu nur bemerken, dass die letztere Ausführung Bunge's doch nicht ganz zutrifft. Der Eisengehalt des Gesammtblutes beträgt etwa $2\frac{1}{2}$ gr, nehmen wir nun an, eine bleichsüchtige Kranke hätte die Hälfte ihres Blutfarbstoffes verloren, so müssten, wenn in 6 Wochen Heilung erzielt werden soll, wie dies ja bei der Eisenbehandlung oft der Fall ist, täglich 3 ctgr reines Eisen zur Blutfarbstoffbildung verwendet werden; gar so klein sind also die Mengen des erforderlichen Eisens nicht. Gegen die Theorie Bunge's ist weiter einzuwenden, dass bei der Chlorose nur ausnahmsweise Salzsäuremangel besteht und dadurch für die meisten Fälle eine der Vorbedingungen für Bunge's Annahme wegfällt. Endlich hat kürzlich der Engländer Hale White[44]), um Bunge's Hypothese zu prüfen, eine Anzahl Chlorotischer nur mit guter Kost, Bettruhe und Salzsäuredarreichung behandelt; der Hämoglobingehalt des Blutes stieg aber unter dieser Behandlung nur wenig an, während dann Eisenzufuhr prompt Heilung brachte.

In dem bisher Gesagten war nur von den anorganischen Eisenverbindungen die Rede; in der letzten Zeit haben nun aber auch einige organische Verbindungen des Eisens eine Rolle gespielt, und es wäre nicht unmöglich, dass gerade diese Körper in Zukunft eine besondere Wichtigkeit erlangen. Wenn hier von organischen Eisenverbindungen die Rede ist, so sind damit nicht die pflanzensauren und Albuminverbindungen des Eisens gemeint; diese Körper werden, wie schon erwähnt, sämmtlich im Magen in Chloride oder Chlorüre und dann im Darm in Oxyde und Oxydule umgewandelt. Es handelt sich vielmehr um Stoffe von sehr complicirter Zusammensetzung, die das Eisen in sehr fester Verbindung enthalten, ähnlich dem Hämoglobin, und aus denen das Metall durch die Verdauungssäfte nicht abgespalten wird.

Abgesehen von den Bluttransfusionen und den subcutanen Blutinjectionen, die bestimmt sind, dem Körper nicht nur Eisen, sondern gleich fertiges Blut einzuverleiben, ist ein Präparat schon seit mehreren Jahren bekannt und angewendet worden, welches Eisen in organischer Form enthält: die sogenannten Hämoglobinplätzchen. Dass das Hämoglobin resorbirt wird, ist zweifellos, erst kürzlich sind von Busch[45]) in Dorpat entsprechende Untersuchungen vorgenommen worden, und es hat sich herausgestellt, dass unter der Zufuhr von Hämoglobin der Eisengehalt des Urins steigt: das Hämoglobin bleibt also nicht in der Leber u. s. w. liegen, sondern wird in's Blut aufgenommen, zersetzt und sein Eisen wird alsbald ausgeschieden. Doch ist in den Hämoglobin-Pastillen nur etwa 0,3 gr Hämoglobin enthalten, und es lässt sich leicht berechnen, dass unter der unmöglichen Voraus-

setzung, dass das gesammte darin befindliche Eisen resorbirt und zur Blutbildung verwerthet würde, ca. 150
Pastillen erforderlich sein würden, um den Hämoglobingehalt des Blutes nur um 1% zu erhöhen. Die Zufuhr
so grosser Mengen scheitert aber an dem Widerwillen der
Kranken und ich glaube nicht, dass die Hämoglobin-
Plätzchen sehr ausgebreitete Verwendung gefunden haben.
Es steht damit in der That nicht viel anders, als mit
der Blutwurst, die von Lépine[16]) in Lyon, der gleichfalls nach Hämoglobin-Zufuhr das Harneisen zunehmen
sah, und von Busch als Nahrungsmittel für Bleichsüchtige
empfohlen wird.

In neuester Zeit haben nun aber Kobert und
Schmiedeberg[17]) feste organische Eisenverbindungen
dargestellt. Kobert hat die von ihm aus dem Blut durch
Reduction mit Zinkstaub oder Pyrogallussäure dargestellten
Eisenverbindungen Hämol oder Hämogallol genannt; in
der vorher schon erwähnten Arbeit von Schmul wird
über Thierexperimente berichtet, die zu beweisen scheinen,
dass in der That diese Körper resorbirt werden. Ich
selbst habe das Hämol in einigen Fällen angewendet und
kann zunächst nur angeben, dass von den betreffenden
Kranken keiner über Digestionsstörungen geklagt hat, die
etwa danach eingetreten wären, zu einer Beurtheilung des
Erfolges sind die Fälle, in denen das Präparat verwendet
wurde, zu wenig zahlreich. Leider ist auch in diesen
von Kobert dargestellten Präparaten Eisen nur in sehr
geringer Menge enthalten, nämlich in 1 gr Hämogallol
2,8 mgr, es dürfte deshalb auch hier nur dann eine
Wirkung zu erwarten sein, wenn sehr grosse Dosen, etwa
10 gr. pr. die gereicht werden, was durchaus nicht der
Vorschrift Kobert's entspricht. Schmiedeberg gelang
es, aus Schweinslebern eine feste organische Eisenverbindung zu isoliren, die er „Ferratin" genannt hat; später
stellte er diese Verbindung mit einem Eisengehalt von
6% auch künstlich her. Die Resorbirbarkeit dieses Präparates ist durch Untersuchungen von Filippi[18]), Mar-

fori[49]) und Kündig[50]) unzweifelhaft erwiesen, und der letztgenannte Autor hat auch aus Immermann's Klinik Versuche an Kranken mit guten Resultaten veröffentlicht, desgleichen Bauholzer aus Eichhorst's Klinik.

Wenn die Anschauung derer richtig ist, die alle Eisenwirkung auf eine Reizung der Darmschleimhaut zurückführen, so würden wir, da eine Schleimhautreizung von den organischen Eisenverbindungen nicht zu erwarten ist, möglicherweise die Ueberraschung erleben, dass, wenn es endlich gelungen sein wird, eine zweifellos resorbirbare organische Verbindung mit hinreichend starkem Eisengehalt herzustellen, sich dieser Körper bei der Behandlung der Chlorose weniger wirksam erweist, als die von Alters her gebräuchlichen anorganischen Eisensalze. Ja auch noch von einem anderen Gesichtspunkte aus würde dieses überraschende Resultat erklärbar sein. Es wurde vorhin erwähnt, dass anorganische Eisenverbindungen zunächst in gewissen Körpertheilen, wie besonders in der Leber deponirt werden; es wäre nun sehr wohl denkbar, dass das Eisen gerade dadurch, dass es an solchen Orten, die der Schauplatz lebhafter Stoffwechselvorgänge sind, längere Zeit liegen bleibt, eher zur Blutbildung herangezogen würde, als eine organische Eisenverbindung, die im Säftestrom alle Capillargebiete leicht durcheilt und ebenso leicht, wie sie aufgenommen wurde, auch wieder ausgeschieden werden kann. Endlich wäre es möglich, dass das in den Zellen der Leber, der Milz und anderer lebenswichtiger Organe abgelagerte Eisen an diesen Stellen als ein Reiz wirkte, der die Functionen der betreffenden Organe in günstigem Sinne beeinflusste (R. Schmaltz[96]), v. Noorden[97]); auch diese Art der Einwirkung wäre von organischen Eisenverbindungen wahrscheinlich nicht zu erwarten.

Der Eisengebrauch ist selbstverständlich a priori indicirt bei Herabsetzung des Hämoglobingehaltes des Blutes, also vor Allem bei der Chlorose, ferner bei Anämie in Folge von Blutverlusten, sowie bei secundären, durch andere Erkrankungen bedingten Anämien, doch ist die Wirkung des Eisens bei den letzterwähnten Zuständen in der Regel keine so prompte wie bei der Chlorose. Die von vielen Aerzten behauptete, allgemein roborirende Wirkung des Eisens entbehrt der theoretischen Begründung nicht ganz, da ja auch ausserhalb des Blutes in den Körper-Geweben und Zellen Eisen enthalten ist, wenn auch nur in sehr geringer Menge.

Sehr wesentlich ist, dass die Eisendarreichung lange Zeit fortgesetzt werde, eventuell unter wiederholtem Wechsel der Präparate.

Contraindicirt ist das Eisen bei Reizung der Magen- und Darmschleimhaut, aber weder bei der atonischen Verdauungsschwäche Anämischer, noch bei Obstipation, wenn diese durch gleichzeitig gereichte Abführmittel (Aloë, Rheum u. s. w.) zu beseitigen ist. Manche halten den Eisengebrauch bei Phthisis incipiens für schädlich. Ueber die Anwendbarkeit der Eisenmittel bei kleinen Kindern sind die Ansichten getheilt; ich habe bei vorsichtiger Anwendung selten üble Wirkungen gesehen.

Das Eisen wird fast immer innerlich gegeben, selten subcutan; durch die unverletzte Haut, z. B. aus Bädern, wird es sicher nicht resorbirt (Merbach u. A.).

Obgleich bei innerlichem Gebrauch, wie erwähnt, die meisten anorganischen und alle lockeren organischen Eisenverbindungen im Magen gespalten werden, ist dennoch die Wahl des Präparates nicht belanglos, weil die Eisenpräparate verschieden stark irritirend auf die Magenschleimhaut wirken und ausserdem individuelle Neigungen in Frage kommen.

Als besonders leicht vertragbar gelten: Ferrum hydrogenio reductum, Ferrum carbonicum (in Form der Pilulae Blaudii oder Pilulae Valleti), Ferrum carbonicum saccharatum und die pflanzensauren und Albumin-Verbindungen des Eisens.

Die bei längerem Eisengebrauch bisweilen auftretende Braunfärbung der Zähne verdankt ihre Entstehung der Verbindung des Eisens mit dem Rhodan des Speichels.

Subcutane Eiseninjectionen sind schmerzhaft und werden selten angewandt. Am besten vertragen werden: Ferrum pyrophosphoricum cum Ammonio citrico oder cum Natrio citrico, ferner Lösungen von Ferrum albuminatum mit etwa $1^0/_0$ Eisen.

Eisengehalt der gebräuchlichsten Eisenmittel in Procenten reinen Eisens:

F. carbonicum saccharatum $10^0/_0$ (die officinellen Pilulae ferri carbonici [Valleti] enthalten 0,02 gr Eisen), F. citricum oxydatum $20^0/_0$, F. citricum effervescens $4^0/_0$, F. citricum cum Magnesia citrica $1^0/_0$, F. lacticum $20^0/_0$, F. oxydatum saccharatum $2,8^0/_0$, Sirupus ferri oxydati $1^0/_0$, F. pyrophosphoricum cum Ammonio citrico $18^0/_0$, F. pyrophosphoricum cum Natrio citrio $11,5^0/_0$, F. reductum $90^0/_0$, F. sulfuricum crystallisatum $20,2^0/_0$, Liquor ferri acetici $5^0/_0$, Liquor ferri albuminati (officinell) $0,4^0/_0$, Liquor ferri sesquichlorati $10^0/_0$, Tinctura ferri pomata $0,8^0/_0$, Tinctura ferri acetici aetherae $4^0/_0$.

Manche Fälle von hartnäckiger Blutarmuth zeigen erfahrungsgemäss eine rasche Besserung nach dem Gebrauch eisenhaltiger Mineralwässer. Dieser günstige Einfluss ist zum Theil wohl durch den Gehalt der Wässer an anderen, die Verdauung anregenden Stoffen und an Kohlensäure bedingt, zu einem grossen Theil aber kommt er auf Rechnung der Einwirkungen anderer Art, die gewöhnlich mit den Trinkcuren verbunden werden: Bäder, reichlicher Luftgenuss u. s. w.*)

Arsenpräparate.

Nächst dem Eisen und neben demselben wird das Arsen bei manchen Formen der Anämie mit unleugbarem Nutzen angewendet. Obgleich es sich bei dem Arsen und seinen Präparaten um leicht resorbirbare Körper handelt, ist doch die Art und Weise seiner Wirkung bei Anämien noch unklarer als beim Eisen. Nach Unter-

---

*) Ueber d. eisenhaltig. Mineralwasser vgl. Heft 4—6 dies. Biblioth.

suchungen von Binz und H. Schulz[52]) wird durch die protoplasmatischen Gewebe aus arseniger Säure Arsensäure gebildet und umgekehrt. Diese Umwandlungen sollen innerhalb der sie vollziehenden Eiweissmoleküle ein heftiges Hin- und Herschwingen von Sauerstoffatomen bedingen und hierin sehen Binz und Schulz die Ursache der giftigen oder therapeutischen Wirkung des Arsens. Eine specielle Einwirkung des Arsens auf die blutbildenden Organe ist nicht bewiesen. Stierlin[53]) sah zwar nach längere Zeit fortgesetzter Arsenzufuhr eine Abnahme der Erythrocytenzahlen eintreten, doch verwendete er dabei so grosse Dosen und der Gesammtzustand der Thiere wurde so stark beeinflusst, dass meines Erachtens die entstehende Anämie auch ohne die Annahme einer specifischen Beeinflussung der blutbildenden Organe erklärbar ist.

Dagegen kann nach vielfältigen klinischen Erfahrungen kaum bezweifelt werden, dass dem Arsen, namentlich bei der Chlorose, der perniciösen Anämie, der Leukämie und Pseudoleukämie in vielen Fällen eine günstige Wirkung zukommt. Besonders wird dieselbe bei perniciöser Anämie hervorgehoben, und Laache[54]) meint geradezu, dass nach Einführung der Arsenbehandlung der perniciösen Anämie die Spitze abgebrochen sei — wie mir scheint, ein etwas enthusiastisches Lob!

Man giebt das Arsen entweder in Form des Acidum arsenicosum (0,001—0,005 [!] in Pulvern oder Pillen. Pilulae asiaticae: Acid. arsenicos. 0,1—0,5, Pip. nigr., Rad. Liquir. $\overline{aa}$ 2,5, Mucil. gi. arab. q. s. ut f. pil. 100, dreimal täglich eine Pille zu nehmen) oder als Kalium arsenicosum in Form der Solutio arsenicalis Fowleri, worin 1 % arsenige Säure an Kali gebunden enthalten ist (1—10 Tropfen dreimal täglich in Wasser oder in einem Schleim). Arsenpräparate sind nie in den leeren Magen zu bringen; man verordne kleine Anfangsdosen und steige vorsichtig an. Ein wirklicher Erfolg ist oft nur bei längerem Gebrauch zu erzielen, und es empfiehlt sich, zeitweilig Pausen von 8—14 Tagen in der Arsendarreichung eintreten zu lassen. Contraindicirt ist das Arsen bei Verdauungsstörungen; treten solche während des Gebrauches auf, oder zeigt sich Conjunctivitis, so ist sofort damit aufzuhören. Bei alten Leuten ist besondere Vorsicht geboten.

Bei längerem Gebrauch des Arsens treten manchmal trophische Störungen in der Haut auf (Herpes zoster, Pigmentirung; Förster u. A.).

Wenn Verdauungsstörungen bestehen, kann das Arsen auch subcutan in Form der Solutio Fowleri gegeben werden (1 : 2 aqu. dest., tägl. $1/_2$ Pravaz-Spritze. Mosler, Kernig,[55]) Sacarjin-Popoff[56]); doch treten dabei leicht örtliche Reizerscheinungen auf, und v. Ziemssen[57]) hat deshalb kürzlich eine Solutio natrii arsenicosi empfohlen, die mit 1 % arseniger Säure hergestellt wird. Er giebt davon Anfangs täglich $1/_4$ Pravaz-Spritze und dann allmählich ansteigend bis zu zwei Spritzen täglich.

Bei der Leukämie, sowie zur Behandlung chronischer Milztumoren überhaupt, hat Mosler[58]) parenchymatöse Injectionen von Solutio Fowleri in die Milz empfohlen; doch sind dieselben nur bei Milztumoren von derber Consistenz anwendbar. Ferner erfordert ihre Anwendung besondere Vorsichtsmaassregeln: man muss vorher längere Zeit Mittel geben, die verkleinernd auf die Milz wirken (Chinin) und mehrere Stunden vor und nach jeder Einspritzung einen Eisbeutel auf die Milzgegend legen. Bei hochgradiger Anämie oder wenn hämorrhagische Diathese besteht, räth Mosler von der Anwendung der Injectionen ab.

In neuerer Zeit wird Arsen gern in Form der eisen- und arsenhaltigen Wässer von Levico oder Roncegno gegeben. Dronke und Ewald[59]) beobachteten nach dem Gebrauch des Levico-Wassers eine erhebliche Vermehrung der rothen Blutkörperchen, und es scheint in der That, dass diese Wässer in manchen Fällen besonders günstig zu wirken vermögen.

Man giebt das Levico-Wasser zu 2—3 Esslöffel täglich nach der Mahlzeit; dasselbe enthält in 10000 Gewichtstheilen Wasser (nach v. Barth und Weidel):

	Schwachwasserquelle	Starkwasserquelle
Arsenige Säure	0,0095	0,086879
Schwefelsaures Eisenoxydul	6,6278	25,675198
Schwefelsaures Eisenoxyd	2,7272	13,019720
Kohlensaures Eisenoxydul	0,1558	13,019720

Der Arsengehalt des Roncegno-Wassers wird sehr verschieden angegeben: 0,67—1,485 Arsensäure in 10000 Gewichtstheilen Wassers.

Quecksilber.

Ausser dem Eisen und Arsen sind noch mehrere andere Medicamente im Laufe der Zeit bei der Anämie als blutbildende Mittel angewendet worden, doch hat bis jetzt keines davon allgemeine Anerkennung gefunden. Wir besprechen hier nur das Quecksilber und den Schwefel. Schon im Jahre 1869 wurde von Liégois und später von Bennet und von Keyes behauptet, dass die fortgesetzte Darreichung kleiner Quecksilbergaben das Körpergewicht steigere und tonisirend wirke; Keyes theilt zur Stütze dieser Auffassung auch die Resultate von Blutuntersuchungen mit. In neuerer Zeit (1881) ist nun dieser Gegenstand von H. Schlesinger[60] sehr eingehend experimentell bearbeitet worden und es hat sich in der That herausgestellt, dass bei, längere Zeit fortgesetzter Quecksilberzufuhr in kleinen Dosen (Schlesinger verwendete Quecksilberchloridchlornatrium) das Körpergewicht erheblich anstieg und gleichzeitig eine beträchtliche Vermehrung der rothen Blutkörperchen und des Hämoglobingehaltes des Blutes eintrat. Freilich fand sich bei der Section der Thiere eine abnorme Fettanhäufung und auch streifige Verfettung des Herzmuskels und der Harnkanälchen in den Nieren, und Köster[61] vermuthet, dass die Vermehrung der Erythrocyten nur die Folge einer leichten Entzündung der Knochen und Reizung des Knochenmarks sei.

Erst ganz kürzlich sind dann, und zwar von italienischen Forschern, in grösserem Maassstabe therapeutische Versuche am Menschen angestellt worden (Castellino, Murri,[63]). Ranieri,[62]) der bei den mit Quecksilber (Sublimatinjectionen, Pillen von Jodquecksilber) behandelten Kranken Blutkörperchenzählungen, Hämoglobin- und Alcalescenzbestimmungen und Messungen der Widerstandsfähigkeit der Erythrocyten vornahm, berichtet über sehr günstige Resultate, die er bei fünf chlorotischen Mädchen gehabt habe: die rothen Blutkörperchen vermehrten sich und wurden widerstandsfähiger und reicher an Hämoglobin; zugleich besserte sich das Allgemeinbefinden, der Appetit hob sich, desgleichen das Körpergewicht und der allgemeine Kräftezustand. Und Murri,[63]) der gleichfalls unter Quecksilberbehandlung Anämien (nicht luetischen Ursprungs) sich bessern sah, fand experimentell, dass durch Quecksilberzufuhr die Widerstandsfähigkeit der rothen Blutkörperchen gegen lösende Einflüsse gesteigert werde.

Weitere Versuche erscheinen nach diesen, offenbar von guten Beobachtern gewonnenen Resultaten angezeigt, nur ist Vorsicht geboten, im Hinblick auf die oben erwähnten Befunde von Schlesinger.

Schwefel.

Der Schwefel wurde zuerst von H. Schulz und Strübing[64]) zur Behandlung der Chlorose empfohlen, und zwar glaubt Schulz, dass der Schwefel im Körper durch Sauerstoffentbindung aus Wasser oxydirend wirke, ähnlich dem Arsen; er sei indicirt, wenn das Eisen unwirksam gewesen ist, und bereite dann, so zu sagen, den Körper für die Eisentherapie vor. Als Contraindication gegen den Schwefelgebrauch wird Reizung des Verdauungstractus angegeben.

Von anderer Seite wird der Nutzen des Schwefels für manche Fälle zwar nicht geleugnet, aber auf seine abführende Wirkung zurückgeführt (Nothnagel u. A.). Man giebt ihn mit Zucker gemischt (Sulfur depur. 10,0, Saccharum lact. 20,0) messerspitzenweise.

In neuester Zeit werden vielfach von chemischen Fabriken Manganpräparate, namentlich in Verbindung mit Eisen zur Behandlung der Blutarmuth empfohlen. Der Zweck dieser Empfehlung ist mir unerfindlich; höchstens könnte man von dem unresorbirbaren Mangan (Kobert) eine Reizung der Darmschleimhaut erwarten.

Salzsäure.

Die Salzsäure verdient eine besondere Besprechung, weil sie in neuerer Zeit, abgesehen von ihrem Werth als symptomatisches Mittel, bei der Appetitlosigkeit Anämischer, gewissermaassen als Specificum für gewisse Formen der Blutarmuth, namentlich bei Chlorose empfohlen worden ist.

Auf Grund der Hypothese Bunge's, dass die Eisenverarmung bei dieser Krankheit dadurch bedingt sein möchte, dass, in Folge ungenügender Salzsäuresecretion im Magen, der Speisebrei im Darm einer abnorm gesteigerten Zersetzung anheimfalle und der entstehende Schwefelwasserstoff das Nahrungseisen binde, wurde die Salzsäure in der Absicht verordnet, diesem Vorgang vorzubeugen. Nachdem aber durch Untersuchungen v. Noorden's u. A. erwiesen ist, dass die Salzsäureabsonderung im Magen bei der Chlorose (s. diese) keineswegs immer darniederliegt, ist die Verwendbarkeit der Salzsäure als Arzneimittel auf die Fälle zu beschränken, in denen dies der Fall ist. Man giebt in solchen Fällen 10 Tropfen des Acidum muriaticum dilutum in $1/_8$ L. Wasser, in kurzen Zwischenräumen einige Zeit nach den Hauptmahlzeiten zu verbrauchen.

3. Darmantiseptica.

Von Bouchard,[94]) Hunter,[70]) und mehreren anderen Autoren ist, zweifellos mit Recht, auf die grosse Bedeutung hingewiesen worden, die krankhaften Vorgängen, namentlich abnormen Zersetzungen im Magen und Darmkanal für die Entstehung gewisser Formen der Blutarmuth zukommt. Es ist deshalb Pflicht des Arztes, sich in jedem Erkrankungsfall über den Ablauf der Verdauung zu unterrichten. Abnorme Zersetzungsvorgänge geben sich zuweilen (aber nicht immer) durch einen penetrant fauligen Geruch der Faeces zu erkennen, in anderen Fällen kann die Harnuntersuchung (Auftreten von Aceton, Vermehrung des Indicans und der anderen gepaarten Schwefelsäuren) darüber Aufschluss geben.

Leider sind wir nicht in der Lage, den Darm des lebenden Menschen wirksam zu desinficiren; die darauf gerichteten Versuche mit der Darreichung von Kohle, Jodoform, β-Naphthol, Naphthalin, Kreosot, Resorcin u. s. w. haben bezüglich der Darmantisepsis kein sicheres Resultat ergeben; dennoch werden damit bei Anämischen nicht selten Erfolge erzielt. Nutzbringend ist ferner häufig die Entleerung des Darmes durch ein Abführmittel (namentlich durch Calomel in wiederholten Dosen) und die Regelung der Diät in einer Weise, dass der Eiweissfäulniss im Darm der Boden entzogen wird. Es geschieht dies bis zu einem gewissen Grade durch eine kohlehydratreiche Kost, und die Erfolge, die gewisse Wunderdoctoren durch absolut oder vorwiegend vegetabilische Diät in manchen Fällen von Anämie erzielen, beruht auf den erörterten Verhältnissen.

Pick[71]) hat kürzlich über äussert günstige Erfolge berichtet, die er an einigen chlorotischen jungen Mädchen mit Magenausspülungen erzielt hat; er hatte dieselben vorgenommen, in der Annahme, dass es sich in diesen Fällen um eine Autointoxication von dem dilatirten Magen aus handeln möchte.

4. Sauerstoffinhalationen.

In der Absicht, eine der wichtigsten Functionen des Blutes, den Gaswechsel, zu erleichtern und dabei vielleicht auch anregend auf die Blutbildung zu wirken, hat man versucht, Blutarme mit künstlich gesteigerter Sauerstoffzufuhr zu behandeln. Es ist dies möglich, indem man die Kranken in comprimirter Luft athmen oder namentlich, indem man sie reinen Sauerstoff inhaliren lässt. Diesem Vorgehen stehen zwar gewichtige theoretische Bedenken entgegen. Einmal scheinen die Beobachtungen verschiedener Forscher zu beweisen, dass der Gaswechsel bei Anämischen gar nicht abnorm niedrig ist, und zweitens ist es zweifelhaft, ob eine Hyperoxydation des Blutes überhaupt möglich ist, wenn man bedenkt, wie vollkommen die Oxydation des Hämoglobins auch bei stark erniedrigtem Sauerstoffpartiardruck vor sich geht (vgl. die Abschnitte über den Gaswechsel und das Hämoglobin). Dennoch sind die Sauerstoff-Einathmungen, die schon früher mehrfach bei verschiedenen Krankheiten versucht worden waren, in neuerer Zeit bei Anämie, namentlich von Hayem angewendet und empfohlen worden. Ferner haben Albrecht [65]) (bei Kindern), Kirnberger, G. Sticker, [66]) Pletzer, [67]) Honigmann [68]) u. A. damit Versuche gemacht und theilweise sehr günstige Resultate bei Chlorose, Leukämie und perniciöser Anämie erzielt. Kirnberger giebt sogar an, einen Fall von Leukämie damit geheilt zu haben, Pletzer sah in zwei Fällen derselben Krankheit Besserung des Blutbefundes und Verkleinerung der Leber und der Milz.

Kürzlich hat auch Preston [69]) an Thieren, die er in reinem Sauerstoff athmen liess, Vermehrung des Hämoglobingehaltes des Blutes eintreten sehen.

Wenn auch von anderen Seiten Misserfolge berichtet werden, so verlohnt es sich doch, in schweren anämischen Zuständen, namentlich bei Leukämie und perniciöser Anämie weitere Versuche mit Sauerstoffinhalationen zu

machen. Freilich werden dieselben nicht überall ausführbar sein; denn die anzuwendende Dosis ist 40 bis
100 l für den Tag.

5. Klimatische Behandlung.

Es lässt sich nicht leugnen, dass eine „Luftveränderung"
auf anämische Kranke häufig einen überraschend günstigen
Einfluss ausübt. Abgesehen davon, dass damit für den
Kranken in der Regel eine starke psychische Anregung
und für die Meisten Entfernung von Sorgen und Ge-
schäften verbunden ist, spielen bei der klimatischen Behandlung noch andere Factoren eine Rolle, die uns offenbar nur zum Theil bekannt sind.

Mit Recht hebt Speck[81]) hervor, dass die reinere,
„appetitlichere" Luft im Gebirge, auf dem Lande, an der
See zu tieferen Respirationen anregt und dadurch indirect
den Blutkreislauf befördert; ob aber dadurch wirklich eine
Steigerung des Gaswechsels erzielt wird, ob namentlich
die Abdunstung der Kohlensäure aus dem Blute eine
vollkommenere wird, wie Speck glaubt, bedarf doch noch
weiterer Beweise.

Auch der günstige Einfluss, den auf manche Kranke
das Höhenklima mit seinem niedrigen Barometerdruck,
auf andere das Seeklima mit seinem hohen Luftdruck
ausübt, ist uns noch grossentheils unerklärlich. In den
letzten Jahren ist durch sorgfältige Untersuchungen von
Viault, Wolf u. Koeppe,[83]) Egger,[82]) Miescher[84])
und Mercier[85]) nachgewiesen worden, dass im Gebirge
und zwar schon bei relativ geringer Erhebung (700 m)
bei Gesunden und Kranken eine Vermehrung der rothen
Blutkörperchen eintritt, während der Hämoglobingehalt
des Blutes sich verhältnissmässig weniger steigert. Diese
Veränderung, für die noch keine befriedigende Erklärung
gefunden worden ist, bildet sich nach der Rückkehr in
die Ebene alsbald wieder zurück. Es wäre nun denkbar,

dass bei Anämischen diese kräftige Anregung der Blutbildung einen dauernden Erfolg hätte, und dass dadurch
für die Heilwirkung des Gebirgsklimas eine Erklärung gegeben wäre.

Die Entscheidung der Frage, ob im einzelnen Falle
eine klimatische Cur angezeigt erscheint, ist manchmal
recht schwierig. Schwer Anämische bedürfen der Ruhe
und für solche kommt eine Reise meist nicht in Frage.
Aber auch bei Reconvalescenten oder leichteren Kranken
erheben sich namentlich dann Zweifel, wenn es sich darum
handelt, zwischen einem Aufenthalt an der See oder einer
Cur im Gebirge zu wählen. Die höheren Gebirgslagen
werden von blutarmen Personen oft schlecht vertragen:
es stellt sich bei ihnen Herzklopfen, Schwindel, Schlaflosigkeit ein. Es ist darum rathsam, solche Kranke nicht
sofort ins Hochgebirge zu schicken, sondern ihnen Orte
in halber Höhe (800—1200 m) zu empfehlen. Umgekehrt
vertragen Manche das Seeklima schlecht: der Wind, das
Rauschen der Wellen, wahrscheinlich auch der hohe Luftdruck wirken aufregend auf sie und machen sie gleichfalls
schlaflos. Leider ist es oft unmöglich, vorher zu entscheiden, welches von den beiden Klimaten für den
Kranken das geeignetere ist; die darüber aufgestellten
Regeln entbehren der praktischen Begründung.

Ein Aufenthalt auf dem Lande, ganz abgesehen von
der Höhenlage des Ortes, bietet natürlich unter allen
Umständen den Vortheil, dass dort mehr Gelegenheit zu
ausgiebigem Aufenthalt im Freien geboten ist, als in der
Stadt.

6. Diätetische Behandlung.

So wichtig selbstverständlich die Auswahl der Nahrungsmittel bei den Blutkrankheiten ist, so schwer ist es, gerade
für diese Krankheiten allgemein gültige Diätvorschriften
zu geben. Abgesehen davon, dass ein sehr grosser Theil
der Kranken nicht in der Lage ist, eine subtile Auswahl

der Speisen zu treffen, so ist auch unter den günstigsten Lebensverhältnissen gerade bei der Aufstellung des Speisezettels für Blutarme eine sorgfältige Abwägung der Besonderheiten des einzelnen Falles erforderlich. Der Zustand der Verdauungsorgane ist bei Anämischen, schon insoweit er unserer Untersuchung zugänglich ist, durchaus verschieden und es ist höchst wahrscheinlich, dass noch weitere, unseren Untersuchungsmethoden unzugängliche Differenzen bestehen, denn nur durch diese Annahme lassen sich die oft barocken Eigenthümlichkeiten der Toleranz oder Intoleranz gegenüber einzelnen Nahrungsmitteln erklären.

Wir müssen uns deshalb darauf beschränken, gewisse, für die meisten Fälle gültige Regeln aufzustellen und alles Uebrige dem abwägenden Scharfblick der „ärztlichen Kunst" des Einzelnen überlassen.

Eine wesentliche Rolle bei der diätetischen Behandlung der Blutarmuth pflegte früher die Milch zu spielen. Seitdem aber durch exacte Untersuchungen nachgewiesen ist, dass die Milch Eisen nur in Spuren enthält (nach Anselm [72]) 0,0001—0,0009 % reines Eisen), ist man mit Recht von der Verordnung der Milchcuren zurückgekommen. Gewiss ist die Milch ein für die Meisten leicht verdauliches und wohlschmeckendes Nahrungsmittel und soll nicht ganz und gar gestrichen werden. Sie darf aber bei der Ernährung nicht, wie dies vielfach noch üblich ist, vorherrschen, umsoweniger, als viele Kranke bei reichlichem Milchgenuss den Appetit für andere Nahrungsmittel verlieren und Manche dadurch obstruirt werden. Wenn Widerwille gegen Milch besteht, genügt es oft, um dem zu begegnen, wenn man der Milch etwas Thee zusetzen lässt.

Fleisch soll, wo dies möglich ist, mehrmals am Tage, aber in nicht allzugrossen Mengen auf einmal genossen werden. Der wiederholte Fleischgenuss empfiehlt sich, weil im Fleisch das Eiweiss in leicht assimilirbarer Form enthalten ist und dadurch sehr bald nach seiner Aufnahme ein stärkender Einfluss auf den Organismus zu Stande kommt (v. Noorden); aus diesem Grunde ist es auch rathsam, schon zur ersten Mahlzeit des Morgens etwas Fleisch zu geben. Dass in manchen Fällen abnorme Zersetzungsvorgänge im Darmkanal eine Einschränkung der Fleischzufuhr rathsam erscheinen lassen, wurde oben schon erwähnt. Bei manchen Menschen leidet der Schlaf, wenn sie des Abends eine starke Fleischmahlzeit zu sich nehmen, eine Eigenthümlichkeit, die volle Berücksichtigung verdient.

In Folgendem geben wir eine Scala der Verdaulichkeit der verschiedenen Fleischsorten (in der Hauptsache nach den ausgezeichneten Untersuchungen von Leube [73]) und von Penzoldt [74]), wobei aber zu bemerken ist, dass die Qualität des Fleisches, sein Alter und seine Zubereitung einen wesentlichen Einfluss auf die Verdaulichkeit haben.

Am leichtesten verdaulich ist gekochtes Kalbshirn, dann folgt gekochtes Kalbsbries (gut präparirt!), Austern, gekochtes oder leicht gebratenes junges Huhn oder junge Taube, geschabtes Lendenfleisch leicht angebraten, geschabter roher Schinken (zarter, sogenannter Lachsschinken), Reh, Rebhuhn, Roastbeaf rosa gebraten (besonders auch kalt zu geniessen), gebratene Lende, gebratene Kalbskeule, Hecht, Schill, Karpfen, Forelle, Caviar. Bei dem Hammel- und Schweinefleisch kommt ausserordentlich viel auf die Qualität des Stückes und auf individuelle Neigung an; im Allgemeinen gilt das letztere als schwer verdaulich. Dasselbe ist von Gans und Ente zu sagen.

Die diätetischen Fleischpräparate (Beeftea, Fleischsolutionen, Peptone, Albumosen-Präparate, Fleischextracte u. s. w.) sind für alle die Fälle entbehrlich, in denen die Verdauung normal von Statten geht. Soll der Magen geschont werden (z. B. bei Verdacht auf Ulcus ventriculi), so empfiehlt sich, bei flüssiger Kost, die Anwendung der Fleischlösungen (z. B. Leube-Rosenthal's Fleischsolution, 2—3 Esslöffel täglich in Bouillon). Die an Extractivstoffen reichen Peptone sind dann angezeigt, wenn bei mangelhaftem Appetit Neigung zu Stuhlträgheit besteht, während sie, wegen ihrer reizenden Wirkung auf den Darm, bei Neigung zu Diarrhoen zu vermeiden sind (Cahn [76]).

Selbstverständlich sind Beschränkungen in der Auswahl der Fleischspeisen, sowie der Speisen überhaupt nur dann nöthig, wenn Verdauungsschwäche vorliegt. Abgesehen von diesen Fällen, ist nicht zu vergessen, dass Monotonie der Ernährung Widerwillen erzeugt und die Verdauung schädigt, und dass jede einseitige Kost für den Organismus eine Hungerkost ist.

Die Eier, die ja von den Kranken selbst gewöhnlich als besonders nahrhaft angesehen werden, bieten den grossen Vortheil, dass sie in flüssiger Form (in Fleischbrühe) gegeben werden können; am leichtesten verdaulich sind weich gekochte, weniger die rohen, am wenigsten die hartgekochten Eier. Manche Kranke, namentlich auch Kinder, vertragen Eier in jeder Form aus unbekannten Gründen nur schlecht.

Die Verwendung der grünen Gemüse hat einen doppelten Zweck. Abgesehen nämlich von ihrem Gehalt an Nährstoffen und namentlich ihrem Eisengehalt (s. unten), wirken dieselben bei vielen Personen anregend auf den Appetit und, dadurch dass sie die Fäces voluminöser machen, auf den Stuhlgang.

Als das leichteste ist zweifellos (Leube, Penzoldt) die Blume des Blumenkohls zu betrachten, dann folgen Spargel, Kohlrabi, Möhren, Spinat, grüne Schnittbohnen.

Kartoffeln sind am leichtesten verdaulich in Form der Salzkartoffeln, weniger als Brei, am wenigsten in Brühe gekocht.

Unter den trockenen Gemüsen zeichnen sich bekanntlich die Hülsenfrüchte durch ihren grossen Nährwerth aus und bilden in feiner Vertheilung (Hartenstein's Leguminosen) auch ein leicht verdauliches Nahrungsmittel. Reis soll nach Penzoldt nicht besonders leicht verdaulich sein. Ein von den Meisten gern genommenes und auch gut vertragenes, dabei sehr nahrhaftes Nahrungsmittel ist das Hafermehl und dessen verschiedene Präparate; man kann dasselbe als Suppe oder, bei kräftigerer Magenverdauung, in Form des englischen „Porridge" geben.

Das Brod ist, seines grossen Eisengehaltes wegen und weil es bekanntlich mehrere Arten von Nährstoffen in besonders verdaulicher Form enthält, sowie nebenbei als Träger der Butter, sehr zu schätzen. Weissbrod ist etwas leichter verdaulich, als Schwarzbrod.

Unter den Fetten nimmt die (gute!) Butter unstreitig den ersten Rang ein, auch wird dieselbe in der Regel gern genommen, selbst in grösseren Mengen, wie dies in manchen Fällen nöthig erscheint. Nur ausnahmsweise wird man bei Anämischen in die Lage kommen, die Fettzufuhr durch die Darreichung von medicamentösen Fettpräparaten künstlich zu steigern. Erscheint dies nöthig, so ist nach mehrfachen Untersuchungen (Hauser[75]) u. A.) nächst dem Leberthran das Lipanin und die überfettete, sogenannte Kraftchocolade am meisten zu empfehlen.

Als Getränk ist, ausser Milch, leichtem Thee, Cacao und Chocolade, Wasser oder ein schwaches Mineralwasser zu empfehlen. Der Kaffeegenuss dürfte nur bei Neigung zu Herzpalpitationen zu widerrathen sein. Die Verwendung von alkoholhaltigen Getränken ist womöglich ganz zu meiden oder auf acute Schwächezustände zu beschränken. Der Werth des Alkohols als Nahrungsmittel kommt nicht in Betracht gegenüber dem schädlichen Einfluss, den er in grösseren Dosen auf den Ablauf des Verdauungsprocesses und, nach seiner Resorption, auf die Gewebe der meisten Organe ausübt. Und es ist erschreckend, zu sehen, wie schnell sich auch weibliche Kranke an die ärztlich verordneten Alkoholica gewöhnen, und wie bald ihnen der Genuss des, vielleicht anfangs mit Widerwillen getrunkenen Weins oder Cognacs zum Bedürfniss und zur Gewohnheit wird, eine Gewohnheit, die sich viel schwerer wieder beseitigen lässt, als sie angenommen wurde.

Ueber die zweckmässigste Eintheilung der Mahlzeiten

lassen sich keine allgemeingültigen Regeln aufstellen. Für die meisten Kranken ist es nützlich, wenn zwischen die drei Hauptmahlzeiten des Tages noch ein zweites Frühstück und eine kleine Vespermahlzeit eingeschoben werden. Es gilt dies aber keineswegs für alle Fälle; vielmehr verlieren manche Personen den Appetit und fangen an, über Druck und Vollsein in der Magengegend zu klagen, wenn nicht grössere Pausen in der Nahrungszufuhr gelassen werden. Hier gilt es eben, zu individualisiren, die Eigenthümlichkeiten der Kranken gebührend zu beachten. Aber selbstverständlich nur bis zu einer gewissen Grenze! Es giebt namentlich unter den anämischen Neurasthenikern und Hypochondern Kranke, die aus Gewohnheit oder aus Angst vor den eingebildeten oder übertriebenen unangenehmen Gemeingefühlen, die bei ihnen die Verdauung begleiten, zu wenig Nahrung zu sich nehmen. In solchen Fällen gelingt es nicht selten, die vermeintliche Appetitlosigkeit dadurch zu heben, dass man dem Kranken energisch zur Einnahme häufiger und reichlicher Mahlzeiten zuredet und ihm beweist, dass die gefürchteten Folgen ausbleiben oder bald schwinden.

Ja in gewissen Fällen von schwerem Darniederliegen der Ernährung und aller Lebensfunctionen können sogar durch eine förmliche Mastcur ausserordentliche Erfolge erzielt werden. Nach der bekannten Vorschrift Weir-Mitchells[79]) liegt dabei der Kranke ständig zu Bett und wird anfänglich durch Andere gefüttert; active Körperbewegung wird völlig vermieden und durch zweimal täglich wiederholte Massage, sowie durch Faradisation der Muskeln ersetzt.

Wenn die Ernährung auf dem gewöhnlichen Wege unmöglich (unstillbares Erbrechen u. s. w.) oder gefährlich ist (frische Magenblutung), kann man dieselbe bis zu einem gewissen Grade durch Nährklystiere ersetzen. Man benutzt dazu nach Ewald[77]) und Huber[78]) am besten Eier in folgender Mischung: zwei oder drei Eier werden mit einem Esslöffel Wasser glatt gequirlt; eine Messerspitze

Kraftmehl wird mit einer halben Tasse einer 20"/₀ Trauben-
zuckerlösung gekocht, dann wird die Eierlösung in die lau-
warme Lösung langsam eingerührt und dem Gemisch 1 gr
Kochsalz auf jedes Ei zugesetzt. Der Kochsalzzusatz macht
die Eier leichter resorbirbar, was nach Grützner[80]) dadurch
bedingt sein soll, dass durch das Salz antiperistaltische
Bewegungen angeregt werden, welche die Nährlösung im
Darmrohr bis weit hinauf in den Dünndarm gelangen
lassen. Vor der Application des Nährklystiers, das zwei
bis 3 Mal in 24 Stunden zu geben ist, muss der Darm
durch etwa $1/_4$ Ltr. Wasser gereinigt werden.

Eisengehalt der wichtigsten Nahrungsmittel

(nach König).

Es enthält:	Asche %		% der Gesammtasche
Muskelfleisch	0,8—1,8	darin Fe₂O₃ :	0,44
Brod	1,09—1,46	,, ,,	2,0—6,0
Ei (ein Hühnerei wiegt im Mittel 53 gr)	1,12	,, ,,	0,39
Eigelb	1,09	,, ,,	1,65
Eiweiss	0,59	,, ,,	0,57
Kartoffel	0,88	,, ,,	1,10
Spargel	0,54	,, ,,	3,38
Blumenkohl	1,02	,, ,,	0,36
Weisskraut	1,5	,, ,,	0,12
Spinat	1,9	,, ,,	3,35
Bohnen (die reife Frucht) . . .	3,26	,, ,,	0,46
Erbsen (,, ,, ,,) . . .	2,58	,, ,,	0,86
Linsen	3,04	,, ,,	2,00
Kopfsalat	1,22	,, ,,	5,31
Reis	1,09	,, ,,	1,23
Hirse	2,36	,, ,,	1,82
Buchweizen	2,24	,, ,,	1,74
Grütze	1,21	,, ,,	1,80
Aepfel	0,49	,, ..	1,40
Birnen	0,31	,, ,,	1,04
Pflaumen	0,66	,, ,,	2,54
Sauere Kirschen	0,73	,, ,,	1,98
Erdbeeren	0,81	,, ,,	5,89
Stachelbeeren	0,42	,, ,,	4,56

Wenn man aus den Procenten des Aschen-Eisenoxyds den Eisengehalt der Gesammtsubstanzen berechnet, so ergiebt sich, dass am stärksten eisenhaltig sind: Brod $(0,05\,^0/_0)$, Eigelb $(0,02\,^0/_0)$, Spinat $(0,063\,^0/_0)$, Grütze $(0,02\,^0/_0)$, Linsen $(0,06\,^0/_0)$, Kopfsalat $(0,06\,^0/_0)$ und Erdbeeren $(0,047\,^0/_0)$; Muskelfleisch (das ja in der Regel entblutet ist) enthält nur $0,003-0,01\,^0/_0$ Eisen.

7. Hygienisches Verhalten.

Blutarme brauchen, wie jeder Kranke, viel Licht und viel Luft. Der Arzt muss deshalb, wenn irgend möglich, dafür sorgen, dass sie in Zimmern wohnen, die mehrere Stunden des Tages von der Sonne bestrahlt werden und gut ventilirbar sind. Und zwar ist die Sonnenbestrahlung des Zimmers nicht nur im Winter erforderlich, sondern ganz besonders auch in der heissen Jahreszeit, weil dann die warme, oft ziemlich wasserreiche Aussenluft in sonnenlosen Nordzimmern abgekühlt wird und einen Theil ihrer Feuchtigkeit an die Wände abgiebt, so dass gerade während des Sommers solche Räume leicht einen kellerartigen Geruch bekommen.

Schwer anämische Kranke bedürfen der Ruhe und zwar gilt dies für alle Formen der Blutarmuth in gleichem Maasse; auch schwer chlorotische Mädchen lässt man am besten eine Zeit lang das Bett hüten. Für Reconvalescenten und leichtere Kranke ist mässige Bewegung in freier Luft heilsam und nothwendig; aber auch bei ihnen muss jede Anstrengung, die zur Ermüdung führt, vermieden werden, eine Regel, gegen die namentlich von Laien viel gesündigt wird.

Der Arzt hat abzuwägen, wieviel er in dieser Beziehung seinen Kranken zumuthen soll, und wird das Ruhebedürfniss eines blutarmen Körpers von der Trägheit verwöhnter Kranker wohl zu unterscheiden wissen.

Ein sehr schätzenswerthes Mittel, die Körperfunctionen

solcher Kranken anzuregen, die sich wenig Bewegung machen können, ist durch die Massage geboten. Bum[86]) hat nachgewiesen, dass durch die Massage die Harnsecretion ganz erheblich vermehrt wird, und zwar wahrscheinlich durch das Hineingelangen harnfähiger Substanzen aus den Geweben in das Blut, und Keller[87]) will an sich selbst eine Steigerung des Stoffwechsels unter dem Einfluss der Massage beobachtet haben.

Bei Kranken mit geschwächtem Herzen kommt wahrscheinlich auch die Beeinflussung der Circulation durch die Massage in Betracht.

Der Nutzen der Massage in Fällen von Chlorose und von secundärer Blutarmuth ist von v. Hösslin[88]) und Anderen in überzeugender Weise nachgewiesen; und auch ich selbst habe dieses Hülfsmittel häufig mit Nutzen verwendet. Nur hüte man sich, die einzelnen Massagen, die in Kneten des Körpers und passiven Bewegungen bestehen sollen, zu lange währen zu lassen: im Anfang 15, später 30 Minuten genügt, mehr wirkt leicht aufregend und schlafraubend. Nach der Massage muss der Kranke ausruhen.

Reichlicher Schlaf ist gleichfalls ein Erforderniss für alle Blutarmen; auch nach dem Mittagessen ist ihnen 1—2 Stunden Schlafen im Bett anzuempfehlen.

Von grosser Wichtigkeit ist die Fürsorge für eine geordnete Hautpflege, ein Punkt, der namentlich bei uns in Deutschland, ohne ausdrückliche ärztliche Anordnung, noch häufig gänzlich unbeachtet bleibt. Es empfiehlt sich, tägliche Waschungen mit lauwarmem, bei kräftigen Kranken mit kühlem Wasser (15—20° C.) anzuordnen, nöthigenfalls während der Kranke liegt. Ferner häufige laue oder warme Vollbäder (33—36° C.) von kurzer Dauer. Beiden Vornahmen soll mässiges Frottiren der Haut folgen. Douchen werden als stärkerer Hautreiz von blutarmen Personen oft schlecht vertragen; keinesfalls darf dazu kaltes, unter stärkerem Druck stehendes Wasser verwendet werden.

Die Einwirkung der Bäder und anderer hydropathischer Proceduren auf den Organismus ist uns nur theilweise bekannt. Von grosser Wichtigkeit ist die zweifellos festgestellte Beeinflussung des Gefässsystems (vergl. Winternitz[89]); ferner scheint der Stoffwechsel (Zawadzky[92]), Keller[93]) und das Nervensystem, letzteres durch Vermittelung der Hautnervenendigungen (Temperatur, Druck des Wassers, Quellung der Haut), der Wirkung der Wasserbehandlung zugänglich zu sein. Von grossem Interesse sind die Beobachtungen von Grawitz[91]) und von Winternitz[90]) über Blutveränderungen nach thermischen Einflüssen. Mag nun die beobachtete Vermehrung der rothen Blutkörperchen und des Hämoglobins auf einer Anregung der Lymphbildung mit Eindickung des Blutes beruhen, oder, wie Winternitz annimmt, eine Folge veränderter Blutvertheilung sein — jedenfalls ist dadurch bewiesen, dass den Bädern ein starker Einfluss auf die Blutgefässe und ihren Inhalt zukommt.

Recht günstig scheinen in manchen Fällen namentlich die stark kohlensäure-haltigen Bäder zu wirken (die sog. Stahlbäder wirken wahrscheinlich auch nur durch ihren Kohlensäuregehalt), und zwar offenbar durch die mechanische Reizung der Haut durch die sich bildenden Gasbläschen. Ob den salzhaltigen (Sool-)Bädern ausser der chemischen Einwirkung des Salzes auf den Quellungsgrad der Haut noch eine besondere Wirkung zukommt, ist noch nicht sicher gestellt; nach Köstlin[95]) soll durch ihren Gebrauch der Eiweisszerfall im Körper herabgesetzt werden.

Literatur.

1. Landois, Blut-Transfusion in Eulenburg's Encyclopädie. 2. Aufl.
2. Brackenridge, Transact. of the med.-chir. soc. of Edinb. 1892.
3. Affleck, Ebenda.
4. Ewald, Sitzungsber. der Berliner med. Ges. 16. Oct. 1895.
5. v. Ziemssen, Verh. des XI. Congr. f. innere Med. 1892.
6. Landois, Ebenda.

7. Kaczorowski, Deutsche med. Wochenschr. 1880. Ref. in Schmidt's Jahrb. B. 191.
8. Southgate, Centralbl. f. Physiol. 1894, 14.
9. Casse, Bull. de l'Academ. de Méd. de Belg. 1879. Ref. in Schmidt's Jahrb. B. 189.
10. v. Ziemssen, Deutsch. Arch. f. klin. Med. XXXVI.
11. Benczur, Ebenda.
12. Silbermann, Deutsche med. Wochenschr. 1885. Ref. in Schmidt's Jahrb. B. 208.
13. Wilhelmi, Bleichsucht u. Aderlass, Güstrow 1890.
13B. Lichtheim, Verh. d. VI. Congr. f. innere Med. 1887.
14. Scholz, Monogr. Leipzig, E. Meyer 1891. Ref. in Centralbl. f. klin. Med. 1892.
15. Schubert, Verh. der Naturforscherversammlung 1895.
16. Lenhartz, Ebenda.
17. v. Ziemssen, Münchn. med. Wochenschr. 1887, 31.
18. Barbucci, Centralbl. f. d. med. Wissensch. Ref. in Schmidt's Jahrb. B. 213.
19. Scherpf, Zeitschr. f. klin. Med. IV.
20. Derselbe, Monographien über die Aufnahme u. Ausscheidung des Eisens, Würzburg 1877 u. 1878.
21. v. Hösslin, Zeitschr. f. Biologie XVIII, 1882.
22. Bunge, Zeitschr. f. physiol. Chemie IX.
23. Meyer und Williams, Arch. f. exper. Pathol. u. Pharmakol. XIII, 1880.
24. Kobert, Dasselbe Arch. XVI, 1883.
25. Köllicker und Müller, Verh. d. physikal.-med. Gesellsch. zu Würzburg 1856.
26. Neuss, Dissertation, Greifswald 1881.
27. Gläveke, Arch. f. exper. Pathol. und Pharmakol. 1883, und Dissertation, Kiel 1883.
28. H. Schulz, Therapeut. Monatsh. II.
29. Quincke, Arch. f. Anatomie u. Physiol. 1868.
30. Damaskin, Arb. a. d. pharmakol. Inst. zu Dorpat. Ref. in Deutsch. med. Wochenschr. 1892, 23.
31. Hamburger, Zeitschr. f. physiol. Chemie II, 1878 u. IV 1880.
32. Kumberg und Busch, Arb. aus dem pharmakol. Institut zu Dorpat.
33. Jacobj, Dissertation, Strassburg 1887.
34. Zaleski, Arch. f. exper. Pathol. u. Pharmakol. XXIII, 1887.
35. Gottlieb, Dasselbe Arch. XXVI u. XXVIII.
36. Schmul, Dissertation, Dorpat 1891.
37. Kunkel, Arch. f. d. ges. Physiol. 1891, citirt bei Schmul (l. c.)
38. Schneider, Abhandl. d. Berl. Academ. d. Wissensch. 1888.
39. Derselbe, Arch. f. Physiol. 1890.
40. v. Hösslin (s. oben).

41. Oddi und Lo Monaco, Sperimentale 1891. Ref. in Centralbl. f. klin. Med. 1892.
42. Wunderlich, Versuch einer pathol. Physiol. des Blutes, 1845.
43. Bunge, Lehrb. der pathol. Physiol. Leipzig 1889.
44. Hale White, Guy's hosp. Rep. 1892.
45. Busch, Arb. des pharmakol. Inst. zu Dorpat VII, 1891. Ref. in Schmidt's Jahrb. B. 235.
46. Lépine, Semaine méd. 1892, 29. Ref. in Schmidt's Jahrb. B. 235.
47. Schmiedeberg, Centralbl. f. klin. Med. 1893. 45.
48. Filippi, Ziegler's Beitr. zur pathol. Anatomie etc. XVI. Ref. in Schmidt's Jahrb. B. 247.
49. Marfori, Arch. f. exper. Pathol. und Pharmakol. XXIX. Ref. in Centralbl. f. klin. Med. 1892.
50. Kündig, Deutsch. Arch. f. klin. Med. LIII.
51. v. Ziemssen, Münch. med. Wochenschr. 1894. Ref. in Schmidt's Jahrb. B. 245.
52. H. Schulz, Arch. f. exper. Pathol. u. Pharmakol. XIII. Ref. in Schmidt's Jahrb. B. 190.
53. Stierlin, Deutsch. Arch. f. klin. Med. XLV, 1889.
54. Laache, Deutsche med. Wochenschr. 1890, 5.
55. Kernig, Zeitschr. f. klin. Med. XXVIII.
56. Popoff, Berliner klin. Wochenschr. 1894, 2.
57. v. Ziemssen, Deutsch. Arch. f. klin. Med. LVI.
58. Mosler, Wiener med. Wochenschr. 1890, 1—3. Ref. in Schmidt's Jahrb. B. 225.
59. Dronke und Ewald, Berlin. klin. Wochenschr. 1892, 19—20.
60. Schlesinger, Arch. f. exper. Pathol. u. Pharmakol. XIII. Ref. in Schmidt's Jahrb. B. 190.
61. Köster, Leipziger Dissertation, Strassburg 1883. Ref. in Schmidt's Jahrb. B. 205.
62. Ranieri, Arch. ital. di Clin. med. 1894. Ref. in Centralbl. f. innere Med. 1895.
63. Murri, Riforma med. 1891. Ref. in Centralbl. für klin. Med. 1892.
64. Schulz und Strübing, Deutsche med. Wochenschr. 1887, 2.
65. Albrecht, Jahrb. f. Kinderheilk. XVIII, citirt bei Honigmann (l. c.)
66. Sticker, Zeitschr. f. klin. Med. XIV.
67. Pletzer, Berlin. klin. Wochenschr. 1887.
68. Honigmann, Zeitschr. f. klin. Med. XIX.
69. Preston, Journ. of the Americ. med. Assoc. 1895. Ref. in Deutsche med. Wochenschr. 1895, 40.
70. Hunter, Gaz. de Paris LXIII, 1893.
71. Pick, Wiener klin. Wochenschr. 1891, 50.

72. Anselm, Verh. der physikal.-med. Ges. z. Würzburg XXVIII. Ref. in Centralbl. f. innere Med. 1895.
73. Leube, Zeitschr. f. klin. Med. VI, 1883.
74. Penzoldt, Deutsch. Arch. f. klin. Med. LI, 1893.
75. Hauser, Zeitschr. f. klin. Med. XX, 1892.
76. Cahn, Berliner klin. Wochenschr. 1893, 24—25.
77. Ewald, Klinik der Verdauungskrankh. 1893.
78. Huber, Deutsch. Arch. f. klin. Med. XLVII, 1891.
79. Weir Mitchell, Behandl. der Neurasthenie. Berlin 1887.
80. Grützner, Deutsche med. Wochenschr. 1894, 48.
81. Speck, Arch. f. exper. Pathol. u. Pharmakol. XVII, 1883.
82. Egger, Verh. d. XII. Congr. f. innere Med. 1893.
83. Wolff und Koeppe, Münchn. med. Wochenschr. 1893, 11.
84. Miescher, Schweizer Corresp.-Bl. 1893, 24.
85. Mercier, Arch. de Physiol. XXVI, 1894.
86. Bum, Zeitschr. f. klin. Med. XV, 1888.
87. Keller, Schweizer Corresp.-Bl. 1889. Ref. in Schmidt's Jahrb. B. 224.
88. v. Hösslin, Münchn. med. Wochenschr. Ref. in Centralbl. f. klin. Med. 1891.
89. Winternitz, Hydrotherapie in v. Ziemssen's Handbuch.
90. Derselbe, Blätter f. klin. Hydrotherapie IV, 1894.
91. Grawitz, Zeitschr. f. klin. Med. XXI, 1892.
92. Zawadzky, Wracz 1889. Ref. in Schmidt's Jahrb. B. 231.
93. Keller, Schweizer Corresp.-Bl. 1891. 15. Ref. in Schmidt's Jahrb. B. 231.
94. Bouchard, Leçons sur les autointoxications, Paris 1887.
95. Köstlin, Fortschritte der Med. 1893, 18. Ref. in Centralbl. f. klin. Med. 1893.
96. R. Schmaltz, Jahresber. d. Ges. f. Natur- und Heilkunde zu Dresden 1892—93.
97. v. Noorden, Berliner klin. Wochenschr. 1895, 9.
98. Quincke, Verhandl. des XIII. Congr. f. innere Medicin. 1895.

II. Die Blutkrankheiten.

A. Die Anämien.

Unter der Bezeichnung „Anämie", „Blutarmuth" fasst man eine Reihe von Krankheitszuständen zusammen, deren gemeinsames Symptom eine Verminderung des Gehaltes des Blutes an rothen Blutkörperchen und an Hämoglobin, oder auch allein an Hämoglobin ist. In der Gruppe der Krankheiten, die durch dieses ziemlich lockere Band mit einander verbunden sind, hat man weiter, mit Berücksichtigung ätiologischer Momente und der Verschiedenheiten der Symptome und des Verlaufs, drei Formen der Anämie unterschieden: die secundären Anämien, die Chlorose und die progressive perniciöse Anämie. Und obgleich die in diesen Bezeichnungen eingeschlossene Annahme, dass bei der Chlorose und bei der perniciösen Anämie die Veränderungen am Blute das Primäre sind, wenigstens theilweise gewiss der Berechtigung entbehrt, so erscheint es doch zweckmässig, diese allgemein accepttirte Eintheilung vorläufig beizubehalten. Sie hat wenigstens insofern eine gewisse Berechtigung, als zu den „secundären Anämien" alle diejenigen Fälle gerechnet werden, bei denen die Blutveränderungen durch andere nachweisbare „primäre" Vorgänge vollkommen erklärt werden, während bei den anderen Anämieformen solche nachweisbare Ursachen fehlen oder, wenn sie vorhanden sind, in keinem Verhältniss zur Schwere der Bluterkrankung stehen.

1. Die secundären Anämien.

Die secundären Anämien können folgerichtig, da bei ihnen die Blutarmuth nur ein Symptom anderer und untereinander durchaus verschiedener Zustände ist, unter den Blutkrankheiten keinen Platz finden. Dennoch werden wir die Pathogenese und gewisse Besonderheiten dieser Anämieformen kurz besprechen, weil sich dabei manche Einzelheiten ergeben, die für das Verständniss der Pathologie des Blutes überhaupt von Interesse sind.

a. Die Anämie durch Blutverluste.

Ein plötzlicher Blutverlust tödtet, wie man annimmt, dann, wenn dem Körper etwa die Hälfte seiner gesammten Blutmenge auf einmal entzogen wird. Dabei darf aber das Eintreten des Todes nicht in erster Linie auf den Verlust eines grossen Theiles der rothen Blutkörperchen bezogen werden, da bekanntlich bei allmählich fortschreitenden Anämien, ohne unmittelbare Lebensgefahr, die Zahl der Erythrocyten auf eine halbe Million, ja noch tiefer sinken, also um weit mehr als die Hälfte abnehmen kann. Auch bei mehrfach wiederholten Blutverlusten, deren Gesammtmenge bei Weitem das oben angegebene Maass übersteigt, wird das Leben nicht nothwendigerweise gefährdet, wie häufige Erfahrungen an Kranken verschiedener Art beweisen. Quincke[5]) konnte Hunden innerhalb 4—5 Monaten allmählich sogar fast das Doppelte ihrer eigenen Blutmenge entziehen.

Der Grund, warum bei plötzlichen Blutungen schon der Verlust der Hälfte des Gesammtblutes verhängnissvoll zu werden pflegt, ist theils in dem dadurch bedingten Absinken des Blutdrucks mit seinen Folgen, theils in der Thatsache zu suchen, dass bei Blutungen alle Blutbestandtheile verloren gehen, während bei anderen Anämien das

Blutplasma und die Leukocyten in der Regel erhalten bleiben.

Grössere Blutverluste können bekanntlich, wenn sie nicht unmittelbar tödtlich sind, ausser den direct von der Anämie abhängigen Functionsstörungen des Gehirns, des Herzens u. s. w., noch andere schädliche Folgen für den Organismus haben. In erster Linie ist hier die Verfettung lebenswichtiger Organe (Herz, Leber, Nieren u. s. w.) zu nennen, die namentlich bei häufig wiederholten kleineren Blutungen sehr hohe Grade erreichen kann. Ferner treten zuweilen, namentlich nach Blutungen aus dem Digestions- und Genitalapparat, Sehstörungen auf, die theils rasch vorübergehen und dann als Anämie der Retina oder als Folge einer ödematösen Durchtränkung der Sehnerven- scheiden zu deuten sind (Rottmann[7]), theils aber auch zu dauernder, auf Neuroretinitis mit Atrophie der Nerven- elemente beruhender Amaurose führen (Hirschberg[8], Horstmann[9] u. A.).

Sofort nach dem Aufhören einer jeden Blutung be- ginnt, wenn nicht die Lebensenergie des Körpers auf's Aeusserste erschöpft ist, der Wiederersatz des ver- lorenen Blutes. Zuerst wird aus den Lymphspalten und den chylösen Gefässen Flüssigkeit in die Blutgefässe auf- genommen und die Blutmenge dadurch ziemlich rasch wieder hergestellt. Durch diesen Vorgang nimmt während der ersten Tage der relative Erythrocyten- und Hämo- globingehalt des Blutes noch weiter ab und erreicht nach 2—7 Tagen seinen niedrigsten Stand (Lyon, Laker, Bierfreund[10]), Kiefer[11] u. A.), und zwar überwiegt die Verarmung an Blutfarbstoff verhältnissmässig das Ab- sinken der Erythrocytenzahl (Otto, Koeppe[13] u. A.). Zugleich stellt sich eine Vermehrung der Leukocyten ein, die am Ende des ersten Tages ihr Maximum erreicht und dann allmählich zurückgeht, um am Ende der ersten Woche nochmals wiederzukehren (Ehrlich, Antoko- nenko[6]).

Die Neubildung der Blutzellen erfolgt beim Menschen

vorwiegend im Knochenmark, das, namentlich bei wiederholten Blutungen, roth gefärbt erscheint und grosse Mengen von kernhaltigen Erythrocyten enthält, während die Milz klein bleibt und keine Zeichen gesteigerter Blutbildung erkennen lässt (Cohnheim, E. Neumann[12]), Freiberg[14]), Antokonenko[6]) u. A.). Die Neubildung der gefärbten Elemente geht in so raschem Tempo vor sich, dass ein Theil davon in noch unreifem Zustande und mit einem Kern versehen in die Blutbahn gelangt; ausserdem finden sich in dieser Periode im strömenden Blute Schistocyten und Mikrocyten (Ehrlich, Köppe u. A.).

Die Regeneration des Hämoglobins, wofür höchstwahrscheinlich das in der Milz, im Knochenmark und in den Lymphdrüsen abgelagerte, von zerfallenen Blutzellen herstammende eisenhaltige Pigment verwendet wird (vgl. S. 51), hält mit der Neubildung der Blutkörperchen nicht gleichen Schritt, so dass bei der Blutungsanämie bis zuletzt die Oligochromämie die Oligocythämie überwiegt. Diese, schon von Quincke, Laache[2]) u. A. berichtete Thatsache wird durch folgendes Beispiel meiner Beobachtung illustrirt:

26jähr. Hausmädchen. Am 4., 6. und 15. Nov. 1893 Bluterbrechen; stark anämisches Aussehen; am 29. Dec. 1893 noch folgender Blutbefund: Zahl der rothen Blutkörperchen = 3,380,000 im cbmm, Hämoglobingehalt des Blutes = 5,25 %, specifisches Gewicht des Blutes = 1,041.

Die Zeit, die bis zur vollkommenen Wiederherstellung des Blutes verstreicht, ist um so länger, je grösser der Blutverlust war. Nach einer Berechnung von Bierfreund[10]) soll der Wiederersatz von je 0,7 Procent Hämoglobin 2—8 Tage in Anspruch nehmen. Die mittlere Regenerationszeit beträgt nach den Beobachtungen desselben Autors 17 Tage, bei Kindern und alten Leuten viel länger, bei gesunden Personen mittleren Alters nur 11—13 Tage, bei Männern 4—6 Tage weniger als bei Frauen. Bei chronisch Kranken (Tuberculöse, Krebskranke) geht der Blutersatz langsamer von Statten als bei früher gesunden Personen. Andere Autoren haben längere Zeiträume angegeben, und es ist wahrscheinlich, dass, auch abgesehen von kachectischen Zuständen, constitutionelle Eigenthümlichkeiten das Tempo der Blutneubildung beeinflussen.

In manchen Fällen nimmt die Anämie nach Blutverlusten einen bösartigen Verlauf und führt unter dem Bilde der progressiven perniciösen Anämie zum Tode. Ehrlich[15]), der bei Blutungsanämie immer an einem Theil der Erythrocyten Zerfallserscheinungen nachweisen konnte und dem anämischen Plasma blutlösende Eigenschaften zuschreibt, nimmt an, dass in diesen ungünstig verlaufenden Fällen die Regenerationsvorgänge von dem Blutzerfall überwogen werden. Es ist zu vermuthen, dass dabei der in seiner Widerstandskraft geschwächte Organismus ähnlichen Einflüssen unterliegt, wie sie überhaupt beim Zustandekommen der perniciösen Anämie eine Rolle spielen.

Literatur.

1. Immermann, Die allgemeinen Ernährungsstörungen. Ziemssen's Handb. XIII, 1879.
2. Laache, Die Anämie. Christiania 1883.
3. v. Limbeck, Grundriss einer klin. Pathologie des Blutes. Jena 1892.
4. A. Hoffmann, Constitutionskrankheiten. Stuttgart 1893.
5. Quincke, Deutsches Arch. f. klin. Med. XXXIII. 1883.
6. Antokonenko, Arch. des sciences biolog. etc. Petersb. 1893.
7. Rottmann, Berliner klin. Wochenschr. 1894, 30.
8. Hirschberg, Zeitschr. f. klin. Med. IV.
9. Horstmann, Dieselbe Zeitschr. V.
10. Bierfreund, Arch. f. klin. Chirurgie 1890.
11. Kiefer, Philadelphia med. News, Febr. 27th 1892.
12. E. Neumann, Zeitschr. f. klin. Med. III, 1881.
13. Köppe, Münchner med. Wochenschr. 1895, 39.
14. Freiberg, Dissertation, Dorpat 1892. Ref. in Schmidt's Jahrb. B. 235.
15. Ehrlich, Farbenanalytische Untersuch. etc. Berlin 1891.

b. Die Anämie durch Inanition.

Bei der Inanition verhält sich das Blut verschieden, je nachdem eine vollkommene Nahrungsenthaltung oder eine andauernde Unterernährung in Frage kommt.

Bei vollständiger Nahrungsentziehung nimmt, wie durch Versuche von Buntzen, Panum, Groll[2]) u. A. erwiesen ist, die Gesammtblutmenge, entsprechend der Abmagerung des übrigen Körpers ab, dagegen bleibt der Erythrocyten- und Hämoglobingehalt des Blutes annähernd unverändert, ja Raum[1]) fand sogar eine Zunahme des Blutfarbstoffes. Dagegen erfahren die Eiweisskörper des Plasmas eine wesentliche Beeinflussung. Ihre relative Gesammtmenge wird durch den Hungerzustand zwar oft nur wenig vermindert (Panum), aber das Mengenverhältniss der einzelnen Eiweissstoffe wird verschoben, indem das Serumalbumin abnimmt, während das Globulin eine Vermehrung zeigt (Burckhardt[3]), vgl. S. 77).

Ganz anders gestaltet sich offenbar das Verhalten des Blutes bei fortgesetzter ungenügender Ernährung, wie sie ja für die menschliche Pathologie fast ausschliesslich in Frage kommt; selbstverständlich muss auch einseitige Ernährung jeglicher Art als Unterernährung gelten.

Schon Bischoff und Voit und später Subbotin[4]) haben nachgewiesen, dass z. B. bei Fleischfressern unter ausschliesslicher Ernährung mit Brod eine Verarmung des Blutes an Hämoglobin eintritt; das Gleiche fand Subbotin bei einseitiger Fettnahrung. Und die Beobachtung von Morgenstern[6]), dass bei Hennen während des Brütens der Farbstoffgehalt des Blutes erheblich sinkt, ist wohl auch als Folge der Unterernährung zu deuten. Ferner haben Bizzozero und Torre[5]) gezeigt, dass bei fasten- den Fröschen die Production der rothen Blutkörperchen abnimmt.

In Widerspruch hierzu stehen freilich die Ergebnisse neuerer Untersuchungen von v. Hösslin[7]), der an heranwachsenden Hunden, unter dem Einfluss anhaltend schlechter Ernährung, wohl Zurückbleiben des Körpergewichtes, aber keine Anämie eintreten sah; v. Hösslin gesteht deshalb nur der Eisenarmuth der Nahrung einen anämisirenden Einfluss zu.

Beim Menschen ist es schwer, über diese Verhältnisse Klarheit zu erlangen. An Personen aller Altersklassen, die andauernd mangelhaft ernährt sind, fehlt es ja leider nicht, auch wird durch manche Krankheitszustände die Nahrungszufuhr eingeschränkt, und das blasse Aussehen solcher ungenügend ernährten Menschen verleitet häufig zu der Annahme, dass sie auch anämisch seien. Ob in Fällen dieser Art die Gesammtblutmenge herabgesetzt sein kann („Oligämie"), wissen wir nicht, und wir besitzen auch kein Mittel, diese Frage zu lösen. Dass aber, trotz bleicher Hautfarbe, der Erythrocyten- und Farbstoffgehalt des Blutes normal sein kann, lehrt die tägliche Erfahrung und ist an einem grossen Beobachtungsmaterial von Sahli[8]) und später von Oppenheimer[9]) dargethan worden. Ueber das Verhalten der Eiweissstoffe des Serums bei solchen, durch Hunger und anstrengende Arbeit in ihrem Ernährungszustand heruntergekommenen Individuen stehen noch Untersuchungen aus.

Ferner darf nicht unberücksichtigt gelassen werden, dass bei wirklich anämischen Personen neben dem Nahrungsmangel noch eine der anderen zahlreichen Ursachen, die zur Blutarmuth führen, wirksam sein kann. Namentlich ist dies nicht selten der Fall bei Krankheiten, welche die Ernährung beeinträchtigen, wie bei dem Carcinom des Oesophagus, bei der Gastrectasie u. s. w.

Immerhin bleiben Fälle von thatsächlich nachgewiesener Anämie übrig, die sich nicht anders, als durch Unterernährung erklären lassen. Ich selbst habe bei Kindern aus der armen Bevölkerungsklasse auffallend häufig niedrige Hämoglobinwerthe gefunden, und Lloyd Jones[10]) fand das specifische Gewicht des Blutes bei gut genährten Knaben durchschnittlich um 0,0032 höher, als bei Insassen des Arbeitshauses. Einen ausgezeichneten Fall von Anämie in Folge von Nahrungsmangel und anstrengender Arbeit theilt v. Limbeck in dem citirten Buche mit.

Literatur.

Handbücher wie in Abschnitt II, A, 1.

1. Raum, Arch. f. exper. Pathol. und Pharmakol. XXVIII, 1890.
2. Groll (mitgetheilt von Hermann), Arch. f. d. gesammte Physiol. XLIII. Ref. in Schmidt's Jahrb. B. 223.
3. Burckhardt, Arch. f. exper. Pathol. u. Pharmakol. XVI, 1883.
4. Subbotin, Zeitschr. f. Biologie VII, 1871.
5. Bizzozero und Torre, Virchow's Arch. B. 95.
6. Morgenstern, Wiener Jahrb. 1886. Ref. in Schmidt's Jahrb. B. 213.
7. v. Hösslin, Münchner med. Wochenschr. 1890, 38. 39.
8. Sahli, Schweizer Corresp.-Bl. 1886, 20—21.
9. Oppenheimer, Deutsche med. Wochenschr. 1889, 42—44.
10. Lloyd Jones, Journ. of Physiol. XII, 1891.

c. Anämie als Folge anderer Krankheiten.

Es ist kaum möglich, hier auf alle Vorgänge einzeln hinzuweisen, welche dieser Form der Blutarmuth zu Grunde liegen können, vermögen doch fast alle Krankheiten einen anämisirenden Einfluss auszuüben. Ja, es ist wahrscheinlich, dass auch das Gebiet der sogenannten primären Anämien immer mehr zu Gunsten der secundären Anämie toxischen und infectiösen Ursprungs eingeengt werden wird. Ich beschränke mich deshalb darauf, die Hauptsachen hervorzuheben.

Die Anämie, die eine Begleiterscheinung vieler Infectionskrankheiten ist, müssen wir, abgesehen von der Malaria, deren Parasiten ja in den rothen Blutkörperchen selbst leben, theils auf eine Einwirkung der, von den Krankheitserregern erzeugten Gifte, theils auf den deletären Einfluss des Fiebers beziehen. Ausserdem kommt bei manchen Krankheiten auch eine Beeinträchtigung der Ernährung in Betracht.

Der schädigende Einfluss der Bacterienproducte auf das Blut, abgesehen von der dadurch erzeugten Leukocytose, ist namentlich durch italienische Forscher studirt worden.

Bianchi-Mariotti[1]) fand, dass die löslichen Producte der pathogenen Spaltpilze (von Typhus, Milzbrand, Bac. pyocyaneus, Streptococcus pyogenes, Cholera), wenn sie in die Blutbahn gebracht werden, das isotonische Verhalten des Blutes ändern und seinen Hämoglobingehalt vermindern. Maragliano[2]) und Castellino[3]) konnten die, für die Blutkörperchen schädlichen Eigenschaften, die das Blutplasma bei den Infectionskrankheiten (Typhus, Pneumonie, Erysipel, Tuberculose) erhält, direct nachweisen: die Erythrocyten gingen in solchem Plasma zu Grunde und das ausgetretene Hämoglobin wurde zum Theil zersetzt, während die Blutzellen in gesundem Plasma erhalten bleiben. An den Kranken machte sich die Schwächung der im Blut circulirenden rothen Zellen durch eine Abnahme ihrer Widerstandsfähigkeit gegen lösende Einflüsse geltend (auch von Limbeck macht ähnliche Angaben).

Die Annahme, dass eine Erhöhung der Körpertemperatur an und für sich anämisirend wirke, hat durch Experimente von Werhowsky[6]) eine Bestätigung erhalten. Dieser Forscher fand, dass unter dem Einfluss einer anhaltenden künstlichen Erhöhung der Eigenwärme um 2—3° bei Thieren der Hämoglobingehalt des Blutes und die Erythrocytenzahl abnimmt; als Folge der Blutzerstörung wurde Hämosiderinablagerung in der Milz und im Knochen- · mark nachgewiesen.

Eine Beschränkung der Ernährung kann schon durch die meist vorhandene Appetitlosigkeit bedingt sein und wird noch gesteigert, wenn durch profuse Diarrhöen, wie beim Typhus, der Darminhalt abnorm rasch fortbewegt und entleert wird.

Als Folge dieser schädigenden Einflüsse kommt bei verschiedenen Infectionskrankheiten Anämie zur Beobachtung; so bei Typhus, Scharlach, Masern, Syphilis, Tuberkulose (Zäslein, Hlava, Widowitz[8]), Tumas[7]), Castellino[3]), Loos[10]), Neumann und Konried[11]), Strauer[14]), Neubert[12]) u. A.)*).

Die Abnahme der Erythrocytenzahl entspricht auch hier nicht immer dem Grad der Hämoglobinverarmung, wie folgende Zahlen aus der Arbeit von Tumas beweisen:

I. 14jähr. Mann, Typhus abdominalis; am 24. Krankheitstage 4,120,000 rothe Blutkörperchen im cbmm, Hämoglobingehalt $= 8\frac{1}{2}$ Procent.

II. 25jähr. Frau, Typhus abdominalis; am 29. Krankheitstage 3,790,000 rothe Blutkörperchen im cbmm, Hämoglobingehalt $= 8$ Procent.

Bei der tuberkulösen Lungenphthise erweist sich auffallender Weise, im Gegensatz zu dem anämischen Aussehen der Kranken, das Blut für die klinische Untersuchung zuweilen ganz oder annähernd normal. Ich fand z. B. an einigen Kranken dieser Art die folgenden Zahlen für das specifische Gewicht des Blutes:

I. 42jähriger Mann 1,051,
II. 13 „ „ 1,062,
III. 20jährige Frau 1,055,
IV. 48 „ „ 1,056,
V. 35 „ „ 1,053,
VI. 24 „ „ 1,050,
VII. 16 „ „ 1,063.

Und auch von Anderen ist die Thatsache hervorgehoben worden, dass der Blutbefund bei Phthisikern häufig in Widerspruch zu ihrem reducirten Ernährungszustand steht. Ich habe früher die Vermuthung ausgesprochen[13]), dass diese auffallenden Befunde wohl dadurch erklärbar seien, dass bei diesen Kranken in Folge der, durch Lungeninfiltrate und Herzschwäche bedingten Circulationsstörungen eine Anhäufung der geformten Blutelemente in der Peripherie eintrete und somit der normale Blutbefund nur vorgetäuscht werde. Kürzlich hat dann Grawitz[15]) nachgewiesen, dass sich aus tuberkulösen Herden Stoffe extrahiren lassen, die, in's Blut gebracht, eine lymphagoge Wirkung ausüben; er vermuthet, dass bei Phthisikern durch die Einwirkung dieser Substanzen das Blut eingedickt und die Anämie verdeckt werde. Vielleicht spielen beide Momente eine Rolle; auch ist nicht ausgeschlossen, dass es sich in solchen Fällen um eine relative Verminderung der Gesammtblutmenge handele.

Blutarmuth kommt weiter noch bei zahlreichen anderen, nicht infectiösen Krankheiten zu Stande, und zwar nimmt man jetzt bei einem Theil derselben an, dass die Blutverarmung, wie überhaupt die dabei beobachteten tiefen Ernährungsstörungen durch Gifte erzeugt werden, die von dem Krankheitsherde aus in die Circulation gelangen. Es gilt dies namentlich von der Kachexie bei malignen Tumoren (Klemperer[16, 17]) u. A.), wobei die Erythrocytenzahl und das Hämoglobin oft enorm abnehmen (Laker, Leichtenstern, Eichhorst, Haeberlin[18]), während zugleich eine, bisweilen nicht unbeträchtliche Leukocytose auftritt. Dass auch in diesen Fällen die Blutfarbstoffverarmung die Oligocythämie überwiegen kann, beweist folgender, von mir beobachtete Fall:

62 jährige Frau. Carcinoma ventriculi et hepatis; Zahl der rothen Blutkörperchen = 3,352,000 im cbmm, Hämoglobingehalt = 5,6%, specifisches Gewicht des Blutes = 1,039.

Grawitz[15]) nimmt auch für das Zustandekommen dieser Anämien eine Betheiligung von Stoffen an, die, aus den malignen Tumoren stammend, die Lymphbildung beeinflussen sollen, aber in umgekehrtem Sinne, wie bei der Tuberkulose, nämlich durch Anregung eines Säftestromes aus den Geweben in das Blut.

Eine weitere Quelle für giftige Krankheitsproducte, die in die Circulation aufgenommen werden und hier deletär auf das Blut wirken können, ist in abnormen Zersetzungsproducten im Magendarmkanal gegeben (Senator[20]), Bouchard[21]) u. A.); namentlich durch Hunter[22]) ist in neuerer Zeit wiederholt darauf hingewiesen worden, dass unter solchen Einflüssen im Gefässsystem des Digestionstractus eine stark gesteigerte Hämatolyse eintreten kann. Wie rasch Verdauungsstörungen unter Umständen von Anämie gefolgt sind, ist ja bekannt, und besonders bei Kindern kann man diesen Zusammenhang, bei dem Auftreten stark übelriechender Stühle, in auffallender Weise beobachten. An Thieren sah Vanni[23]) durch künstlich bewirkte Koprostase schon nach wenig Tagen Hämatolyse eintreten.

Aehnliche Vorgänge werden wahrscheinlich auch der Anämie der Nephritiker (Rosenstein[24]), v. Ziemssen[25]) zu Grunde liegen, nur entstehen hier die giftigen Substanzen in den Geweben selbst und werden durch die erkrankte Niere im Blut zurückgehalten. Ferner kommt in diesen Fällen offenbar auch die, durch mangelhafte Wasserausscheidung bedingte Hydrämie (Hammerschlag[28]) in Frage.

Bei manchen Anämien ist der Zusammenhang mit dem primären Leiden noch dunkel. Wir wissen z. B. nicht, ob die Blutarmuth, die häufig in der Begleitung der Rachitis auftritt, toxischen Ursprungs ist, oder ob der rachitische Process die blutbildenden Organe (vor Allem das Knochenmark) selbst afficirt; auch die Verdauungsstörungen, die ja in vielen Fällen von Rachitis eine Rolle spielen, ferner die Behinderung der Respiration u. s. w. können bei der Erzeugung der Anämie betheiligt sein. Die Leukocytose, die gerade diese Anämieform nicht selten complicirt (Kuttner[26]), Felsenthal[27]), würde mit keiner von diesen Annahmen in Widerspruch stehen. Felsenthal u. A. fanden bei schwerer Rachitis gekernte rothe Blutkörperchen in grösserer Zahl im strömenden Blute, eine Erscheinung, die auf lebhafte Blutneubildung hindeutet.

Literatur.

Handbücher wie bei Abschnitt II, A, 1.

1. Bianchi-Mariotti, Wiener med. Presse 1894, 36.
2. Maragliano, Verh. des XI. Congr. f. innere Med. 1892.
3. Castellino, Gaz. degli ospitali 1891. Ref. in Centralbl. f.
   klin. Med. 1892.
4. Maragliano, Berliner klin. Wochenschr. 1887.
5. Derselbe, Wiener med. Blätter 1891, 40.
6. Werhowsky, Verh. des XIII. Congr. f. innere Med. 1895.
7. Tumas, Deutsches Arch. f. klin. Med. XLI, 1887.
8. Widowitz, Jahrb. f. Kinderheilk. XVII und XVIII, 1888.
9. Sadler, Fortschr. d. Medicin X, 1892.
10. Loos, Wiener klin. Wochenschr. 1892, 20.
11. Neumann und Konried, Wiener klin. Wochenschr. 1893, 19.
12. Neubert, Petersb. med. Wochenschr. 1889, 32. Ref. in
    Schmidt's Jahrb. B. 225.
13. R. Schmaltz, Deutsche med. Wochenschr. 1893, 51.
14. Strauer, Zeitschr. f. klin. Med. XXIV.
15. Grawitz, Deutsche med. Wochenschr. 1893, 51.
16. Klemperer, Zeitschr. f. klin. Med. XVI, 1889.
17. Derselbe, Charité-Annalen XV, 1890.
18. Haeberlin, Münchner med. Wochenschr. 1887, 22.
19. v. Noorden, Lehrb. der Pathol. des Stoffwechsels, 1893.
20. Senator, Zeitschr. f. klin. Med. VII, 1884.
21. Bouchard, Leçons sur les autointoxications etc., Paris 1887.
22. W. Hunter, Gaz. de Paris 1893, 1—16.
23. Vanni, Morgagni 1893, 9. Ref. in Centralbl. für innere Med. 1894.
24. Rosenstein, Pathologie der Nierenkrankh., Berlin 1886.
25. v. Ziemssen, Deutsches Arch. f. klin. Med. XXI, 1892.
26. Kuttner, Berliner klin. Wochenschr. 1892, 45.
27. Felsenthal, Arch. f. Kinderheilk. Ref. in Schmidt's Jahrb. B. 239.
28. Hammerschlag, Zeitschr. f. klin. Med. XXI.

2. Die Chlorose.

Als Chlorose, Bleichsucht im engeren Sinne, bezeichnet
man eine scheinbar spontan, oder nach verhältnissmässig
geringfügigen Ursachen entstehende Anämie, die durch
das Fehlen aller Zeichen von Kachexie charakterisirt ist
und fast ausschliesslich bei dem weiblichen Geschlecht im
Entwickelungsalter vorkommt[5]).

Schmaltz, Blutkrankheiten.   10

Ausnahmsweise erkranken auch Kinder unter 12 Jahren und Frauen jenseits des dritten Lebensjahrzehntes an Chlorose; erst kürzlich hat R i e d e r [6]) gut beobachtete Fälle mitgetheilt, die Frauen von 36, 40 und 42 Jahren betrafen. Das Vorkommen der Bleichsucht beim männlichen Geschlecht wird von Manchen völlig geleugnet, von Anderen behauptet. Zweifellos erkranken junge Leute in der Zeit der Pubertätsentwickelung nicht selten unter denselben Umständen an Anämien, wie junge Mädchen, doch leidet dabei in der Regel, im Gegensatz zur echten Bleichsucht, der gesammte Ernährungszustand. Nach W u n d e r - l i c h [1]) sollen namentlich solche Knaben bleichsüchtig werden, die überhaupt einen mädchenhaften Habitus zeigen und auch weibische Beschäftigungen treiben (z. B. Schneider).

Ueber die A e t i o l o g i e der Chlorose ist wenig bekannt. Erbliche Anlage spielt zweifellos eine grosse Rolle; das Vorkommen der Krankheit in mehreren Generationen derselben Familie deutet, selbst wenn man die Häufigkeit der Bleichsucht überhaupt in Betracht zieht, entschieden auf Vererbung hin.

V i r c h o w hat bekanntlich die Meinung ausgesprochen, dass die Chlorose auf einer mangelhaften Entwickelung des Gefässsystems beruhe; dem widerspricht aber in vielen Fällen der acute oder subacute Verlauf und die Thatsache, dass viele Kranke niemals oder nur während der Dauer der Blutarmuth Krankheitserscheinungen am Circulationsapparat darbieten. Die angeborene Enge des Aortensystems verursacht allerdings nicht selten Blutarmuth, diese ist aber meist von langer Dauer und zeigt nicht immer die charakteristischen Eigenschaften der Chlorose. Die Hypoplasie der Kreislaufsorgane kann also nur für einen Theil der Fälle von echter Bleichsucht als Ursache gelten.

Eine entschiedene Disposition zur Erkrankung wird offenbar durch die Vorgänge bedingt, die mit der Entwickelung der weiblichen Geschlechtsorgane verknüpft sind. Diese, früher allgemein angenommene, Thatsache wurde eine Zeit lang angezweifelt, ist aber mit Recht neuerdings

wieder von A. Hoffmann[5]) u. A. betont worden. Der
nähere Zusammenhang ist freilich durchaus unklar. Hoffmann vermuthet, dass von den Genitalien aus ein Reiz
auf den Nervus sympathicus ausgeübt werde und durch
dessen Vermittelung eine Schädigung der Blutbildung zu
Stande komme. Auch Krüger[7]) fasst die Krankheit als
Reflexneurose des Sympathicus auf.

Anomalien in der Functionirung des Sexualapparates
sind ja eine der häufigsten Begleiterscheinungen der Bleichsucht, wenn auch im einzelnen Falle oft schwer zu entscheiden ist, welches Leiden als das primäre betrachtet
werden muss. Aber Hoffmann betont mit Recht, dass
auch geringfügige, kaum bemerkbare Störungen, ja bei
disponirten Individuen vielleicht schon die normale Evolution einen wirksamen Reiz abgeben können.

Bunge[8]) hat auf die von ihm und Zaleski[9]) nachgewiesene Thatsache, dass dem Neugeborenen vom mütter-
lichen Organismus ein Vorrath von Eisen in der Leber
mitgegeben wird, die Hypothese gegründet, dass die Auf-
speicherung dieses für künftige Conceptionen nothwendigen
Eisens bei dem heranwachsenden Mädchen die Neigung zur
Eisenverarmung des Blutes und zur Chlorose bedingen könnte.

Die Bleichsucht kommt nicht selten scheinbar spontan,
unter den günstigsten Aussenbedingungen zum Ausbruch,
in manchen Fällen sind aber Schädlichkeiten psychischer
oder körperlicher Natur vorausgegangen, die, theilweise
gewiss mit vollem Recht, als Gelegenheitsursachen der
Erkrankung gelten. Geistige Anstrengung (Schulkinder),
Kummer und Sorge, getäuschte Hoffnungen spielen hier
eine Rolle, auch heftiger Schreck scheint meiner Erfahrung
nach die Entwickelung der Chlorose veranlassen zu können.
Schon von Wunderlich[1]) und neuerdings von Rosenbach[10]) wurde das häufigere Vorkommen der Chlorose
im Frühjahr und Sommer betont, während Murri[11]) eine
besondere hiemale Form unterscheiden will; zuweilen
schliesst sich die Erkrankung an einen Klimawechsel an.

Ferner sind als körperliche Schädigungen zu nennen:

gesundheitswidrige Lebensweise, besonders zu wenig oder zu viel und zu anstrengende Bewegung (Dienstmädchen), ungesunde Wohnräume, mangelhafte Ernährung, unzweckmässige Kleidung, namentlich enggeschnürte Corsets mit ihren verhängnissvollen Folgen für die Lagerung der Brust- und Bauchorgane (Meinert[54]).

Von manchen Seiten werden anderweite pathologische Vorgänge im Körper selbst verantwortlich gemacht, namentlich Autointoxicationen vom Verdauungskanal aus. Besonders hat Sir Andrew Clark auf die bei Chlorotischen häufige Obstipation hingewiesen und die Vermuthung ausgesprochen, dass, im Darmkanal in abnormer Menge entstehende Zersetzungsproducte in das Blut gelangen und hämatolytisch wirken können. In der That vermag schon Obstipation allein die Darmfäulniss erheblich zu steigern (v. Pfungen[12]), aber durch Untersuchungen, die von Rethers[13]) unter v. Noorden's Leitung ausgeführt worden sind, ist nachgewiesen, dass bei bleichsüchtigen Kranken die Zeichen gesteigerter Darmfäulniss meist fehlen (unter 18 Kranken fand sich bei 14 der Gehalt des Harns an gepaarten Schwefelsäuren nicht vermehrt), und damit ist der obigen Annahme der Boden entzogen.

Es ist überhaupt nicht wahrscheinlich, dass die Chlorose durch eine Steigerung des Blutzerfalls zu Stande kommt. Wenn dies der Fall wäre, so müssten die vom Hämoglobin abstammenden Farbstoffe im Koth und Harn eine Vermehrung erfahren (Immermann[2]), v. Noorden[14]), eine solche wird aber nach den Untersuchungen von Hoppe-Seyler, Garrod und v. Noorden nicht gefunden. Man muss demnach annehmen, dass die Blutbildung beeinträchtigt ist, dass der Krankheitsprocess bei der Chlorose in den blutbereitenden Organen wurzelt. Die geistreiche Hypothese Immermann's, dass diese „functionelle Anergie der cytogenen Apparate" im Zusammenhang mit der von Virchow angenommenen Hypoplasie des Gefässsystems, auf eine mangelhafte Anlage des parablastischen Keimblattes, aus dem ja die Gefässe und ihr Inhalt hervorgehen, zurückzuführen sei, kann, gleich der Virchow'schen Annahme, nur auf gewisse schwere, chro-. nische oder hartnäckig recidivirende Fälle Anwendung finden.

v. Hösslin [15]), der bei Bleichsüchtigen Hämatin im Koth nachweisen konnte, verweist die Chlorose auf Grund dieser Befunde in das Gebiet der Blutungsanämien und sucht die Quelle der Blutungen in Erosionen der Magen- und Darmschleimhaut.

Symptome und Verlauf. Die Chlorose beginnt meist allmählich; nur selten tritt sie so plötzlich auf, dass alle ihre Erscheinungen im Laufe von wenig Tagen zur vollen Entwickelung kommen. Meist klagen die Kranken zuerst über rasche Ermüdbarkeit und ein lästiges Gefühl von Schwäche in den Gliedern, während die Blässe der Haut oft noch wenig bemerkbar ist. Es stellen sich Kopfschmerz, Schwindel, Ohrensausen ein, ferner Herz- klopfen und Kurzathmigkeit, besonders beim Treppen- steigen, ja schon beim Gehen auf ebenem Boden. Mit der Zunahme der Anämie wird die Schwäche immer grösser, zuweilen so erheblich, dass selbst kurzdauerndes Stehen unmöglich wird. Das Schlafbedürfniss wächst, während der Schlaf zwar meist ungestört ist, aber keine Erquickung gewährt.

Das Hauptsymptom der Krankheit, die Bleichsucht, tritt in sehr verschiedenen Abstufungen auf. Es giebt Kranke, deren rothe Wangen bei oberflächlicher Betrach- tung das Bild der Gesundheit vortäuschen, ja selbst die sichtbaren Schleimhäute können eine ziemlich gute Färbung bewahren, und nur etwa der gelbliche Grundton der Haut deutet auf das bestehende Leiden hin. Ich erinnere mich eines solchen Falles, in dem dann die Blutuntersuchung einen Hämoglobinverlust von 40 Procent ergab. Das sind aber Ausnahmen („Chlorosis rubra"), in der Regel ist die Hautfarbe bleich, in ausgesprochenen Fällen marmorweiss, oft mit einem gelblichen oder grünlichen (χλωρός) Farben- ton, bei Brünetten mehr grau. Auch die Conjunctiva ist fast farblos, Zunge und Zahnfleisch sind blassrosa gefärbt.

Dabei hat der Ernährungszustand in reinen Fällen von Chlorose nicht gelitten, ja das Unterhautfettgewebe kann sogar ziemlich stark entwickelt sein.

Die Untersuchung des Blutes ergiebt in deutlich entwickelten Fällen sehr ausgesprochene Veränderungen. Schon makroskopisch zeigt der, aus einer Stichwunde hervorquellende Blutstropfen ein blasses, wässeriges Aussehen. Bei der mikroskopischen Untersuchung fällt die mangelhafte Geldrollenbildung der, übrigens meist normal gestalteten rothen Blutkörperchen auf. Poikilocytose kommt selten vor, dagegen zeigen manche Erythrocyten am gefärbten Präparat die anämische Degeneration Ehrlich's (vgl. S. 45). Ziemlich häufig und namentlich bei schweren, hartnäckigen Fällen finden sich kernhaltige Erythrocyten, bisweilen auch Megaloblasten (Hammerschlag[16]).

Die Anzahl der rothen Blutkörperchen ist nicht immer erheblich vermindert, ja sie kann sogar, auch in schwereren Fällen, normal oder fast normal bleiben. Dagegen sind der Hämoglobingehalt und das specifische Gewicht des Blutes stets beträchtlich herabgesetzt, nicht selten bis zu äusserst niedrigen Werthen. Folgende Tabelle enthält einige Beispiele meiner Beobachtung.

	Alter	Zahl der roth. Blutkörp. in 1 cbmm	Hämoglobingehalt des Blutes	Spec. Gewicht des Blutes
I.	25	4,208,000	7,0 %	1,044
II.	17	3,096,000	6,5 %	1,044
III.	21	2,852,000	6,0 %	1,041
IV.	15	4,144,000	5,0 %	1,039
V.	20	2,728,000	5,0 %	1,038
VI.	16	2,448,000	5,3 %	1,039
VII.	19	4,400,000	5,0 %	1,038
VIII.	18	3,360,000	5,0 %	1,039
IX.	20	3,604,000	4,5 %	1,041
X.	17	3,364,000	4,2 %	1,035
XI.	25	3,876,000	5,5 %	1,043
XII.	19	4,164,000	6,6 %	1,049
XIII.	15	4,512,000	8,4 %	1,044

(Die Kranken waren sämmtlich weiblichen Geschlechts.)

Das specifische Gewicht des Blutes kann noch viel tiefer sinken, als in den hier verzeichneten Fällen, Werthe von 1,030 sind keine Seltenheit; auch der Hämoglobingehalt kann noch weit unter $4^0/_0$ herabgehen.

Aus dieser Tabelle ist ersichtlich, dass selbst in schweren Fällen von Chlorose, wobei das Blut mehr als zwei Drittel seines Hämoglobins verloren hat, die Erythrocytenzahl fast normal bleiben kann, eine Thatsache, die schon Becquerel und Rodier bei ihren vor 50 Jahren veröffentlichten Untersuchungen an dem Blute Anämischer aufgefallen ist[18]). Ja ein völliger Parallelismus zwischen dem Verhalten der Blutkörperchenzahl und der Hämoglobinmenge findet sich sogar bei der Chlorose fast nie. Wir haben früher gesehen, dass diese Disharmonie auch bei den verschiedenen Formen der secundären Anämie beobachtet wird; aber so starke Contraste in dem Verhalten der beiden Grössen, wie sie sich in den Fällen I, IV, VII, XII und XIII der obigen Tabelle darbieten, kommen nur bei der Chlorose vor.

Diese Erscheinung ist vielfach als pathognomonisch für die Bleichsucht bezeichnet worden (Duncan, Hayem[19]), Gräber, Maucher[20]), Dehio[21]), und man hat die Diagnose der Chlorose an das Vorhandensein derselben binden wollen; aber im Hinblick auf die abweichenden Erfahrungen, wie sie in Fall III und VI unserer Tabelle repräsentirt sind, ist diese Anschauung nicht haltbar. Es ist ferner von Quincke u. A. der Versuch gemacht worden, auf Grund dieses Verhaltens des Blutes verschiedene Formen der Chlorose aufzustellen. Ich halte aber eine solche Differenzirung in Uebereinstimmung mit v. Jaksch[22]), v. Limbeck[23]) und Hoffmann[5]) vorläufig nicht für durchführbar, weil die Gegensätze im Blutbefund allein, bei dem Mangel anderer Unterschiede in den klinischen Erscheinungen, kaum dazu berechtigen.

Hämoglobinarmuth der rothen Blutkörperchen findet sich überall da, wo Blutneubildung in raschem Tempo stattfindet. Bei der Chlorose bleibt, offenbar in Folge des geschwächten Zustandes der blutbildenden Organe, die Hämoglobinproduction in abnormer Weise hinter der Erythrocytenbildung zurück, ohne dass letztere gesteigert wäre. Dies ist, nach unseren jetzigen Kenntnissen, die wahrscheinlichste Erklärung.

Entsprechend ihrer Verarmung an Hämoglobin, ist auch der Stickstoffgehalt der rothen Blutkörperchen (v. Jaksch[24]) und ihr Eisengehalt stark herabgesetzt.

Die Zahl der Leukocyten ist im chlorotischen Blute selten gesteigert, meist normal, zuweilen auffallend gering; die Verdauungsleukocytose nach Eiweissnahrung zeigt sich abnorm spärlich und wird nur nach sehr reichlichen Mahlzeiten beobachtet (R. Müller[25]). Zuweilen finden sich im Blute die Cornil'schen Markzellen, grosse protoplasmaarme Leukocyten mit neutrophiler Körnung (Hammerschlag[16]).

Die Blutplättchen treten in vermehrter Anzahl im Blute auf (Litten[26]).

Ueber das Verhalten des Blutplasmas bei der Chlorose ist noch wenig bekannt. Sein specifisches Gewicht wird in der Regel normal gefunden (Hammerschlag[18]), was schon darauf hindeutet, dass auch sein Gesammteiweissgehalt nicht wesentlich verändert sein kann, und in der That wird dies durch Untersuchungen von v. Jaksch[27]) bestätigt. Ob im Verhältniss der verschiedenen Eiweissstoffe des Plasmas eine Aenderung eintritt, ist nicht bekannt; da aber nach v. Noorden's[28]) Untersuchungen bei der Chlorose der Eiweiss-Stoffwechsel, entgegen früheren Anschauungen, in normaler Weise vor sich geht, ist dies kaum zu erwarten.

Die Trockensubstanz des Blutes erweist sich, wie bei anderen Anämien, theilweise sehr erheblich reducirt (Stintzing und Gumprecht[29]) u. A.). Seine Alkalescenz scheint normal oder wenig gesteigert zu sein (Gräber, Peiper[30]), Kraus[31]), Rumpf[32]), nur v. Jaksch[33]) fand sie herabgesetzt.

Ausser am Blut, treten bei chlorotischen Kranken auch

an anderen Organen erhebliche Störungen auf, die wir grossentheils als Folgen der Blutveränderung aufzufassen haben, die aber in manchen Fällen im Vordergrunde der klinischen Erscheinungen stehen.

An der äusseren Haut fällt zuweilen, neben der bleichen Hautfarbe, ein Schwund des früher vorhandenen Pigments auf, auch die Haare können eine hellere Färbung annehmen (Wunderlich). Umgekehrt zeigen sich neue Pigmentansammlungen und bräunliche Verfärbung der Haut an der Rückseite der Finger in der Gegend der Interphalangealgelenke (Pouzet[34]). Sehr häufig finden sich, als Folge von Ernährungsstörungen der Gefässwände, ödematöse Anschwellungen, meist auf die Füsse, namentlich die Knöchelgegend beschränkt, seltener auch im Gesicht und an anderen Körperstellen.

Im Gebiet des Nervensystems wurden schon als frühe und sehr häufige Symptome Kopfschmerz, Schwindel und Ohrensausen erwähnt, Erscheinungen, die recht quälend werden können und oft die erste Veranlassung zur Herbeiziehung ärztlicher Hülfe abgeben. Die Gemüthsstimmung ist häufig deprimirt; dabei sind die Kranken reizbar und empfindlich und zeigen ein verändertes, unberechenbares Wesen. Ausgesprochen hysterische Störungen gehören ebensowenig wie schwerere neurasthenische Erscheinungen zum Bilde der Chlorose, treten aber zuweilen als Complicationen auf. Ja, es kann sogar unter dem Einfluss der Schädigungen, welche jeder schwere anämische Zustand für das Nervensystem mit sich bringt, bei disponirten Individuen zum Ausbruch echter Hysterie kommen. Im Gebiet der Sinnesorgane machen sich eigenthümliche Perversitäten des Geschmacks und Geruchs, eine Vorliebe für widerlich riechende oder schmeckende, ja für ganz unverdauliche Stoffe, wie Bleistiftspitzen, Kreide, Erde u. s. w. geltend („Picae"). Die bekannte Neigung vieler Chlorotischen für saure Speisen und Getränke soll nach der Vermuthung von Rosenbach[10]) auf einem gesteigerten Säurebedürfniss des Organismus beruhen.

Wie bei der Blutungsanämie kommen auch bei der Chlorose Sehstörungen vor, doch mit wesentlich besserer Prognose; sie gehen hier mit den übrigen Symptomen der Anämie zurück (Litten u. Hirschberg[35]), Gowers, Bitsch u. A.). In seltenen Fällen steigert sich die motorische Schwäche der Chlorotischen zu ausgesprochenen Paresen, die dann mit Erhöhung der Sehnenreflexe einherzugehen pflegen (Kahler[36]).

Zuweilen treten Symptome auf, die an das Bild des Morbus Basedowii erinnern: Vergrösserung der Schilddrüse, Vortreten der Bulbi, Palpitationen, ja der Symptomencomplex der Basedow'schen Krankheit kann sogar zu voller Entwickelung kommen (Chvostek[37]). Doch hat diese Complication in der Regel keine ernstere Bedeutung, vielmehr verschwindet sie bei der Heilung des Grundleidens mit dessen übrigen Symptomen. Eine abnorme Labilität der Gefässinnervation giebt sich in dem raschen Farbenwechsel des Gesichtes und in den häufig zu beobachtenden, von Schmall[38]) u. A. beschriebenen sichtbaren Pulsationen der Netzhautarterien kund.

Bei der Auscultation der Halsgefässe hört man bekanntlich bei vielen Chlorotischen in der fossa supraclavicularis, in der Gegend des Bulbus venae jugularis, ein fortgesetztes, in seiner Intensität oft rhythmisch zu- und abnehmendes Sausen: „Bruit de diable", „Nonnensausen". Dieses Geräusch kommt aber auch bei Gesunden nicht selten vor, während es bei Anämischen häufig vermisst wird; die ihm früher beigelegte diagnostische Bedeutung besitzt es deshalb nicht (vgl. hierüber aus neuerer Zeit die Statistik von Bewley[39]). Dasselbe gilt von einem zischenden Geräusch, das man ziemlich häufig in den Carotiden und den Arteriae subclaviae, isochron mit der Herzsystole und mit inspiratorischer Verstärkung, wahrnehmen kann.

Am Herzen zeigen sich in vielen Fällen ernstere Symptome, bedingt durch die Ernährungsstörung, die das Myocard in Folge der abnormen Blutbeschaffenheit erleidet und die sogar zur Verfettung der Muskelfibrillen führen kann. Die Kranken klagen über Herzklopfen und Kurzathmigkeit bei geringen Anstrengungen, in schweren Fällen tritt schon beim Stehen Schwindel und ohnmachtartige Schwäche ein. Der Puls ist frequent und weich, nicht selten dicrot. Die Herzdämpfung ist häufig verbreitert, nach rechts bis zum rechten Rand des Brustbeines, nach links bis zur Mamillarlinie und darüber hinaus. Der Spitzenstoss rückt nach aussen bis 11—13 cm links von der Mittellinie und wird in weiterem Bezirk scheinbar kräftiger fühlbar, weil das Herz der Thoraxwand mit einem grösseren Theil seiner Vorderfläche anliegt als normal. Theilweise ist dies bedingt durch die Dilatation des geschwächten Herzens, in manchen Fällen aber auch durch einen abnorm hohen Stand des Zwerchfelles, der auch die obere Herzgrenze und die Leberdämpfung aufwärts verschieben kann (Wallerstein[40]), Fr. Müller[41]).

Sehr häufig, meiner Erfahrung nach etwa bei zwei Drittel aller Fälle, wird am Herzen ein Geräusch wahrgenommen, das gewöhnlich links vom Sternum im zweiten oder dritten Intercostalraum am lautesten ist, seltener an der Herzspitze und noch seltener rechts vom Sternum. Auch am Rücken in der Gegend des Angulus scapulae sind die Geräusche zuweilen hörbar (Coley[42]). Diese sogenannten anämischen Herzgeräusche haben meist einen weichen, blasenden, seltener einen rauhen, schabenden Charakter, sie sind fast immer systolisch, während diastolische Geräusche den Verdacht erwecken müssen, dass ein organischer Klappenfehler zu Grunde liegt. Der zweite Pulmonalton ist in diesen Fällen häufig accentuirt (Biehler[43]), Coley[42]), Talma[44]).

Die Entstehung dieser Geräusche ist noch Gegenstand der Discussion; ich schliesse mich den Autoren an, die sie auf eine functionelle, durch ungenügende Thätigkeit des Herzmuskels, namentlich der Papillarmuskeln bedingte Insufficienz der Mitralklappe zurückführen, während mir alle anderen Erklärungsversuche (Wirbelbildung in dem abnorm gemischten Blut, unregelmässige Schwingungen in der Herzwand und den Klappen u. s. w.) gekünstelt erscheinen*). Die seltenen nichtorganischen diastolischen Geräusche sollen durch eine relative Enge der Atrioventricularostien im Verhältniss zu den dilatirten Ventrikeln oder durch functionelle Insufficienz der Semilunarklappen zu Stande kommen.

Als eine Folge der Herzschwäche konnte Biehler[43]) in vielen Fällen von Chlorose eine Erniedrigung des Blutdrucks in den peripheren Arterien nachweisen; mit der Heilung der Anämie stieg auch der Blutdruck wieder an.

Eine, unter Umständen sehr ernste Complication bilden die bei Chlorotischen nicht ganz selten vorkommenden spontanen Venenthrombosen, die gewöhnlich an den unteren Extremitäten entstehen und hier, bis auf die Gefahr der Embolusbildung, meist ohne übele Folgen bleiben. Zuweilen tritt aber die Thrombose auch in den Venensinus der Dura mater auf und führt dann rasch zum Tode (Kockel[45]). Rendu[46]) führt sogar einen von ihm beobachteten Fall von Thrombenbildung in der Pulmonalarterie auf Chlorose zurück.

Die Respiration ist bei Bleichsüchtigen, wie überhaupt bei blutarmen Personen, abnorm frequent, zum Theil in Folge der schwächeren Herzthätigkeit, theilweise aber als directe Folge der Hämoglobinarmuth und des verminderten Sauerstoffgehaltes des Blutes, der einen Reiz auf das Athmungscentrum im verlängerten Mark ausübt. Durch die Vermehrung der Athemzüge und die Beschleunigung der Herzthätigkeit wird eine vollständige Compensation für diesen Sauerstoffdefect geschaffen, so dass der Gaswechsel bei Anämischen im Ganzen nicht herabgesetzt erscheint (Kraus[47]), Bohland u. A.[48]).

Störungen im Digestionstractus sind häufig und

---

*) Das Vorhandensein des ersten Herztones neben dem Geräusch spricht nicht gegen diese Annahme, weil dieser Ton nachgewiesenermaassen theilweise ein Muskelton ist und auch bei notorischer Mitralinsufficienz oft gehört wird.

machen sich bei manchen Bleichsüchtigen durch foetor ex ore objectiv bemerkbar. Der Appetit ist oft, aber nicht immer vermindert; manche Kranken werden, namentlich auch des Nachts, durch Anfälle von Heisshunger belästigt. Der Magen functionirt meist normal. Früher herrschte die Ansicht, dass bei der Chlorose Salzsäuremangel die Regel sei; ja Bunge hat sogar auf diese Annahme eine Hypothese über die Wirkungsweise der anorganischen Eisenmittel gegründet (vgl. S. 105). Durch neuere Untersuchungen von Osswald[49]), Grüne[50]), Cantu[51]) u. A. ist aber nachgewiesen, dass die Salzsäure fast stets in normaler, oft sogar in abnorm gesteigerter Menge abgesondert wird. Ja Cantu bezeichnet sogar Hyperchlorhydrie als charakteristisch für die Chlorose.

Sehr häufig klagen die Kranken über unangenehmen Druck oder über Schmerzen in der Magengegend, die sich nicht selten anfallweise zu Gastralgien steigern und nach Art anderer Neuralgien in die Nachbarschaft, die Brust, den Rücken u. s. w. ausstrahlen. In manchen Fällen wird über heftige Schmerzen nach jeder Nahrungsaufnahme, auch nach flüssiger oder weicher und ganz reizloser Kost geklagt. Diese Hyperästhesie des Magens, die zu unstillbarem Erbrechen führen kann und dann eine ernste Complication darstellt, kommt als rein nervöse Erscheinung vor, kann aber auch durch kleine Erosionen und Epithelverluste der Schleimhaut bedingt sein (Rosenheim[52]). Auch das runde Magengeschwür kommt bei der Bleichsucht relativ häufig vor; wahrscheinlich wird seine Entwickelung hier durch ungenügende Ernährung der Magenwand, bei Hyperacidität des Magensaftes, vielleicht auch durch krampfhafte Contractionen des Magens (Talma[53]) begünstigt.

Interessante Befunde am Magen Chlorotischer hat Meinert[54]) mitgetheilt. Er fand denselben in allen untersuchten Fällen abnorm tief stehend und häufig in seiner Gestalt verändert. In dieser Gastroptose und einer dadurch bedingten Reizung des Plexus solaris vermuthet

Meinert die Ursache der Bleichsucht, in der Annahme, dass dadurch auf reflectorischem Wege die Hämoglobinbildung in der Milz geschädigt werde. Von anderen Seiten (Meltzing[59]) ist das häufige Vorkommen der Gastroptose bei Chlorotischen geleugnet worden; keinesfalls dürfte dieselbe ein so constanter Befund sein, wie Meinert annimmt.

Das häufige Vorkommen von Obstipation und die ihr von Manchen zuerkannte Bedeutung für die Aetiologie der Chlorose wurde schon erwähnt. In vielen Fällen ist das ursächliche Verhältniss wahrscheinlich umgekehrt, das heisst, die Darmträgheit ist durch die Blutarmuth verursacht.

Ausserordentlich häufig zeigen sich Störungen in den Functionen der Geschlechtsorgane, eine Thatsache, die nicht Wunder nehmen kann, wenn man die Chlorose zum Theil auf physiologische und pathologische Vorgänge in diesem Gebiet zurückführt. Nach einer Statistik von Stephenson[55] über 232 Erkrankungsfälle handelt es sich häufiger um früh als um spät menstruirte Mädchen. Meist sind die menstrualen Blutungen spärlich, ja sie cessiren oft für längere Zeit gänzlich, seltener sind sie abnorm stark und fast nie so reichlich, dass sie als die Ursache der Anämie betrachtet werden könnten. Nicht selten bestehen Endometritis oder Lageveränderungen oder andere Abnormitäten des Uterus, wodurch die Menses, namentlich während des ersten Tages, schmerzhaft werden. Die Ovarien sind häufig bei Druck auf das Abdomen empfindlich.

Der Harn ist gewöhnlich blass, farbstoffarm und zeigt eine Verminderung seiner Gesammtfixa (Zuelzer[56]).

Nach neueren Mittheilungen von Chvostek[57] und Clément[58] soll bei Bleichsüchtigen häufig eine Vergrösserung der Milz nachweisbar sein (Chvostek fand in 21 von 56 Fällen Milzschwellung), ja Clément hat sogar auf Grund dieser Befunde die Vermuthung ausgesprochen, dass die Chlorose eine Infectionskrankheit sei.

Der Verlauf der Bleichsucht gestaltet sich sehr verschieden. Während manche Fälle unter günstigen hygienischen Verhältnissen spontan, viele andere bei entsprechender ärztlicher Behandlung in wenigen Wochen oder Monaten heilen, widersteht die Krankheit in einem Theil der Fälle hartnäckig allen therapeutischen Bemühungen und zieht sich Jahre lang hin. Nicht selten treten nach Ueberwindung des ersten Anfalls Recidive auf.

Bei günstigem Verlauf kann man am Blut von Woche zu Woche das Ansteigen des Hämoglobingehaltes und des specifischen Gewichtes verfolgen:

	Alter	Datum	Spec. Gew.	Hämoglobingehalt
I.	20	5. Januar	1,030	—
		9. „	1,038	4,9%
		17. „	1,043	6,6%
		26. „	1,050	8,0%
		2. Februar	1,053	10,5%
II.	17	10. December	1,044	6,6%
		17. Januar	1,050	8,4%
		28. „	1,051	9,1%
		4. Februar	1,054	10,1%
III.	24	10. December	1,037	—
		7. Januar	1,046	—
		19. „	1,048	7,7%
		28. „	1,048	7,7%
		4. Februar	1,052	9,1%

Zuweilen hebt sich nur die Zahl der Blutkörperchen, während der Hämoglobingehalt und das specifische Gewicht eine Zeit lang auf niedrigen Werthen stehen bleiben:

	Datum	Spec. Gew.	Hämoglobin	Zahl der Blutkörperchen
21 jähr.	11. December	1,041	5,9%	2,852,000
Mädchen	7. Januar	1,045	6,3%	3,780,000

Die Prognose gestaltet sich natürlich günstiger, wenn der Entwickelung der Bleichsucht Ursachen zu Grunde liegen, die beseitigt werden können, und wenn keine Anzeichen vorhanden sind, die auf eine congenitale Anlage hindeuten, während hereditäre Einflüsse einen langwierigen Verlauf voraussehen lassen. Zum Tode führt die Krankheit nur ausnahmsweise, durch Complicationen.

Anatomischer Befund. Bei der Seltenheit der Todesfälle ist die Beschränktheit unserer Kenntnisse über die pathologische Anatomie der Chlorose erklärlich. In manchen Fällen wird, wie erwähnt, das Herz klein gefunden, die arteriellen Gefässe eng und dünnwandig, mit Zeichen von Verfettung an ihrer Intima und Media. Auch das Herzfleisch zeigt zuweilen verfettete Stellen, desgleichen werden im Parenchym der Leber, der Nieren, des Pankreas und in den Drüsenzellen der Magen- und Darmschleimhaut Verfettungen gefunden.

Diagnose. In ausgesprochenen Fällen ist die Erkennung der Chlorose leicht und ohne weitere Hülfsmittel möglich; bisweilen ist aber die Diagnose recht schwierig, ja sie kann unter Umständen überhaupt nicht sofort mit Sicherheit gestellt werden.

Zunächst handelt es sich darum, zu entscheiden, ob die vorhandenen Beschwerden auf Anämie beruhen; denn einmal kann durch bleiche Hautfarbe Blutarmuth vorgetäuscht werden, und umgekehrt können geröthete Wangen eine vorhandene selbst erhebliche Anämie verdecken. Meist wird das Verhalten der Schleimhäute den Arzt über den wahren Sachverhalt aufklären, doch in vielen Fällen ist eine Bestimmung des Hämoglobingehaltes oder des specifischen Gewichtes des Blutes nicht zu entbehren. Die Zählung der rothen Blutkörperchen allein vermag nur dann zur Diagnose der Anämie zu verhelfen, wenn sich abnorm niedrige Zahlen finden, während normale Erythrocytenzahl zwar secundäre oder perniciose Anämie ausschliesst, aber nicht die Chlorose.

Ist das Vorhandensein einer Anämie festgestellt, so spricht für Chlorose das weibliche Geschlecht der Kranken und das Alter zwischen 12 und 30 Jahr, ferner der Mangel solcher Momente, die eine genügende Erklärung für die Entstehung anderer Anämieformen abgeben, endlich Erhaltensein des normalen Fettgewebes. Von der perniciösen Anämie unterscheidet sich die Bleichsucht durch den Mangel der Netzhautblutungen, das Ausbleiben länger anhaltender Temperatursteigerungen und bei weiterer Beobachtung vor Allem durch den gutartigen Verlauf.

Die Ausschliessung anderer, primärer Leiden ist nicht immer leicht. Namentlich werden durch beginnende Lungenschwindsucht zuweilen Anämien erzeugt, die für Chlorose gehalten werden können, so lange kein Auswurf vorhanden ist und die physikalische Untersuchung der Brustorgane keinen positiven Anhalt gewährt. Dieser, unter Umständen verhängnissvolle Irrthum ist meist, aber leider nicht immer, durch Berücksichtigung der hereditären Verhältnisse, der Art des Auftretens der Anämie u. s. w. zu vermeiden. Auch Herzfehler oder frische, subacut verlaufende Endocarditis können in Frage kommen, und es ist zu bedenken, dass auch scheinbar ganz leichte, fast fieberlos verlaufende rheumatische Infectionen sich mit Endocarditis compliciren können. Umgekehrt kann in manchen Fällen von Chlorose nur sorgsame und fortgesetzte Beobachtung feststellen, ob ein Herzgeräusch nur functioneller Natur ist oder ein ernsteres Leiden anzeigt; der Befund am Herzen erlaubt bei einmaliger Untersuchung nicht immer, eine sichere Entscheidung hierüber zu treffen.

Grosse, ja unüberwindliche Schwierigkeiten kann die Entscheidung der Frage bereiten, ob die Magenbeschwerden einer anämischen Kranken auf ein ulcus rotundum zu beziehen oder Folgen der Anämie sind und auf Hyperästhesie der Magenschleimhaut beruhen. Druckschmerz im Epigastrium und Schmerz nach den Mahlzeiten kann in beiden Fällen vorhanden sein oder auch fehlen, und selbst feste Speisen werden bei zweifellosem Magengeschwür zuweilen ohne Beschwerden vertragen. Auch die Untersuchung des

Magensaftes lässt hier im Stich, und die Prüfung des Stuhlgangs auf Blutbeimischungen, die nie zu versäumen ist, hat nur, wenn sie positiv ausfällt, Werth für die Diagnose. In solchen Fällen ist es rathsam, die Behandlung so einzurichten, als ob ein Magengeschwür vorhanden wäre; die weitere Beobachtung wird dann meist Aufklärung bringen.

Therapie. Indem wir bezüglich aller Einzelnheiten auf das Capitel über allgemeine Therapie verweisen, werden hier nur die in Frage kommenden therapeutischen Hülfsmittel und ihre Indicationen kurz angeführt.

In Familien, in denen die Chlorose heimisch ist, erwächst dem Hausarzt die Verpflichtung, die Eltern auf die drohende Gefahr frühzeitig hinzuweisen und namentlich den Schädigungen vorzubeugen, welche eine verkehrte und einseitige Schulerziehung mit sich bringt.

Wie bei jeder Krankheit, muss die Therapie bei der Chlorose die Aetiologie des einzelnen Falles berücksichtigen. Vergangenheit und gegenwärtige Lebensweise der Kranken, die Art der Tageseintheilung, Dauer des Schlafes, Arbeitsmaass, Beschaffenheit der Mahlzeiten u. s. w. müssen genau erforscht werden, und sehr häufig ergeben sich dabei Angriffspunkte für eine wirksame Behandlung.

Schwer chlorotische Kranke lässt man am besten 1—2 Wochen das Bett hüten; dann erst sind Versuche mit Bewegung im Freien zu machen. Dem Schlafbedürfniss muss ausgiebig entsprochen werden. Nicht selten leistet, namentlich auch bei gleichzeitig vorhandener Neurasthenie die Massage gute Dienste. Ferner kommen die klimatische Behandlung und hydrotherapeutische Maassnahmen in Frage (vergl. S. 126).

Die Kost sei reichlich und abwechselungsvoll; wenn Magenbeschwerden vorhanden sind, müssen die leichtesten Speisen bevorzugt, eventuell darf eine Zeit lang nur flüssige Kost gereicht werden (vergl. S. 119).

Unter den Medicamenten nimmt das Eisen bei Weitem

die erste Stelle ein, demnächst kommen hauptsächlich die Arsenpräparate in Frage (vergl. S. 93, 108 und 110).

In hartnäckigen Fällen kann man vielleicht einen Versuch mit Blutentziehungen machen.

Herzpalpitationen bekämpft man durch stundenweise Anwendung einer Eisblase, namentlich ist dies in solchen Fällen nöthig, in denen der Verdacht auf das Vorhandensein eines organischen Herzleidens vorliegt; eventuell müssen Digitalispräparate oder andere Herzmittel gereicht werden.

Bei der Behandlung der Störungen in der Sexualsphäre ist grosse Vorsicht geboten, weil schon die gynäkologische Untersuchung und mehr noch eine wiederholte örtliche Behandlung erfahrungsgemäss der Entwickelung neurasthenischer und hysterischer Erscheinungen Vorschub leistet.

Literatur.

1. Wunderlich, Handb. der Pathol. u. Therapie, 1856.
2. Immermann, Die allg. Ernährungsstörungen. v. Ziemssen's Handb. XIII. 1879.
3. Laache, Die Anämie. Christiania, 1883.
4. Eichhorst, Chlorose, Eulenburgs Realencyclopädie der Heilkunde. 2. Aufl. 1885.
5. A. Hoffmann, Lehrb. der Constitutionskrankheiten. 1893.
6. Rieder, Münchner med. Wochenschr. 1893, 12. Ref. in Schmidt's Jahrb. B. 239.
7. Krüger, Petersburger med. Wochenschr. 1892, 50.
8. Bunge, Zeitschr. f. physiol. Chemie XIII.
9. Zaleski, Dieselbe Zeitschrift X.
10. Rosenbach, Deutsche med. Wochenschr. 1883, 19.
11. Murri, Semaine méd. 1894, 21.
12. v. Pfungen, Zeitschr. f. klin. Med. XXI. 1892.
13. Rethers, Dissertation, Berlin 1891.
14. v. Noorden, Berliner klin. Wochenschr. 1895, 9—10.
15. v. Hösslin, Münchner med. Wochenschr. 1890, 14. Ref. in Schmidt's Jahrb. B. 229.
16. Hammerschlag, Wiener med. Presse 1894, 27.
17. Hammerschlag, Ztschr. f. klin. Med. XXI, 1892.
18. Becquerel und Rodier, Unters. über die Zusammensetzung des Blutes. Uebersetzt von Eisenmann. 1845.

19. Hayem, Du sang, Paris 1889.
20. Maucher, Dissertation, Bonn 1889.
21. Dehio, Petersburger med. Wochenschr. 1891, 1.
22. v. Jaksch, Prager med. Wochenschr. 1890, 31—33.
23. v. Limbeck, Prager med. Wochenschr. 1891, 10.
24. v. Jaksch, Ztschr. f. klin. Med. XXIV, 1894.
25. Rud. Müller, Prager med. Wochenschr. 1890, 17—19. Ref. in Schmidt's Jahrb. 229.
26. Litten, Penzoldt u. Stintzings Handb. d. spec. Therapie 1895, II.
27. v. Jaksch, Ztschr. f. klin. Med. XXIII, 1893.
28. v. Noorden, Lehrb. d. Pathologie des Stoffwechsels, Berlin 1893.
29. Stintzing und Gumprecht, Deutsches Arch. f. klin. Med. 1894.
30. Peiper, Virchow's Archiv. CXVI, 1889.
31. Kraus, Arch. f. exper. Pathol. u. Pharmakol. XXVI, 1890.
32. Rumpf, Dissertation, Kiel 1891.
33. v. Jaksch, Ztschr. f. klin. Med. XIII, 1887.
34. Pouzet, Revue de Médecine VIII, 1888. Ref. in Schmidt's Jahrb. Bd. 222.
35. Litten und Hirschberg, Berliner klin. Wochenschr. 1885, 30.
36. Kahler, Internat. klin. Rundschau 1889, 38.
37. Chvostek, Wiener klin. Wochenschr. 1893, 42. Ref. in Centralbl. f. klin. Med. 1894.
38. Schmall, Arch. f. Ophthalmologie XXXIV, 1888.
39. Bewley, Brit. med. Journal. April 11th 1891.
40. Wallerstein, Dissertation, Bonn 1890. Ref. in Centralbl. f. klin. Med. 1891.
41. Fr. Müller, Berliner klin. Wochenschr. 1895, 38.
42. Coley, Practitioner, April 1894. Ref. in. Centralbl. f. klin. Med. 1894.
43. Biehler, Deutsches Arch. f. klin. Med. LII. 1894.
44. Talma, Berliner klin. Wochenschr. 1895, 44.
45. Kockel, Deutsches Arch. f. klin. Med. LII, 1894.
46. Rendu, Gazette hebdom. 1887, 16. Ref. in Schmidt's Jahrb. B. 215.
47. Kraus, Ztschr. f. klin. Med. XXII.
48. Bohland, Berliner klin. Wochenschr. 1893, 18.
49. Osswald, Münchner med. Wochenschr. 1894, 27—28. Ref. in Centralbl. f. innere Med. 1894.
50. Grüne, Dissertation, Giessen 1891.
51. Cantu, Ber. über d. XI. internat. med. Congr. in Rom. Centralbl. f. innere Med. 1894.
52. Rosenheim, Berliner klin. Wochenschr. 1890, 33.
53. Talma, Ztschr. f. klin. Med. XVII, 1890.
54. Meinert, Volkmann's Sammlg. klin. Vorträge, N. F. 115—116. 1895.

55. Stephenson, Transact. of the obstetr. society of London 1888. Ref. in Schmidt's Jahrb. Bd. 227.
56. Zuelzer, Unters. über d. Semiologie des Harns. Berlin 1884. Ref. in Schmidt's Jahrb. Bd. 201.
57. Chvostek, Wiener klin. Wochenschr. 1893, 31. Ref. in Centralbl. f. klin. Med. 1893.
58. Clément, Lyon méd. 1894, 6. Ref. in Centralbl. f. innere Med. 1894.
59. Meltzing, Wiener med. Presse 1895, 30—34. Ref. in Centralbl. f. innere Med. 1895.

3. Die perniciöse Anämie.

Gegenüber den anderen Anämieformen ist die perniciöse Anämie charakterisirt durch eine, scheinbar spontan oder durch nicht adäquate Ursachen auftretende, fortschreitende und meist tödtlich endende Blutverarmung.

Nach dem schon Anfang dieses, ja vielleicht schon Ende des vorigen Jahrhunderts und später namentlich durch Lebert, Addison, Andral, Trousseau u. A. Krankheitsfälle beschrieben worden waren, die mit dem uns bekannten Bilde der perniciösen Anämie übereinstimmen, hat zuerst Biermer im Jahre 1868 eine zusammenfassende Darstellung dieser Krankheit gegeben und sie mit dem noch heute üblichen, treffenden Namen belegt[4]. Später ist die Lehre von der perniciösen Anämie namentlich durch Immermann, Quincke, Lichtheim, Eichhorst ausgebaut und zum Gegenstand einer grossen Zahl von Einzelschriften gemacht worden.

Früher war es üblich, eine idiopathische und eine deuteropathische oder symptomatische Form der perniciösen Anämie zu unterscheiden; in neuester Zeit kommt man aber mit Recht von dieser Gepflogenheit immer mehr zurück. Denn auch bei der sogenannten „idiopathischen" Form müssen doch irgendwelche Ursachen für die deletären Vorgänge im Blute angenommen werden und es wäre richtiger, wenn man eine solche Eintheilung überhaupt beibehalten will, mit Birch-Hirschfeld[5] den

Ausdruck „kryptogenetische" Form zu gebrauchen. Aber auch bei der „symptomatischen" Form ist die schwere Anämie keineswegs nur ein Symptom einer anderen bekannten Erkrankung, vielmehr ist der Vorgang, der die Blutarmuth zur „perniciösen, progressiven" stempelt, hier ebenso unbekannt wie dort.

Der perniciösen Anämie können offenbar die verschiedensten Ursachen zu Grunde liegen, aber keine genügt, um allein die Bösartigkeit der Erkrankung des Blutes zu erklären. Es bedarf dazu des Zusammenwirkens verschiedener Umstände, der Betheiligung eines bisher unbekannten Zwischengliedes, welches bedingt, dass dieselben Schädlichkeiten, die in der Regel folgenlos bleiben, oder höchstens eine einfache secundäre Anämie erzeugen, ausnahmsweise eine tödtliche Blutkrankheit heraufbeschwören.

In neuerer Zeit hat es nicht an Versuchen gefehlt, auch für die perniciöse Anämie einen organisirten Krankheitserreger zu finden. So fanden Fischl und Adler[7]) in einem von ihnen beobachteten Krankheitsfalle im Blute Mikrococcen, durch deren Ueberimpfung an Thieren gleichfalls Blutzerstörung erzeugt werden konnte. Die beiden Autoren nehmen an, dass in diesem Falle eine kryptogenetische pyämische Infection unter dem Bilde der perniciösen Anämie verlaufen sei. Auch amöbenartige Parasiten sind wiederholt im Blute gefunden worden; früher namentlich von Klebs, Frankenhäuser[8]), Eichhorst[4]), Petrone und kürzlich von Perles[9]) in Gestalt länglich elliptischer, dünner und schmaler, stark lichtbrechender Blättchen, 3—4 μ lang und mit starker activer Beweglichkeit begabt, aber frei von Geisseln. Bestätigungen dieser Befunde stehen noch aus. (Auch Warfvinge[43]) hält die perniciöse Anämie für eine Infectionskrankheit.)

Eine besondere Gruppe bilden die von A. Hoffmann[6]) unter dem Namen „Schmarotzer-Anämien" zusammengefassten Erkrankungsfälle. Hier ist die schwere Anämie durch die Anwesenheit von Darmparasiten bedingt und kann unter Umständen durch deren Beseitigung geheilt werden. Durch die Beobachtungen von Hoffmann, Reyher[10]), Runeberg[11]), Schapiro[12]), Lichtheim[13]), Dehio[14]), Schaumann[15]) u. A. ist nachgewiesen, dass der Bothriocephalus latus in dieser Weise schädlich wirken kann, und zwar höchst wahrscheinlich weder durch Nahrungs- noch durch Blutentziehung, sondern durch eine Giftwirkung, die von dem lebenden oder, wie Manche glauben, von dem abgestorbenen Wurm ausgeht.

In derselben Weise scheinen, bei massenhaftem Auftreten im Darm, die Ascariden (Demme[16]) und vielleicht auch die Oxyuren wirken zu können (Hoffmann). Ferner ist es wahrscheinlich, dass auch die durch Ankylostomiasis bedingte schwere Anämie nicht nur eine Blutungsanämie ist, sondern gleichfalls unter der Mitwirkung besonderer Giftstoffe zu Stande kommt (Sandoz[17], Morelli, Lussana).

Wie es kommt, dass von den vielen Menschen, die an Helminthen leiden, nur wenige an perniciöser Anämie erkranken, wissen wir nicht. Schapiro nimmt für die Bothriocephalusanämie regionäre Einflüsse an, vielleicht auch örtliche Eigenthümlichkeiten der Parasiten. Denn auch die hierbei beobachtete Anämie ist keineswegs überall da besonders häufig, wo dieser Eingeweidewurm vorwiegend vorkommt; während sie in den baltischen Provinzen oft im Zusammenhang damit beobachtet wird, soll dies in Japan nicht der Fall sein, obgleich dort gleichfalls der Bothriocephalus sehr verbreitet ist (v. Noorden[18]). Es gehört eben auch in diesen Fällen noch ein unbekanntes Hülfsmoment zur Erzeugung der Krankheit dazu, das nicht überall vorhanden zu sein scheint.

In vielen Fällen ist der Erkrankung eine syphilitische Infection voraus gegangen (Fr. Müller[19]), Klein[20]), v. Noorden[21]) u. A.), und zwar scheint die perniciöse Anämie, ähnlich den schweren metasyphilitischen Erkrankungen des Centralnervensystems (Tabes, Dementia paralytica), vorzugsweise nach scheinbar leichten, latent verlaufenden Infectionen aufzutreten. Dass die Syphilis unter Umständen auf das Blut einen schwächenden Einfluss auszuüben vermag, erhellt ja auch aus ihrem Verhältniss zur Aetiologie der paroxysmalen Hämoglobinurie.

Ferner spielen pathologische Vorgänge im Darmkanal eine Rolle, und namentlich bildet die durch chronische interstitielle Entzündung bedingte Atrophie der Schleimhaut und ihrer Drüsen einen sehr häufigen Sectionsbefund bei der schweren Anämie (Quincke[2]), Fenwick[22]), Nothnagel[23]), Litten[24]), Runeberg, Eisenlohr[25]), Ewald[26]) u. A.). Ausser den, dadurch bedingten Störungen der Digestion und Resorption der Nahrungsmittel, können diese Veränderungen auch noch durch den Wegfall der electiven Thätigkeit des Epithels bei der Aufsaugung des Darminhalts und durch eine Beeinträchtigung der Beeinflussung erklärt werden, die normaler Weise von dem Darmepithel auf die resorbirten Peptone ausgeübt wird.

Besonders gefährlich muss dieser Zustand der Schleimhaut dann werden, wenn sich im Darm abnorme Zersetzungsprocesse abspielen. Schon durch Sandoz[17]) und namentlich durch W. Hunter[27]) ist auf die Bedeutung der Darmfäulniss für die Aetiologie der schweren Anämien hingewiesen worden. Hunter schliesst aus der Vermehrung der aromatischen Sulphate und dem Auftreten von Ptomainen im Harn bei perniciöser Anämie, dass dieselbe durch besondere, bacteriell bedingte Fäulnissvorgänge im Darm erzeugt werde, und sieht in der starken Eisenablagerung in der Leber, die einen gewöhnlichen Befund bei dem in Rede stehenden Leiden darstellt, eine Bestätigung seiner Anschauung. Diese Meinung Hunter's, die von Wiltschur[28]) u. A. getheilt wird, hat durch neuere experimentelle Untersuchungen von Vanni[29]) eine werthvolle Stütze erhalten. Dieser Forscher fand nämlich an Thieren, dass durch künstliche Koprostase schon nach wenig Tagen ein Blutzerfall erzeugt werden kann, der, ähnlich wie bei der perniciösen Anämie vor Allem die Zahl der Erythrocyten herabsetzt und ihre Widerstandsfähigkeit schmälert, während die Hämoglobinverarmung nicht in dem Grade vorwiegt, wie bei anderen Anämien. In einem, von Jürgensen[30]) beobachteten Falle gelang es, Heilung zu erzielen, nachdem grosse Mengen von Bacterium termo, die sich im Darm befanden, beseitigt worden waren.

Mott[31]), dem gleichfalls der hohe Eisengehalt der Leber auffiel, vermuthet aus der Art und Weise der Anordnung des eisenhaltigen Pigmentes in diesem Organ, dass hier der Blutzerfall stattfinde, und führt die Anämia perniciosa auf eine pathologische Steigerung der normalen hämatolytischen Function der Leber zurück, während er Hunter gegenüber darauf hinweist, dass die Vermehrung der aromatischen Verbindungen im Harn auch durch den Gewebszerfall bedingt sein könne, der bei perniciösen Anämien nicht ausbleibt.

In manchen Fällen lässt sich der Beginn der Anämie auf schwächende Einflüsse mehr unbestimmter Art beziehen: andauernde Unterernährung, überhaupt schlechte äussere Lebensverhältnisse; eine wichtige Rolle spielen namentlich auch wiederholte Schwangerschaften. Endlich können auch Blutungsanämien, besonders nach häufig wiederholten Blutverlusten, aus unbekannten Gründen einen malignen Verlauf nehmen, indem die normale Blutneubildung ausbleibt und die Anämie sogar, ohne dass erneute Blutungen eingetreten wären, fortschreitet und zum Tode führt (vergl. S. 137). Hierher gehören auch die Beobachtungen Rosenheim's[32]), der wiederholt durch Magengeschwüre perniciöse Anämie entstehen sah.

Der Vorgang im Blutleben, welcher zu dem Bilde der perniciösen Anämie führt, wird verschieden aufgefasst.

Die Veränderungen am Knochenmark, die in den meisten Fällen schon makroskopisch erkennbar sind und schon frühzeitig von Pepper und Fede beschrieben wurden, legten die Vermuthung nahe, dass hier die Wurzel der Krankheit zu suchen sein möchte. In diesem Sinne sprach sich auch Cohnheim aus, der die Anwesenheit von zahlreichen kernhaltigen Erythrocyten im Knochenmark bemerkte und eine Rückkehr zum embryonalen Typus der Blutbildung mit Zurückhaltung der unreifen rothen Blutkörperchen im Mark annahm. Auf den gleichen Standpunkt haben sich neuerdings Rindfleisch[33]) und H. F. Müller[34]) gestellt, und zwar fasst der letztgenannte Forscher die Vermehrung der grossen, rothen, kernhaltigen Zellen des Markes in gleicher Weise auf, wie die Ent- wickelung von Geschwulstzellen im Cohnheim'schen Sinne: als eine Proliferation von Keimen, die aus dem embryonalen Leben zurückgeblieben sind.

Demgegenüber hat schon 1877 Neumann[35]) hervor- gehoben, dass sich die Veränderungen am Knochen- mark auch bei Blutungsanämien in derselben Weise fanden und demnach nur eine „compensatorische Hyperplasie", also einen secundären Vorgang darstellen, während das Primäre ein gesteigerter Blut-Zerfall sei. Dieser An- sicht haben sich dann Quincke[36]), Litten, Orth, Geel- muyden, Hunter[27]), Maragliano[38]), Mott[37]), Birch- Hirschfeld[5]), Wiltschur[28]), Muir[39]) und die meisten anderen neueren Autoren angeschlossen; und in der That ist auch die von Quincke u. A. nachgewiesene Eisen- ablagerung in verschiedenen Organen kaum anders, als durch gesteigerten Blutzerfall zu deuten.

Auf welche Weise der angenommene Zerfall der Erythrocyten zu Stande kommt, ist vorläufig nicht zu entscheiden; Maragliano und Birch-Hirschfeld ver- muthen, dass wenigstens in einem Theil der Fälle Ver- änderungen des Plasmas vorausgehen und die Hämatolyse bedingen.

Ehrlich[37, 40]) hat für seine, im Jahre 1892 vor dem XI. Congress für innere Medicin entwickelte Anschauung

Während nämlich bei den secundären Anämien, besonders bei der Blutungsanämie grosse Mengen von kernhaltigen rothen Blutkörperchen in die Blutbahn gelangen, die ihren Kern in noch entwickelungs- und vermehrungsfähigem Zustande, mit Protoplasma versehen, ausstossen (Ehrlich's „Normoblasten") und dadurch die Bildung zahlreicher neuer Erythrocyten ermöglichen, findet man in der Mehrzahl der Fälle von perniciöser Anämie vorwiegend ungewöhnlich grosse gekernte Blutkörperchen („Megalo- oder Gigantoblasten"), deren Kern degenerirt und aus denen nur je ein übergrosser Erythrocyt wird. Die Entstehung dieser Megaloblasten, die „megaloblastische Degeneration" des Knochenmarkes betrachtet Ehrlich als das Charakteristische der perniciösen Anämie.

Die perniciöse Anämie verschont kein Lebensalter. Sie kommt zwar am häufigsten im dritten bis fünften Jahrzehnt vor, seltener in der Jugend, doch in neuerer Zeit mehren sich die Mittheilungen von Fällen, die auch das zarte Kindesalter betrafen[41, 42]; Demme[16] beobachtete die Krankheit sogar bei einem drei Monate alten Säugling.

Von allen Autoren wird das regionär gehäufte Vorkommen der perniciösen Anämie hervorgehoben. Ob, wie bei der Chlorose, hereditäre Einflüsse eine Rolle spielen, ist noch wenig bekannt; gewisse Beobachtungen scheinen dafür zu sprechen, z. B. waren zwei Geschwister eines von Klein behandelten Kranken an perniciöser Anämie gestorben[20].

Symptome und Verlauf. Die perniciöse Anämie kann ziemlich plötzlich beginnen und unter dem Bilde einer acuten fieberhaften Krankheit mit rapidem Kräfteverfall in wenig Wochen zum Tode führen; dieser rasche Verlauf wird besonders auch bei Schwangeren zuweilen beobachtet.

In der Regel entwickelt sich aber die Krankheit sehr

allmählich, namentlich dann, wenn sie aus einer anderen, secundären Anämieform hervorgeht, und zieht sich unter mancherlei Schwankungen Monate lang hin.

Nachdem schon eine Zeit lang allgemeine Mattigkeit, Gemüthsverstimmung, Unlust zur Arbeit bestanden hat, macht sich eine fortschreitende Blässe der Haut bemerkbar. Der Kräfteverfall nimmt zu, so dass die Kranken nicht mehr im Stande sind, die kleinste Anstrengung zu ertragen und endlich gezwungen werden, das Bett zu hüten.

Die Hautfarbe nimmt einen erschreckend leichenhaften Farbenton an, die Conjunctiven erscheinen gleichfalls farblos und die sichtbaren Schleimhäute blassrosa gefärbt. Zuweilen hat die Haut ein gelbliches Colorit, auch wirklicher Icterus mit Gelbfärbung der Scleren wird beobachtet. In einigen Fällen ist das Auftreten brauner Pigmentirung der Haut beschrieben worden, ähnlich wie bei dem Morbus Addisonii (Immermann[1]); doch darf man nicht vergessen, dass auch fortgesetzter Arsengebrauch Pigmentirung der Haut erzeugen kann. Meist wird die Haut trocken und spröde, die Haare fallen aus und die Nägel werden rissig.

Das Fettpolster bleibt oft bis zuletzt gut erhalten, doch kommt auch weitgehende Abmagerung vor.

Die Kranken klagen über Schwindel und Ohrensausen, Herzklopfen und Kurzathmigkeit bei jeder Bewegung und liegen zuletzt meist ohne sich zu rühren, völlig apathisch und in schlaffer Haltung da.

Die Untersuchung ergiebt häufig schon im Anfang der Erkrankung, in ihren späteren Stadien ziemlich regelmässig, das Vorhandensein von Hämorrhagien in der Retina, die sogar zu völliger Erblindung führen können. Meist finden sich die Blutungen in der Nähe der Sehnervenpapille, die von ihnen oft strahlenartig umgeben ist; sie zeigen häufig in ihrer Mitte einen gelblichen Fleck (Immermann).

Am Circulationsapparat machen sich dieselben Erscheinungen geltend, wie bei der Chlorose, nur sind die Symptome am Herzen meist viel ausgesprochener. Die Palpitationen treten auch bei ruhiger Bettlage auf und können sogar den Schlaf der Kranken stören. Die Herzdämpfung findet sich häufig etwas verbreitert, der Spitzenstoss nach aussen gerückt, und namentlich werden fast immer laute blasende systolische, seltener diastolische Geräusche gehört; am lautesten gewöhnlich links vom Sternum im zweiten und dritten Intercostalraum. In der Gegend der Herzspitze ist zuweilen „Katzenschnurren" zu fühlen (die Erklärung dieser Symptome s. S. 155 in dem Abschnitt über Chlorose). Der Puls ist meist frequent, leer, weich, bisweilen schnellend, nicht selten irregulär. In den kleinen Arterien kann bei manchen Kranken ein herzsystolischer Ton wahrgenommen werden.

Der Appetit schwindet meist gänzlich, ja es besteht sogar oft ein schwer zu überwindender Widerwille besonders gegen Fleischnahrung; umgekehrt werden einzelne Kranke von Heisshunger gequält. Foetor ex ore ist sehr gewöhnlich, ferner kommt Aufstossen und sehr hartnäckiges Erbrechen vor. Viele Kranke klagen über fortwährenden Durst.

Der Stuhlgang kann angehalten sein, häufiger besteht aber Durchfall, ja es kann zu andauernden profusen Diarrhöen mit typhusartigen Stühlen kommen. Die Untersuchung der Bauchorgane ergiebt meist einen negativen Befund; die Milz ist zuweilen um ein Weniges, fast nie stark vergrössert.

Der Harn ist meist dunkel gefärbt; er enthält manchmal Spuren von Eiweiss, doch in der Regel keine Nierencylinder. In manchen Fällen wird Gallenfarbstoff darin gefunden, ferner Indican in gesteigerter Menge (Hennige [44]) u. A.), Pepton (v. Jaksch, Birch-Hirschfeld [5]), Leucin und Tyrosin.

In den späteren Stadien der Krankheit treten meist Oedeme an den unteren Extremitäten, nicht selten auch im Gesicht und an anderen Körperstellen auf, zuweilen auch Höhlenhydrops in den Pleuren und im Peritoneum,

selten im Pericardialsack. Diese wassersüchtigen Erschei-
nungen sind, wie bei anderen Anämien, auf die veränderte
Blutbeschaffenheit und auf Ernährungsstörungen in den
Gefässwänden zu beziehen.

Ein regelmässiges Symptom der perniciösen Anämie ist
die hämorrhagische Diathese, die, ausser den schon
erwähnten Netzhautblutungen, namentlich häufig abundantes
und äusserst hartnäckiges Nasenbluten erzeugt. Auch
Hämorrhagien aus der Magen- und Darmschleimhaut und
Blutungen in die Haut in Form von Petechien sind keine
Seltenheit; grössere Ecchymosen in der Haut kommen
dagegen nur ausnahmsweise vor. Gehirnblutungen können
schon frühzeitig zu Lähmungen führen, ja sogar als eine
der ersten Erscheinungen der Krankheit auftreten.

Die schädlichen Folgen der schweren Anämie für das
Nervensystem machen sich anfangs durch Schwindel,
Ohrensausen, Kopfschmerz, Schlaflosigkeit bemerklich,
später bildet sich oft ein Zustand tiefer Apathie aus; in
manchen Fällen werden im Gegentheil die Kranken von
einer fortwährenden Unruhe gequält oder es stellen sich
Delirien ein, die mit manieartiger Erregung einhergehen
können.

Als seltenere Complicationen sind Lähmungen zu erwähnen, die nicht von den schon besprochenen Hämorrhagien im Centralnervensystem abhängen. Zuerst wurde
von Lépine ein Fall mitgetheilt, in dem vorübergehend
atrophische Lähmungen der Extensoren an den sämmt-
lichen Extremitäten aufgetreten und mit den übrigen
Symptomen der günstig verlaufenden Erkrankung wieder
zurückgegangen waren. Während es sich hier offenbar
um neuritische Processe gehandelt hatte, wurden später
zuerst von Lichtheim [13]), dann von Minnich [45]), Eisenlohr [25]), Bormann [46]) Degenerationen im Rückenmark
beschrieben, die meist die Hinterstränge oder Theile derselben, theilweise auch die Pyramidenbahnen beträfen;
v. Noorden fand Degenerationen in der Medulla oblongata, dem Rückenmark und den peripheren Nerven.

Die während des Lebens beobachteten Symptome hatten meist ein tabesähnliches Krankheitsbild ergeben. Minnich hält diese Veränderungen für bedingt durch toxische Einflüsse und reiht sie den von Tuczek beschriebenen Intoxicationsneurosen des Rückenmarks an; offenbar sind sie auf eine Stufe zu stellen mit den Degenerationen am Nervensystem, die in letzter Zeit bei kachectischen Krebskranken und Tuberkulösen wiederholt gefunden worden sind.

Einen anderen Ursprung dürften die, meist symptomlos bleibenden, Herderkrankungen haben, die kürzlich Nonne[47]) beschrieben hat, da hier der Zusammenhang der Erkrankungsherde mit den Gefässen besonders betont wird.

Die Körpertemperatur bleibt selten dauernd normal. Manchmal bestehen lange Zeit subfebrile Temperaturen zwischen 37,5—38,5 (Kernig[48]), gewöhnlich stellen sich in der letzten Zeit erheblichere Temperatursteigerungen ein, die meist einen irregulären Verlauf haben, seltener eine Febris continua, wie bei dem Abdominaltyphus darstellen. v. Noorden sah in einem Falle einen Fieberverlauf, der an das chronische Rückfallsfieber Ebstein's (s. Pseudoleukämie) erinnerte.

Wenn unter den bisher beschriebenen Krankheitserscheinungen kaum eine zu finden ist, die nicht auch gelegentlich im Verlauf anderer Anämien, namentlich auch bei schweren Blutungsanämien beobachtet werden kann, so steht es mit dem Blutbefund nicht wesentlich besser.

Wie bei der Chlorose, erscheint das Blut bei der perniciösen Anämie schon makroskopisch abnorm blass. Die Geldrollenbildung ist hier noch mangelhafter als bei der Bleichsucht, oft fehlt sie vollständig. Die Zahl der Erythrocyten ist vermindert, und zwar werden bei der perniciösen Anämie so niedrige Werthe gefunden, wie sie sonst kaum je vorkommen: Zahlen unter 1 000 000 sind durchaus keine Seltenheit, ja Quincke hat sogar einmal nur 143 000 gezählt! Während aber bei allen anderen

Anämieformen und am ausgesprochensten bei der Chlorose, in der Regel die Oligochromämie überwiegt, nimmt bei der perniciösen Anämie der Hämoglobingehalt des Blutes in der Mehrzahl der Fälle proportional der Blutkörperchenzahl ab, ja es scheint sogar, dass die rothen Blutkörperchen reicher an Blutfarbstoff werden können, als in der Norm. Dieses zuerst von Laache[8]), später von Kahler, Dehio[14]) u. A. hervorgehobene Verhalten wird, wie es scheint, nur bei der perniciösen Anämie beobachtet, doch auch hier nicht in allen Fällen.

Bei der mikroskopischen Betrachtung des Blutes fällt in der Mehrzahl der Fälle auf, dass ein Theil der rothen Blutkörperchen seine normale runde Form verloren und unregelmässige (Birnen-, Biscuit- u. s. w.) Formen angenommen hat. Ferner finden sich auffallend kleine rothe Körperchen, die aber die normale, biconcave Gestalt haben. Diese Erscheinung, die von Quincke als „Poikilocytose" bezeichnet worden ist, beruht nach der, von den meisten neueren Forschern acceptirten Meinung Ehrlich's[10]) auf einem Zerfall der Erythrocyten. Die Producte dieses Zerfalls, die übrigens ihr Hämoglobin bewahren und für die Respiration weiter brauchbar zu bleiben scheinen, nennt Ehrlich „Schistocyten".

Ausserdem finden sich im Blute abnorm grosse, intensiv gefärbte Blutkörperchen, die Makrocyten, die nach der Auffassung Ehrlich's mit den von ihm beschriebenen Megaloblasten identisch sein sollen (s. oben).

Normoblasten sind in der Regel nur in geringer Menge oder gar nicht zu finden.

Das Auftreten der Megaloblasten im Blute in grösserer Menge hat Ehrlich als sicheres Zeichen der perniciösen Anämie hingestellt. Wenn sich diese Ansicht bewahrheiten sollte, was durch weitere Forschungen zu entscheiden ist, so würde hierin endlich ein Symptom von ausschlaggebender differentialdiagnostischer Bedeutung gefunden sein. Dass die Megaloblasten in geringerer Menge auch bei anderen Anämien vorkommen, wird von Ehrlich selbst nicht geleugnet und ist z. B. für die Chlorose kürzlich von Hammerschlag betont worden (s. Chlorose). Uebrigens ist Ehrlich's Anschauung über das Wesen und die Bedeutung der Megaloblasten noch nicht allseitig anerkannt; z. B. hält Askanazy diese Zellenform für eine Entwickelungsvorstufe der Normoblasten[54]). Am gefärbten Präparat macht sich an einem Theil der Erythrocyten „anämische Degeneration" (Ehrlich, Askanazy[50]), vergl. Abschnitt I, B, 6) bemerkbar.

Eine interessante, das Verhalten des Hämoglobins betreffende Beobachtung hat Copeman[49]) mitgetheilt. Während sich nämlich im normalen Blut Hämoglobinkrystalle erst nach gewissen Vorbereitungen (Faulen des Blutes, Einwirkung von Galle auf dasselbe, Schütteln mit Aether u. s. w.) bilden, kann man diesen Vorgang in manchen Fällen von perniciöser Anämie ohne weiteres beobachten, wenn man einen Tropfen Blut auf einen Objectträger bringt und, nachdem am Rande die Gerinnung begonnen hat, ein Deckglas auflegt.

Die Zahl der Leukocyten im Blute ist in der Regel nicht vermehrt, eher niedrig; doch kommen vorübergehend bei den sogenannten Blutkrisen (s. unten) Leukocyten vor. In den letzten Stadien der Erkrankung ist von Litten ein so erhebliches Anwachsen des Leukocytengehaltes beobachtet worden, dass von einem Uebergang der perniciösen Anämie in Leukämie die Rede sein konnte. Ja Warfvinge[43]) hält sogar beide Krankheiten für identisch.

Das anämische Aussehen der Kranken scheint bei der perniciösen Anämie nicht nur auf der Abnahme der Färbekraft des Blutes zu beruhen; es scheint sich hier vielmehr um einen Verlust aller Blutbestandtheile, um wahre Oligämie zu handeln, wenn auch selbstverständlich die Oligocythämie verhältnissmässig erheblich überwiegt. Quincke hat in zwei Fällen diese Frage studirt und eine Verminderung der Gesammtblutmenge um mehr als ein Drittel gefunden.

In vielen Fällen schreitet die perniciöse Anämie unaufhaltsam fort, bis die Kranken an den Folgen der
Blutverarmung zu Grunde gehen, und man hat deshalb
das Leiden vielfach als perniciöse progressive Anämie
bezeichnet. Es werden aber auch Remissionen beobachtet,
die zuweilen mit einer ganz plötzlichen Veränderung im Blutbefund einhergehen. Anscheinend in Folge einer acuten
Steigerung in der Thätigkeit der cytogenen Organe, zeigt
sich nämlich das Blut gleichsam überschwemmt mit grossen
Mengen neugebildeter, zum Theil kernhaltiger rother Blutkörperchen, während gleichzeitig auch die Leukocytenzahl
ansteigt. Mit welcher erstaunlichen Energie dabei die
Blutneubildung erfolgt, beweist eine Beobachtung von
Noorden's[21]), der die Erythrocytenzahl in 4 Tagen von
800 000 auf 1 300 000 ansteigen sah! Solche „Blutkrisen"
wurden ausserdem von Laache, Ehrlich, Dorn[51]) u. A.
beobachtet.

Oft ist diese Besserung nur vorübergehend, doch
mehren sich in letzter Zeit die Mittheilungen über Erkrankungsfälle, die einer dauernden Heilung zugeführt
worden sind. Laache sah diese günstige Wendung sogar in einem Falle eintreten, in dem die Blutkörperchenzahl auf 500 000 gesunken war!

Dennoch ist die Prognose der perniciösen Anämie
im Allgemeinen ungünstig. Verhältnissmässig gut sind die
Aussichten auf Heilung selbstverständlich in den Fällen,
wo der Ursprung des Leidens mit Schädlichkeiten in Zusammenhang gebracht werden kann, die sich beseitigen
lassen. So gelingt es zuweilen, die Krankheit durch die
Abtreibung von Eingeweidewürmern oder durch die Entleerung faulender Massen aus dem Darmkanal rasch zu
beheben. Doch darf man nicht vergessen, dass die Blutveränderungen bei dieser Anämieform, wenn sie einmal
einen gewissen Grad erreicht haben, gleichsam Selbständig-
keit gewinnen und fortschreiten können, wenn auch die
Ursache beseitigt ist, durch die sie zuerst hervorgerufen
worden waren.

In den geheilten Fällen bleibt eine erhöhte Neigung zu erneuter Erkrankung bestehen.

Anatomischer Befund. Die augenfälligste Erscheinung an den Leichen der an perniciöser Anämie Gestorbenen ist die Blutlosigkeit, die blasse Farbe aller Organe, die noch modificirt wird durch die Verfettung, die sich an verschiedenen Leichentheilen zu finden pflegt. Besonders ausgesprochen ist dieselbe gewöhnlich am Herzen, wo die verfetteten Stellen in Form von gelben Strichen oder einer getigerten Zeichnung durch das Pericard durchleuchten und namentlich auf der Innenfläche des Herzens, am stärksten gewöhnlich an den Papillarmuskeln, zu sehen sind. Nach Krehl[52]) lässt übrigens der Grad der Verfettung keine Schlüsse auf die Intensität der Erkrankung zu. Ausser am Herzen, findet sich fettige Degeneration namentlich nicht selten an den Nierenepithelien und den Drüsenelementen des Pankreas.

Ein häufiger Befund sind ferner Hämorrhagien in den Meningen und im Gehirn und Rückenmark, meist capillärer Natur, ferner in den Lungen, den Nieren und vielen anderen Organen.

Als Folge der ausgedehnten Blutzerstörung findet sich ziemlich constant eine abnorme Eisenablagerung in Leber, Milz, Nieren und Knochenmark (Quincke[36]), Mott[31]), Hunter[27]), Stühlen[53]), ein Befund, der ausser bei der perniciösen Anämie, nur noch nach der Einwirkung von blutlösenden Giften und bei solchen Erkrankungen erhoben wird, die zu Blutungen in die Körperorgane führen (Scorbut), während er bei secundären Anämien fehlt.

Die oben schon erwähnten Veränderungen an der Schleimhaut des Magen- und Darmkanals: Auflockerung, Follikelschwellung, Athrophie, wird von Manchen als Folgeerscheinung der Anämie aufgefasst (Eichhorst); Wiltschur fand auch ulceröse Veränderungen und Bildung diphtheritischer Beläge im Darmkanal.

Die Veränderungen am Knochenmark, die dem Mark

der Röhrenknochen ein rothes lymphoides Aussehen verleihen, sind schon oben besprochen worden; sie sind kein ganz constanter Befund, namentlich bei rapidem Krankheitsverlauf bleibt zuweilen das normale Fettmark erhalten.

Diagnose. Die Diagnose der perniciösen Anämie kann unter Umständen grosse Schwierigkeiten bereiten. Fälle von Chlorose lassen sich in der Regel durch das Geschlecht und das Alter der Kranken und durch den gutartigen Verlauf der Krankheit unterscheiden, dagegen ist die Ausschliessung gewisser secundärer Anämien, namentlich der Carcinomkachexie bisweilen ausserordentlich schwierig, ja unmöglich. Für perniciöse Anämie spricht in solchen Fällen eine ausgesprochene Erhöhung der Körpertemperatur, während der Mangel des Fiebers nicht dagegen in die Wagschale gelegt werden kann.

Besonders wichtig für die einzuschlagende Therapie ist es, festzustellen, ob der Anämie Helminthiasis zu Grunde liegt, eine Frage, die nur durch genaue Untersuchungen der Fäces auf das Vorhandensein von Parasiten oder ihrer Eier zu lösen ist.

Oft giebt sich der abnorme Blutzerfall durch dunkele Farbe des Harns kund; während eine Vermehrung seines Indicangehaltes auf eine Steigerung der Eiweissfäulniss im Darm hindeutet.

Bei der Blutuntersuchung ist auf das Verhältniss der Erythrocytenzahl zu dem Hämoglobingehalt und auf das Vorhandensein von Makrocyten und Megaloblasten zu achten; die Poikilocytose ist nicht charakteristisch für perniciöse Anämie.

In vielen Fällen kann man nur durch längere Beobachtung der Kranken zur Diagnose gelangen.

Therapie. Ausser der Regelung der Lebensweise und der Heranziehung aller Hülfsmittel, die zur Hebung der Constitution im Allgemeinen dienen können, kommt als Medicament vorzugsweise der Arsenik in Betracht, während Eisenmittel gewöhnlich schlecht vertragen werden.

Ferner ist die Ausführung einer Bluttransfusion in Erwägung zu ziehen. Auch Sauerstoffinhalationen können versucht werden.

Bezüglich aller Einzelheiten verweise ich auf das Capitel über allgemeine Therapie (S. 89 ff.).

Literatur.

1. Immermann, Allg. Ernährungsstörungen. v. Ziemssen's Handb. XIII. 1879.
2. Quincke, Ueber perniciöse Anämie. Volkmann's Sammlg. klin. Vortr. 100, 1876.
3. Laache, Die Anämie, 1883.
4. Eichhorst, Perniciöse Anämie. Eulenburg's Encyclopädie. 2. Aufl. 1888.
5. Birch-Hirschfeld, Verh. des XI. Congr. f. innere Med. 1892.
6. Hoffmann, Lehrb. der Constitutionskrankheiten. 1893.
7. Fischl und Adler, Zeitschr. f. Heilkunde. XIV, 1893.
8. Frankenhäuser, Centralbl. f. d. med. Wissenschaft 1883, 4, citirt bei Wiltschur (l. c.).
9. Perles, Berliner klin. Wochenschr. 1893, 40.
10. Reyher, Deutsches Arch. f. klin. Med. XXXIX, 1886.
11. Runeberg, Dasselbe Archiv XLI, 1887.
12. Schapiro, Zeitschr. f. klin. Med. XIII, 1887.
13. Lichtheim, Verhandl. d. VI. Congr. f. innere Med. 1887.
14. Dehio, Petersburger med. Wochenschr. 1891, 1.
15. Schaumann, Zur Kenntniss d. sog. Bothriocephalen-Anämie, Berlin 1894.
16. Demme, Bericht aus dem Jenner'schen Kinderspital. Bern 1891. Ref. in Centralbl. f. klin. Med. 1892.
17. Sandoz, Schweizer Korresp.-Bl. 1887, 18. Ref. in Schmidt's Jahrb. Bd. 217.
18. v. Noorden, Berliner klin. Wochenschr. 1892, 38 p. 359.
19. Friedrich Müller, Charité-Annalen XIV, 1889. Ref. in Schmidt's Jahrb. Bd. 224.
20. Klein, Ber. der Rudolphstiftung in Wien 1891. Wien 1892.
21. v. Noorden, Charité-Annalen XVI, 1891. Ref. in Schmidt's Jahrb. Bd. 232.
22. Fenwick, Lancet 1877, II. 1. Ref. in Schmidt's Jahrb. Bd. 196.
23. Nothnagel, Deutsches Arch. f. klin. Med. XXIV. 1879. Ref. ebenda.

24. Litten, Verh. des VI. Congr. f. innere Med. 1887.
25. Eisenlohr, Deutsche med. Wochenschr. 1892, 49.
26. Ewald, Berliner klin. Wochenschr. 1895, 45.
27. Hunter, Transact. of the med. soc. of London 1886—87.
27a. Derselbe, Gaz. de Paris 1893, 1—16.
28. Wiltschur, Deutsche med. Wochenschr. 1893, 30—31.
29. Vanni, Morgagni 1893, 9. Ref. in Centralbl. f. innere Med. 1894.
30. Jürgensen, Verh. d. VI. Congr. f. innere Med. 1887.
31. Mott, Practitioner, Aug. 1893.
32. Rosenheim, Deutsche med. Wochenschr. 1890, 15.
33. Rindfleisch, Virchow's Arch. Bd. 121. Ref. in Centralbl. f. klin. Med. 1890.
34. A. F. Müller, Deutsches Arch. f. klin. Med. LI.
35. E. Neumann, Berliner klin. Wochenschr. 1877; Ztschr. f. klin. Med. III. 1881.
36. Quincke, Deutsch. Arch. f. klin. Med. XXXIII, 1883.
37. Ehrlich, Farbenanalyt. Unters. etc. 1891.
38. Maragliano, Berliner klin. Wochenschr. 1892, 31.
39. Muir, Journ. of Pathol. II, 3. 1894.
40. Ehrlich, Verh. d. XI. Congr. f. innere Med. 1892.
41. Escherich, Wiener klin. Wochenschr. 1892, 13—14.
42. Biggs, Proc. of the New-York pathol. soc. 1891.
43. Warfvinge, Arsberäthelse fran Sabbathsbergs sjukhus i Stockholm, 1882. Ref. in Schmidt's Jahrb. Bd. 222.
44. Hennige, Deutsch. Arch. f. klin. Med. XXIII, 1879. Ref. in Schmidt's Jahrb. Bd. 192.
45. Minnich, Ztschr. f. klin. Med. XXI, 1892.
46. Bormann, Brain, 1894. Ref. in Centralbl. f. klin. Med. 1894.
47. Nonne, Centralbl. f. klin. Med. 1894, 44.
48. Kernig, Deutsch. Arch. f. klin. Med. XXIV. Ref. in Schmidt's Jahrb. Bd. 196.
49. Copeman, Lancet 1887, I, 22.
50. Askanazy, Ztschr. f. klin. Med. XXIII.
51. Dorn, Dissertation, Berlin, 1891.
52. Krehl, Deutsches Arch. f. klin. Med. LI, 1893.
53. Stühlen, Dasselbe Archiv LIV, 1894.
54. Askanazy, Deutsche med. Wochenschr. 1895, Vereinsbeilage 21.

B. Leukämie und Pseudoleukämie.

1. Die Leukämie.

Das wesentliche Symptom der Leukämie ist eine fortschreitende Vermehrung der Leukocyten im Blute, während zugleich die Erythrocytenzahl allmählich abnimmt; anatomisch ist die Erkrankung durch Lymphombildung in den blutbildenden Organen und lymphomatöse Infiltrationen in anderen Körpertheilen charakterisirt.

Virchow erkannte zuerst die wahre Bedeutung der, bei gewissen Krankheitszuständen im Leichenblut nachgewiesenen Anwesenheit grosser Mengen von farblosen Zellen und ihren Zusammenhang mit Erkrankungen der blutbereitenden Organe, während frühere Beobachter, namentlich auch Bennet, diese Veränderung als Eiterbildung aufgefasst hatten. Nachdem im Jahre 1845 die anatomische Beschreibung der Leukämie von Virchow erschienen war, wurde die Krankheit 1849 von Vogel zum ersten Male am Lebenden diagnosticirt.

Virchow unterschied damals nur eine lienale, lymphatische und gemischte Form der Leukämie und erst 1869 fand Neumann, dass der Erkrankungsprocess auch vom Knochenmark ausgehen könne und stellte die myelogene Form der Leukämie auf.

Die Aetiologie der Leukämie ist noch fast vollkommen dunkel.

Zahlreiche Forscher haben sich bemüht, bei Leukämikern organisirte Krankheitserreger im Blute oder in den blutbildenden Organen nachzuweisen; theilweise mit positivem Erfolg.

Abgesehen von den früheren Mittheilungen von Klebs, der schon im Jahre 1880 „Monadinen" und später lebhaft bewegliche Bacillen in grosser Menge im Blute gefunden haben wollte, wurden zuerst von Osterwald im Blut, in der Milz und in den metastatischen Lymphomen eines Leukämiekranken Mikrococcen nachgewiesen. Denselben Befund hatten dann Hinterberger[5], Hintze[7] u. A., und Verdelli[6] gelang es sogar, an Kaninchen durch Impfung mit den Culturen der Coccen oder mit Lymphdrüsenstückchen, die seinen zwei Kranken exstirpirt worden waren, ein Krankheitsbild zu erzeugen, das charakterisirt war durch Vergrösserung der Lymphdrüsen, der Milz und der Leber, lymphomatöse Infiltration in verschiedenen Organen, nekrotische Vorgänge an den Parenchymzellen und geringe Wucherung des Bindegewebes in Lymphdrüsen, Leber, Nieren und Milz.

Bacillenbefunde sind ferner von Claudio Fermi[8], Kelsch u. Vaillard[9] und Pawlowsky[10] veröffentlicht worden. Fermi züchtete aus Milz, Leber und Lymphdrüsen eines an Leukämie gestorbenen Mannes kurze, dicke, an den Enden abgerundete Stäbchen, die mit den von Kelsch und Vaillard beschriebenen übereinstimmten, und Pawlowsky fand bei vier Kranken während des Lebens im Blute und ferner in den Organen dreier Leichen sehr kleine, schwer zu färbende, gleichfalls an den Enden abgerundete Stäbchen. Ja, von Obrastzow[11] und Cabot[12] wurde sogar anscheinend Uebertragung der Krankheit von Person zu Person beobachtet, insofern als die Pfleger der zuerst an Leukämie erkrankten Personen bald darauf demselben Leiden zum Opfer fielen.

Diesen Beobachtungen, die für den infectiösen Charakter des leukämischen Krankheitsprocesses zu sprechen scheinen, stehen aber andere, negative Befunde gegenüber (Guttmann[13]), Litten[14]); Litten hat Blut, Milz- und Lymph-drüsensaft von vier lebenden Kranken in Koch's Institut untersuchen und Impfversuche damit anstellen lassen). Ferner ist ein Theil der oben erwähnten Bacterienbefunde an nicht mehr ganz frischen Leichen erhoben worden, während in einem weiteren Theil der Fälle Complicationen mit anderen, infectiösen Zuständen nicht ausgeschlossen erscheinen. Hier handelte es sich nämlich um Fälle von sogenannter acuter Leukämie, die ja häufig mit Ulcera-tionen im Mund oder auch im Darmkanal einhergeht; es könnte also auch von diesen Stellen aus eine Bacterien-invasion stattgefunden haben, die ätiologisch mit der Leukämie gar nicht in Zusammenhang stünde.

Die infectiöse Natur der Leukämie ist demnach vor-läufig nicht erwiesen.

Zweifellos kommt die Krankheit wesentlich häufiger unter der arbeitenden Bevölkerung, als in den höheren Ständen vor; nach einer Zusammenstellung von Mosler gehörten den letzteren unter 80 Kranken nur 8 an. Ferner ist eine grössere Disposition des männlichen Ge-schlechtes unverkennbar (Ehrlich: 60 Männer, 31 Frauen; Mosler: 18 Männer, 8 Frauen). Früher wurde allgemein angenommen, dass die Leukämie vorwiegend nur in dem dritten bis fünften Lebensjahrzehnt vorkomme, doch, wie bei der perniciösen Anämie, mehren sich in neuerer Zeit die Mittheilungen über Erkrankungen in einem früheren Alter, ja sogar in der ersten Kindheit (Welch[15]), v. Jaksch[16]), Ortner[17]), Thomson u. Muir[18]), Middle-ton[19]), Morse[20]), und Senator[21]) sah sogar den Krank-heitsprocess von der 17. Woche an beginnen. Nach einer Statistik von Weber[22]) über 28 Fälle betrafen 4 das erste Lebensjahr und 12 Kranke waren nicht über 20 Jahre alt.

Ob erbliche Einflüsse eine Rolle spielen, ist noch zweifelhaft. Directe Uebertragung von der erkrankten Mutter auf den Fötus scheint nicht stattzufinden, obgleich die Krankheit angeboren vorkommen kann, auch wenn die Mutter gesund ist (Sänger[23]). Cameron[24]) nimmt an, dass die Disposition zur Erkrankung an Leukämie auf die Kinder übergehe. Das wiederholt beobachtete Befallenwerden von Geschwistern (Biermer, Senator[21]), Eichhorst) könnte auch durch die Einwirkung derselben Schädlichkeit auf mehrere Mitglieder einer Familie erklärt werden.

Der Ausbruch der Krankheit wird auf mancherlei Ursachen zurückgeführt: mangelhafte Ernährung, schlechte hygienische Verhältnisse, geistige Anstrengung, Kummer und Sorge sollen hier in Frage kommen; ferner besonders auch wiederholte Schwangerschaften und Aborte. Mosler[1]) betont die Bedeutung starker Erkältungen; Ebstein[25]), Greiwe[26]) u. A. haben Leukämie im Anschluss an Quetschungen und Erschütterungen der Milzgegend auftreten sehen. In manchen Fällen waren der Bluterkrankung Infectionskrankheiten (Diphtherie, Typhus, Intermittens, Influenza [Litten], Lues) vorausgegangen; bei Kindern scheint die Rachitis, die ja mit einer Reizung des Knochens verläuft, den Ausbruch der Leukämie befördern zu können. Auch langwierige Diarrhöen wirken in diesem Sinne.

Nicht selten entwickelt sich die Leukämie aus der Hodgkin'schen Krankheit (Fleischer u. Pengoldt[27]), Mosler, Westphal, Troje[28]); Palma[20]) sah sie als Complication des Lymphosarcoms auftreten und in einem Falle Litten's wurde sie in den letzten Stadien der perniciösen Anämie beobachtet.

Bei der Frage nach dem Wesen der Leukämie handelt es sich hauptsächlich darum, zu entscheiden, ob die zuerst von Virchow ausgesprochene Anschauung zu Recht besteht, dass die Erkrankung eines oder mehrerer Systeme lymphatischer Organe das Primäre sei oder ob der eigentliche pathologische Process sich im Blute abspielt und die an der Milz, den Lymphdrüsen, dem Knochenmark beobachteten Veränderungen secundärer Natur sind.

Den letzteren Standpunkt nehmen Robin, Kottmann, Renaut, Biondi, Biesiadecki und Löwit ein, und zwar nehmen diese Forscher zum Theil eine abnorm gesteigerte Vermehrung der Leukocyten im strömenden Blute an, während Biesiadecki ungenügende Umwandlung in Erythrocyten und Löwit einen verminderten Zerfall der weissen Zellen vermuthet.

Roux[30]) nimmt eine vermittelnde Stellung ein, indem er sich einerseits der Meinung Löwit's anschliesst, andererseits aber auch mit Virchow eine Steigerung der Leukocytenbildung in den blutbildenden Organen annimmt.

Diese Virchow'sche Lehre wird von den meisten älteren und neueren Forschern getheilt (so von Bollinger, Neumann, Mosler, Cohnheim, Hayem, Wertheim[31]), H. F. Müller[32]), Troje[28]) u. A.) und stützt sich neuerdings namentlich auf den von Wertheim, H. F. Müller u. A. geführten Nachweis karyokinetischer Vorgänge an den Zellen der blutbildenden Organe. Von Hindenburg[33]) wird die Möglichkeit betont, dass die neugebildeten Zellen im Blute noch eine weitere Vermehrung eingehen.

Die früher auch diagnostisch getrennten Formen der lymphatischen, lienalen und medullaren Leukämie sind höchstwahrscheinlich als der Ausdruck desselben Processes in den blutbildenden Organen aufzufassen (Müller) und, da die eine Form in die andere übergehen kann, ist es oft unmöglich, den Ausgangspunkt der Erkrankung anatomisch festzustellen. Aber auch klinisch lässt sich, aus dem Blutbefund wenigstens, nicht erschliessen, welches Organ das zuerst oder vorwiegend afficirte ist. Denn einmal ist auch dieser häufig nicht constant und ferner geht aus neueren Untersuchungen von Arnold[34]) u. A. hervor, dass im Knochenmark verschiedene Zellformen vorkommen: Lymphocyten wie Myelocyten und alle Arten der Granulirung. Man kann demnach aus der im Blute vorwiegend gefundenen Leukocytenform keinen Schluss auf Erkrankung eines bestimmten blutbildenden Organes ziehen.

Die Lymphombildung in anderen Organen (Leber,

Nieren, Haut u. s. w.) wird von Virchow darauf zurückgeführt, dass ein durch die Leukocyten weiter transportirtes Virus eine Wucherung der Gewebselemente anregt, während mehrere neuere Forscher die Bildung der Tumoren den ausgewanderten Leukocyten selbst zuschreiben.

Symptome und Verlauf. Die Leukämie nimmt in der Regel einen überaus chronischen Verlauf und kann sich über mehrere Jahre hinziehen; es kommen aber auch plötzlich beginnende und rasch zum Tode führende Fälle vor, die überhaupt durch gewisse Besonderheiten ihres klinischen Bildes ausgezeichnet zu sein pflegen.

Die ersten Krankheitserscheinungen werden gewöhnlich durch die Vergrösserung der Milz bedingt. Das anschwellende Organ erzeugt ein Gefühl von Vollsein und Druck im linken Hypochondrium, und auch die Athmung kann durch die Behinderung der Zwerchfellthätigkeit schon frühzeitig erschwert werden. In anderen Fällen lenken die Lymphdrüsentumoren zuerst die Aufmerksamkeit der Kranken auf sich oder erzeugen, bei verstecktem Sitz, durch Druck auf ihre Nachbarorgane Beschwerden verschiedener Art.

Die Hautfarbe kann lange Zeit normal bleiben, und auch der Ernährungszustand zeigt sich oft gut erhalten. Gewöhnlich macht sich aber bald eine zunehmende Blässe geltend; die Haut gewinnt ein fahles Aussehen, in den späteren Stadien häufig ein gelbliches Colorit und auch die Schleimhäute verlieren ihr rosiges Incarnat.

Das ausschlaggebende Symptom ist der Blutbefund. Schon bei makroskopischer Betrachtung erscheint das Blut in schwereren Fällen auffallend blass oder rahmartig, manchmal bräunlich verfärbt, und die mikroskopische Untersuchung lässt gewöhnlich ohne weiteres die Vermehrung der Leukocyten erkennen. Während das normale Blut ungefähr 7000—10000 weisse Blutkörperchen in einem Kubikmillimeter enthält, ihr Zahlenverhältniss zu den rothen also wie 1:700 bis 1:500 ist, kann sich dieses Verhältniss bei der Leukämie zu Gunsten der farblosen Zellen derart verändern, dass sie den Erythrocyten an Zahl gleichkommen, ja diese sogar übertreffen. In einem Falle von Eichhorst[38]) wurden z. B. 316000 rothe und 360000 weisse Blutkörperchen im Kubikmillimeter Blut gefunden.

Diese Leukocytenvermehrung geht nicht in derselben Form von statten, wie bei den Leukocytosen. Während hierbei namentlich die polynucleären Zellen in grosser Menge im Blute erscheinen, sind bei der Leukämie entweder die kleinen einkernigen „Lymphocyten" vermehrt oder es treten in Masse grosse, mononucleäre Zellen mit wenig, neutrophil gekörntem Protoplasma und einem grossen Kern auf. Diese von Ehrlich u. A. „Myelocyten", „Markzellen" genannten Gebilde wurden von Virchow, Mosler, Eberth, Eisenlohr, Litten[39]) u. A. bei der Leukämie im Blute beobachtet und von Eberth und H. F. Müller[32]) wurde ihre Identität mit den „Cellules medullaires" des Knochenmarkes (Cornil) nachgewiesen. Ins Blut gelangt, vermögen sich diese Zellen noch weiter zu vermehren, wie die an ihnen von Müller gefundenen Karyokinesen beweisen; in manchen Fällen nimmt ein Theil davon eosinophile Granula an.

Eine Zeit lang schien es, dass in dem Auftreten der Markzellen im Blute ein charakteristisches Zeichen der Leukämie gegeben sei[43]), neuere Beobachtungen haben aber gezeigt, dass dieselben auch bei anderen Anämien und Kachexien gefunden werden, z. B. bei syphilitischer Anämie und bei Carcinomkachexie (Loos, Reinbach[46]). Früher glaubte man allgemein, aus dem Vorwiegen der einen oder der anderen Zellenart Schlüsse auf den Sitz der Erkrankung ziehen zu können; nachdem aber, wie erwähnt, durch Arnold u. A. nachgewiesen ist, dass im Knochenmark auch Zellen vom Typus der Lymphocyten gebildet werden, erscheint dies nicht mehr zulässig.

Ausser den erwähnten Zellenarten zeigen sich in einem Theil der Fälle von Leukämie auch die eosinophilen Leukocyten vermehrt, ja Ehrlich war sogar früher der Meinung, dass ihrem gesteigerten Auftreten eine besondere diagnostische Bedeutung zugeschrieben werden könne, doch hat die neuere Forschung diese Anschauung nicht bestätigt (vgl. S. 70). Dasselbe gilt von dem Vorkommen der Mastzellen mit (basophiler) γ-Granulation, die kürzlich von Canon[41]) auch bei Gesunden im Blute gefunden worden sind.

In manchen Fällen ist an den Leukocyten des leukämischen Blutes fettige Degeneration nachzuweisen (Vehsemeyer[35]), Litten[42]).

Die rothen Blutkörperchen und das Hämoglobin nehmen auch bei der Leukämie ab, aber nur selten in so hohem Grade wie bei der perniciösen Anämie. Häufig finden sich kernhaltige Erythrocyten, ja Troje[28]) ist es sogar gelungen, auch an ihnen Mitosen darzustellen.

Die Blutplättchen wurden von Afanassiew[44]), Pruss und Litten.[39]) vermehrt gefunden.

In der Milz und im Leichenblute von Leukämikern wurden zuerst von Charcot und Robin, später von mehreren anderen Autoren die unter dem Namen der „Charcot'schen Krystalle" bekannten schlanken Octaeder gefunden. Sie entstehen namentlich dann, wenn das Blut reich an grossen, protoplasmareichen, eosinophile Körnung führenden Leukocyten ist (Neumann[45], Litten[42]); Westphal[46]) gelang es, sie an Lebenden in dem durch Punction gewonnenen Milzsaft nachzuweisen.

Die chemische Untersuchung des leukämischen Blutes ergiebt selbstverständlich eine Vermehrung der den Leukocyten eigenen Substanzen, z. B. der Nucleinphosphorsäure (Kossel[48]); Ludwig wies darin beträchtliche Mengen von Pepton nach, desgleichen Freund und Obermayer[49]), Andere fanden Hypoxanthin und Glutin. In dem von Freund und Obermayer analysirten Blute fand sich ferner eine bedeutende Vermehrung des Fettes, des Lecithins und des Cholesterins:

Ein constantes und häufig das erste Zeichen der Leukämie ist der Milztumor, der zu enormer Grösse anwachsen, ja mehr als die Hälfte der Bauchhöhle einnehmen kann. Die Milz behält dabei ihre charakteristische Gestalt, ihr medialer Rand zeigt die bekannten Einkerbungen; die Oberfläche des Tumors ist glatt und auf Druck in der Regel nicht schmerzhaft. In seltenen Fällen kommt es, in Folge rapiden Wachsthums des Organes oder bei verringerter Dehnbarkeit seiner Kapsel, zur Ruptur der Milz.

In der Mehrzahl der Fälle betheiligen sich auch die Lymphdrüsen an der Hyperplasie und bilden in der seitlichen Halsgegend, in den Leisten und in den Achselhöhlen nicht selten faustgrosse Tumoren, die sich durch Schmerzlosigkeit und mangelnde Hautröthung von Drüsenschwellungen anderer Herkunft unterscheiden. Wenn die mediastinalen und peribronchialen Lymphdrüsen anschwellen, so können die bekannten Erscheinungen von Compression der Bronchien oder der Gefässe und Nerven des Mediastinums hervortreten, während retroperitoneale Drüsenpackete maligne ·Abdominaltumoren vorzutäuschen vermögen. In selteneren Fällen nehmen auch die Tonsillen, die Thyreoidea oder die Thymus an der Anschwellung Theil.

Als klinisches Symptom der Erkrankung des Knochenmarkes wird. gewöhnlich die Schmerzhaftigkeit der Knochen angesehen, die sich spontan oder bei Druck und Beklopfen bemerkbar macht; doch hat die Erfahrung gezeigt, dass dieser Zusammenhang sich häufig nicht nachweisen lässt. Birch-Hirschfeld[47]) führt die fragliche Erscheinung auf leukämische Periostitis zurück und Schultze[57]) hat darauf aufmerksam gemacht, dass die Schmerzen, die von vielen Kranken bei der Percussion des Sternums geklagt werden, durch Fortleitung der Erschütterung auf die geschwollene Leber entstehen können.

Die metastatische Lymphombildung, ein sehr häufiger Vorgang bei der Leukämie, und die Anhäufung von Leukocyten in den peripheren Gefässen können gleichfalls schon während des Lebens in ihren Folgen bemerkbar werden. Ziemlich häufig wird dadurch eine Vergrösserung der Leber verursacht. Ferner kommt es zuweilen zur Ausbildung lymphatischer Knoten in der Orbita und dadurch zu Exophthalmos (Leber, Birk, Dunn[50]). Die ophthalmoskopische Untersuchung lässt bei manchen Kranken, auch wenn keine Sehstörungen bestehen, die Erscheinungen der Retinitis leukaemica erkennen: die Sehnervenpapille stellt sich verwaschen dar, die Gefässe mit einem weissen Saum umgeben, es finden sich gelbe prominente Flecke, oft mit einem hämorrhagischen Hof; auch Blutungen mit centralem hellem Fleck kommen vor.

Erkrankungen des inneren Ohres sind selten, wurden aber von Gottstein[51]) und Blau[52]) in Form des Menière'schen Schwindels und fortschreitender Taubheit beobachtet. Politzer[53]) fand in einem Falle in der Schnecke im Vorhof und in den halbzirkelförmigen Kanälen ein succulentes, stellenweise verknöchertes Gewebe, von massenhaften Leukocyten durchsetzt.

In der Haut kann es, ausgehend von den Gefässen der Schweissdrüsen, zu lymphatischen Infiltrationen in den tieferen Schichten des Coriums kommen, die als eine kleinknotenförmige Hauterkrankung mit geringer Neigung zur Verschwärung in die Erscheinung treten (Biesiadecki, Kaposi, Hochsinger und Schiff[54]).

Lymphome im Gehirn und Rückenmark können, je nach ihrem Sitz, die verschiedensten Symptome bedingen; auch die Leukocytenanhäufungen in den Gefässen und in deren Lymphscheiden können hier natürlich bedenkliche Folgen haben (Byrom-Bramwell[55]), Friedländer[56]) u. A.). Eisenlohr beobachtete in einem Falle einen an Bulbärparalyse erinnernden Symptomencomplex, der durch Hämorrhagien und Anhäufung lymphatischer Massen in den Nervenscheiden der betroffenen Hirnnerven bedingt war, und bei einem Kranken Neusser's wurden durch Compression der sensibeln Wurzeln der Spinalnerven Crises gastriques wie bei der Tabes verursacht. Wie bei der perniciösen Anämie, können aber auch hier degenerative Processe in den Hintersträngen des Rückenmarks zu Stande kommen und kürzlich hat Kast[58]) ähnliche Vorgänge an den feinen Verbindungsfasern der Medulla oblongata beschrieben. Endlich kommt es, unter dem Einfluss der hämorrhagischen Diathese zuweilen zu Blutergüssen in das Centralnervensystem.

Der Priapismus, der eine seltene aber sehr quälende Erscheinung ist und viele Wochen andauern kann, wurde früher gleichfalls auf nervöse Einflüsse (Reizung der Nervi erigentes) zurückgeführt; neuere Beobachtungen haben aber gelehrt, dass er, wenigstens in einem Theil der Fälle, auf der Bildung weisser Thromben in den Corpora cavernosa penis beruht (Kast[58]). Das Glied kann dabei ödematös geschwollen und sehr schmerzhaft sein (Schultze[57]).

Nicht selten schwellen die Follikel des Rachens und der Zungenbasis an, das Zahnfleisch entzündet sich und zeigt Geschwürsbildung; auch die Speicheldrüsen können stark intumesciren.

Eine sehr häufige Begleiterin der Leukämie ist die hämorrhagische Diathese; nach Gowers und Mosler[59]) kommt sie in mehr als der Hälfte aller Fälle zur Beobachtung. Sie kann zu Blutungen in die Haut, auf die Oberfläche der Schleimhäute und in die Muskeln führen und beschleunigt dadurch nicht selten den Tod der Kranken.

Was den Stoffwechsel der Leukämischen anlangt, so lauten die Angaben über die Ausnutzung der Nahrung verschieden: während Pettenkofer und Voit, Fleischer und Penzoldt und Spirig[60]) die Resorption der Eiweisskörper herabgesetzt fanden, erhielt May bei seinen Untersuchungen normale Zahlen. Fast alle Beobachter stimmen darin überein, dass die Harnsäureausscheidung ganz erheblich gesteigert zu sein pflegt, eine Thatsache, die ein besonderes Interesse gewinnt im Hinblick auf die Hypothese von Horbaczewski, dass die Leukocytenkerne die hauptsächliche Quelle der im Organismus gebildeten Harnsäure seien (vgl. S. 66). Albumin wird zuweilen in geringen Mengen im Harn gefunden, manchmal auch spärliche hyaline Cylinder.

Die Anämie, die, wie erwähnt, die Leukämie zu begleiten pflegt, bedingt eine Reihe von Erscheinungen, denen wir schon bei den anderen Anämieformen begegnet sind, wie Oedeme der Haut, functionelle Störungen am Herzen, Schwindel, Kopfschmerz, Ohrensausen; ferner Appetitlosigkeit u. s. w.

Als häufigere Complicationen sind Catarrhe der Luftwege, Pneumonien und pleuritische Ergüsse zu nennen. v. Engelhardt[61]) beobachtete einen Fall mit paroxysmenweise auftretender Hämoglobinurie.

Das Krankheitsbild der „acuten Leukämie" ist zuerst von Ebstein[62]) im Jahre 1889 an der Hand eigener und aus der Literatur gesammelter Fälle zusammenfassend beschrieben worden; seitdem wurde von Westphal[63]), H. Leyden[65]), Senator[64]), Nobl[66]), Obrastzow[11]), Hinterberger[5]), Guttmann[13]), Eichhorst[67]), Hilbert[68]), Kirstein[71]), Seelig[69]) und namentlich von A. Fränkel[70]) eine grössere Zahl von Fällen dieser Art veröffentlicht.

Während die chronische Leukämie schleichend beginnt und ihr Krankheitsbild erst nach vielen Monaten zur vollen Entwickelung kommt, setzt die acute Form plötzlich ein und führt, unter rascher Entwickelung aller Erscheinungen, meist in wenig Wochen, spätestens in drei bis vier Monaten zum Tode.

Die Erkrankung wird in der Regel durch Beschwerden allgemeiner Natur, wie Kopfschmerz, Schwindelgefühl, Ziehen in den Gliedern, Mattigkeit, seltener durch einen Schüttelfrost eingeleitet; bisweilen machen sich im Beginn Stiche in der Milzgegend bemerkbar. Die Körpertemperatur kann normal bleiben, doch stellt sich in vielen Fällen Fieber bis 39—40⁰ ein, und es kann sich ein Temperaturverlauf wie beim Typhus, begleitet von schweren Bewusstseinsstörungen ausbilden.

Die schon bei der chronischen Leukämie erwähnten Veränderungen in der Mundhöhle, Entzündung und Verschwärungen der Schleimhaut, treten hier fast regelmässig auf und bilden meist eines der ersten Symptome; das Zahnfleisch zeigt dabei gewöhnlich nur Schwellung und Auflockerung, kann aber auch an der Geschwürsbildung theilnehmen. Nicht selten kommt es auch im Darmcanal zur Geschwürsbildung.

Sehr früh wird der Krankheitsverlauf durch Erscheinungen von hämorrhagischer Diathese, mit Blutungen in das Gehirn (Fränkel u. A.), aus den Geschwüren der Mundhöhle, in den Verdauungskanal u. s. w. complicirt.

Die Anschwellung der Milz kann völlig fehlen (Ebstein) und wird selten so hochgradig, wie bei der chronischen Form, auch die Lymphdrüsenvergrösserung hält sich meist in engeren Grenzen.

Die Veränderungen am Blut sollen insofern charakteristisch sein, als besonders häufig die einkernige Leukocytenform vom Typus der Lymphocyten vermehrt erscheint (Fränkel); doch kommen auch andere Leukämieformen mit acutem Verlauf vor.

Mehr noch, als bei der chronischen Leukämie drängt sich bei diesem acut einsetzenden und kurzen Krankheitsverlauf der Gedanke auf, dass wir es mit einer Infectionskrankheit zu thun haben, wenn auch der Beweis dafür, wie schon oben besprochen wurde, bis jetzt nicht erbracht werden konnte.

Der Verlauf der Leukämie ist äusserst verschieden. Während ein Theil der Fälle, auch der chronischen Form, unaufhaltsam fortschreitet und etwa in Jahresfrist tödtlich endet, zeigt die Krankheit in vielen anderen Fällen mancherlei Schwankungen. Aus unbekannten Gründen tritt zuweilen in dem Blutbefund eine wesentliche Aenderung ein: während im Anfang die Lymphocyten dominirten, wird jetzt das Blut von Markzellen in Masse überschwemmt, oder die Leukocytenzahl nimmt ab und nähert sich wieder mehr dem normalen Verhältniss, während zugleich die Milz und die Lymphdrüsen abschwellen.

Solche Remissionen der Krankheit können spontan eintreten, wurden aber namentlich unter dem Einfluss intercurrenter Infectionskrankheiten von Eisenlohr, Heuck, Quincke, Kovács[72]) u. A. beobachtet. Fränkel[70]) sah auch in einem Fall von acuter Leukämie, unter dem Einfluss einer septischen Infection, die Leukocytenzahl im Blute rasch abnehmen; da sich aber gleichzeitig die Harnsäureausscheidung beträchtlich steigerte, deutet er diese Abnahme als Zerfall grosser Mengen von Leukocyten, als Leukolyse.

Gewöhnlich sind die Besserungen im Zustand der Kranken, mögen sie nun spontan, oder im Anschluss an intercurrente Krankheiten, oder auch im Zusammenhang mit therapeutischen Maassnahmen eingetreten sein, nur vorübergehend, doch kommen auch ziemlich lange dauernde Intermissionen vor, ja von Mosler u. A. wird sogar über Heilungen von Leukämiefällen berichtet.

Die chronische Leukämie kann sich 8—9 Jahre hinziehen, bis endlich die Kranken an Erschöpfung oder an einem der Folgezustände der Krankheit zu Grunde gehen.

Die acute Leukämie führt unaufhaltsam zum Tode, meist in wenig Wochen; ihre längste beobachtete Dauer betrug 4 Monate.

Die Prognose ist nach dem Gesagten fast absolut lethal. Eine Abschätzung der muthmaasslichen Dauer des Leidens ist meist unmöglich; im Allgemeinen lässt frühzeitiges Auftreten ausgesprochener Erscheinungen von hämorrhagischer Diathese einen raschen Verlauf erwarten.

Anatomischer Befund. Die wesentlichsten Veränderungen finden sich naturgemäss an den blutbildenden und lymphatischen Organen.

Die Milz ist enorm vergrössert (bis zu 10 kg Gewicht) durch Hyperplasie ihrer zelligen Elemente. In den früheren Stadien ist sie von weicher Consistenz, später, wenn das Reticulum und die Stromabalken sich verdichten, kann

sie brettartig hart werden. Die Hyperplasie der Malpighi'-
schen Körper lässt das Gewebe mit weissgelblichen Knötchen durchsetzt erscheinen, in deren Umgebung sich
nicht selten Pigment anhäuft[4]); zuweilen wachsen die
hyperplastischen Follikel zu nussgrossen Knoten an und
geben dann der Schnittfläche ein sehr buntes Aussehen.
Häufig finden sich in der Milz Charcot'sche Krystalle
in grosser Menge. Die Milzkapsel ist oft verdickt, mit
zottenartigen Anhängseln besetzt und stellenweise mit der
Umgebung verwachsen.

Ausser der Milzschwellung findet sich gewöhnlich eine
mehr oder weniger ausgedehnte Hyperplasie der Lymphdrüsen; sehr selten kommt dieselbe auch ohne Milzschwellung zur Beobachtung. Ferner können die Follikel
des Darmes und der Zungenschleimhaut, die Tonsillen
und die Thymus an der Hyperplasie theilnehmen.

Das Knochenmark, und zwar sowohl in den spon-
giösen wie in den Röhrenknochen, ist entweder von röth-
licher, an Himbeergelée erinnernder Farbe und enthält
grosse Mengen von kleinen, den Lymphocyten ähnlichen
Zellen oder es zeigt eine graulichgelbe Farbe und eiter-
artige Beschaffenheit, die durch die Anwesenheit grosser
Zellen mit ein oder zwei gleichfalls grossen Kernen („Markzellen") bedingt ist. Auch hier finden sich die Charcot'-
schen Krystalle.

Ausser der Hyperplasie der schon vorhandenen lymphatischen Apparate kommen aber, wie mehrfach erwähnt,
auch heteroplastische lymphatische Neubildungen vor, die
zum Theil durch die Anhäufung extravasirter Leukocyten,
theilweise aber auch, nach Virchow, durch eine Wucherung
der vorhandenen Bindegewebszellen entstehen. Diese Lymphombildung kommt, entweder in Form circumscripter
Knötchen oder als diffuse Infiltration, namentlich häufig
in der Leber und in der Niere vor; aber auch die Pleuren
und Lungen, das Herz, das Diaphragma (Grunewald),
das Peritoneum, das Centralnervensystem, die Haut, die
Nebennieren u. s. w. können davon ergriffen werden.

Bei der acuten Leukämie pflegen die geschilderten Veränderungen viel weniger stark ausgebildet zu sein, dagegen findet sich hier häufig Geschwürsbildung an der Schleimhaut des Digestionstractus.

Die Hämorrhagien wurden bei der Besprechung der Symptomatologie schon erwähnt.

Als Folge der Blutergüsse in verschiedene Körperorgane, wahrscheinlich aber vor Allem als Folge ververmehrten Zerfalls der rothen Blutkörperchen findet sich nicht selten der Eisengehalt der Leber erheblich gesteigert (Graanboom[73]).

Die vermehrte Harnsäureausscheidung kann zur Bildung von Concrementen in den Harnwegen Anlass geben.

Diagnose. Die Erkennung der Leukämie macht in fortgeschrittenen Fällen keine Schwierigkeiten. In den früheren Stadien der Krankheit ist die Verwechselung mit stark ausgebildeter Leukocytose denkbar; für Leukämie spricht in solchen Fällen das Vorhandensein von Lymphdrüsenschwellungen oder eines Milztumors und das numerische Zurücktreten der polynucleären Leukocyten im Blute, gegenüber den kleinen und grossen einkernigen Zellformen. Bei längerer Beobachtung ist ein Irrthum kaum möglich.

Leichter kann die acute Leukämie übersehen werden, und es empfiehlt sich, in allen unklaren Krankheitsfällen, die mit raschem Kräfteverlust einhergehen, eine Blutuntersuchung vorzunehmen; Entzündungen der Mundschleimhaut oder Erscheinungen von hämorrhagischer Diathese können hier auf die richtige Spur führen.

Therapie. Für die Behandlung der Leukämie ist das Wesentlichste die frühzeitige und lange fortgesetzte Anwendung allgemein stärkender Maassnahmen (hygienische, diätetische, climatische Behandlung, Hydrotherapie); ferner sind Sauerstoffinhalationen zu versuchen und von den Medicamenten namentlich die Arsenpräparate in con-

sequenter Weise anzuwenden (Beides wurde ganz kürzlich
wieder von Taylor[71]) gelobt, vergl. Abschnitt I, C).

Eine besondere Beantwortung erheischt die Frage, ob
man bei Leukämischen die vergrösserte Milz exstirpiren
darf. Eine Besserung des Grundleidens würde ja von
der Ausführung dieser Operation kaum zu erwarten sein,
da die Erkrankung fast nie auf die Milz allein beschränkt
ist, aber die Vergrösserung des Organes kann auch an
und für sich, namentlich, wenn die Milz ihre normale
Lage verlassen hat, den Gedanken an die Operation nahe
legen. Demgegenüber hat schon im Jahre 1880 Mosler[59])
hervorgehoben, dass durch das häufige und frühzeitige
Vorkommen der hämorrhagischen Diathese bei der Leukämie die Milzexstirpation bei dieser Krankheit contraindicirt sei, und eine Zusammenstellung von Adelmann[75]) lehrt, dass von 18 Kranken, die wegen leukämischer
Milztumoren operirt wurden, nur einer mit dem Leben
davon gekommen ist! Die Milzexstirpation bei Leukämie
wird deshalb gegenwärtig von fast allen Autoren als un-
erlaubt bezeichnet.

Literatur.

1. Mosler, Die Leukämie. v. Ziemssens's Handb. VIII. 1878.
2. Riess, Eulenburg's Encyklopädie. 2. Aufl. 1887.
3. Hoffmann, Lehrb. d. Constitutionskrankheiten. 1893.
4. Birch-Hirschfeld, Lehrb. d. pathol. Anatomie. 1887.
5. Hinterberger, Deutsches Arch. f. klin. Med. XLVIII. 1891.
6. Verdelli, Centralbl. f. d. med. Wissensch. 1893, 33.
7. Hintze, Deutsches Arch. f. klin. Med. LIII, 1894.
8. Claudio Fermi, Centralbl. f. Bacteriol. etc. 1890, 18.
9. Kelsch und Vaillard, Ann. de l'Instit. Pasteur. Mai 1890.
   Citirt bei Fermi.
10. Pawlowsky, Deutsche med. Wochenschr. 1892, 28.
11. Obrastzow, Deutsche med. Wochenschr. 1890, 50.
12. Cabot, Boston med. Journal. 1894. Ref. in Deutsche med.
    Wochenschr. 1895, 6.
13. Guttmann, Berliner klin. Wochenschr. 1891, 46.
14. Litten, Verh. des XI. Congr. f. innere Med. 1892 und Handb.
    d. speciellen Therapie von Penzoldt u. Stintzing II, 1895.

15. Welch, Lancet 1879, II, 2. Ref. in Schmidt's Jahrb. Bd. 191.
16. v. Jaksch, Wiener med. Wochenschr. 1889, 22—23. Ref. ebenda Bd. 222.
17. Ortner, Jahrb. f. Kinderheilk. XXXII. Ref. ebenda Bd. 231.
18. Thomson und Muir, Americ. Journ. of med. science CI, 4, 1891.
19. Middleton, Glasgow med. Journ. May 1893.
20. Morse, Boston med. Journ. Aug. 9th 1894.
21. Senator, Berliner klin. Wochenschr. 1882, 35. Ref. in Schmidt's Jahrb. Bd. 202.
22. Weber, Petersb. med. Wochenschr. 1892, 1.
23. Sänger, Arch. f. Gynäkol. XXXIII. 1888. Ref. in Schmidt's Jahrb. Bd. 221.
24. Cameron, Americ. Journ. of med. science, C. 5, 1890.
25. Ebstein, Deutsche med. Wochenschr. 1894, 29—30.
26. Greiwe, Berliner klin. Wochenschr. 1892, 33.
27. Fleischer u. Penzoldt, Deutsches Arch. f. klin. Med. XXVI. 1880. Ref. in Schmidt's Jahrb. 191.
28. Troje, Berliner klin. Wochenschr. 1892, 12.
29. Palma, Deutsche med. Wochenschr. 1892, 35.
30. Roux, Prov. med. Lyon 1890. Ref. in Centralbl. f. klin. Med. 1890.
31. Wertheim, Zeitschr. f. Heilk. XII, 1891.
32. H. F. Müller, Deutsches Arch. f. klin. Med. XLVIII und L.
33. Hindenburg, Deutsches Arch. f. klin. Med. LIV, 1895.
34. Arnold, Virchow's Arch. Bd. 140. Ref. in Schmidt's Jahrb. Bd. 247.
35. Vehsemeyer, Dissertation. Berlin 1890.
36. Ortner, Wiener klin. Wochenschr. 1890, 35—48.
37. Kirstein, Dissertation, Königsberg 1894.
38. Eichhorst, Lehrb. d. Pathol. u. Therapie.
39. Litten, Penzoldt u. Stintzing's Lehrb. d. speciellen Therapie. 1895.
40. Reinbach, Archiv f. Chirurgie XLVI. Ref. in Schmidt's Jahrb. Bd. 242.
41. Canon, Deutsche med. Wochenschr. 1892, 10.
42. Litten, Verh. d. XI. Congr. f. innere Med. 1892.
43. v. Limbeck, Grundriss einer klin. Pathol. d. Blutes. 1892.
44. Afanassiew, Deutsches Arch. f. klin. Med. XXXV, 1884.
45. Neumann, Virchow's Arch. Bd. 116. Ref. in Schmidt's Jahrb. Bd. 223.
46. Westphal, Deutsches Arch. f. klin. Med. XLVII.
47. Birch-Hirschfeld, Jahrb. d. Ges. f. Natur- und Heilk. zu Dresden. Ref. in Schmidt's Jahrb. Bd. 192.
48. Kossel, Wiener med. Presse 1881. Ref. in Schmidt's Jahrb. 192.
49. Freund und Obermayer, Zeitschr. f. physiol. Chemie XV, 1891.
50. Dunn, Americ. journ. of the med. science. 1894. Ref. in Centralbl. f. innere Med. 1894.

51. Gottstein, Zeitschr. f. Ohrenheilk. IX. 1880. Ref. in Schmidt's Jahrb. Bd. 212.
52. Blau, Zeitschr. f. klin. Med. X, 1885.
53. Politzer, Zeitschr. f. Ohrenheilk. XIV. 1885. Ref. in Schmidt's Jahrb.
54. Hochsinger und Schiff, Vierteljahrsschrift für Dermatologie und Syph. XIV, 1887. Ref. in Schmidt's Jahrb. Bd. 217.
55. Byrom Bramwell, Brit. med Journ. June 12th 1886. Ref. in Schmidt's Jahrb. Bd. 211.
56. Friedländer, Virchow's Arch. Bd. 78, 1879. Ref. in Schmidt's Jahrb. B. 192.
57. Schultze, Deutsche med. Wochenschr. 1894, 3.
58. Kast, Zeitschr. f. klin. Med. XXVIII, 1895.
59. Mosler, Zeitschr. f. klin. Med. I. 1880.
60. Spirig, Zeitschr. f. klin. Med. XXIV, 1894.
61. v. Engelhardt, Petersb. med. Wochenschr. 1892, 21.
62. Ebstein, Deutsches Arch. f. klin. Med. XLIV, 1889.
63. Westphal, Münchner med. Wochenschr. 1890, 1. Ref. in Schmidt's Jahrb. Bd. 225.
64. Senator, Berliner klin. Wochenschr. 1890, 4.
65. H. Leyden, Dissertation Berlin 1890. Ref. in Centralbl. f. klin. Med. 1891.
66. Nobl, Wiener med. Presse 1892, 50. Ref. in Centralbl. f. klin. Med. 1893.
67. Eichhorst, Virchow's Arch. Bd. 130, 1892.
68. Hilbert, Deutsche med. Wochenschr. 1893, 36.
69. Seelig, Deutsch. Arch. f. klin. Med. LIV, 1895.
70. Fränkel, Deutsche med. Wochenschr. 1895, 39—43.
71. Kirstein, Dissertation. Königsberg 1893.
72. Kovács, Wiener klin. Wochenschr. 1893, 39.
73. Graanboom, Dissertation, Amsterdam 1881. Ref. in Schmidt's Jahrb. Bd. 196.
74. Taylor, Clinic. soc. Transact. London 1865.
75. Adelmann, Langenbeck's Arch. XXXVI.

2. Die Pseudoleukämie

(Hodgkin'sche Krankheit).

Die Pseudoleukämie besteht in einer Hyperplasie des lymphatischen Apparates und Lymphombildung in verschiedenen Organen, während am Blute nur die Erscheinungen der secundären Anämie nachweisbar sind.

Nachdem zuerst der Engländer Hodgkin im Jahre 1832 auf ein Krankheitsbild hingewiesen hatte, dessen wesentliche Erscheinungen in einer Vergrösserung der Milz und der Lymphdrüsen bestanden, wurde dasselbe, nach der Entdeckung der Leukämie durch Virchow, 1856 von Bonfils von dieser Krankheit durch den Nachweis abgegrenzt, dass bei ihm die für Leukämie charakteristische Blutbeschaffenheit fehle. Der Name Pseudoleukämie wurde durch Cohnheim in die Pathologie eingeführt, während andere Autoren verschiedene Bezeichnungen, wie Anaemia lymphatica (Wilks), Adenie (Trousseau), multiples Lymphadenom (Wunderlich), malignes Lymphom (Billroth) u. s. w. gewählt haben. Der in Deutschland am meisten übliche Name „Pseudoleukämie" erscheint deshalb vorläufig am zweckmässigsten, weil er nichts präjudicirt.

Es ist nämlich noch immer nicht gelungen, die Stellung der Krankheit in der pathologischen Systematik endgültig und in allgemein anerkannter Weise zu fixiren, sie gewissen anderen Krankheitszuständen gegenüber scharf abzugrenzen. Die grösste Schwierigkeit macht dabei die Unterscheidung der Pseudoleukämie von dem Sarcom der Lymphdrüsen. Nach Virchow charakterisirt sich die letztere Affection durch das Uebergreifen der Geschwülste auf die Nachbarschaft und die Neigung zum Zerfall, während bei den Tumoren der Hodgkin'schen Krankheit die Schwellung, abgesehen von Metastasenbildungen, meist streng auf die Lymphdrüsen beschränkt bleibt und jede regressive Metamorphose ausbleibt. Diese Unterschiede sind aber in einzelnen Fällen nicht klar ausgesprochen (Romberg[5] u. A.) und manche Autoren (A. Hoffmann[4] u. A.) schliessen deshalb die Lymphosarcome mit in das Gebiet der Pseudoleukämie ein.

Principiell leichter ist die Abgrenzung von der Tuberkulose der Lymphdrüsen. Denn wenn auch in manchen Fällen Tuberkelbacillen in den pseudoleukämischen Tumoren gefunden wurden (Brentano und Tangl, Wätzold[6]), so berechtigt doch die völlig mangelnde Neigung zur

Verkäsung zu der Vermuthung, dass hier nur eine secundäre Invasion der Tuberkuloseerreger stattgefunden hat. Intra vitam ist freilich die Verwechselung echt tuberkulöser Lymphdrüsengeschwülste mit der Hodgkin'schen Krankheit nicht ausgeschlossen (Askanazy, Weisshaupt[7]).

Von manchen Autoren, wird die Pseudoleukämie nur als eine Entwickelungsvorstufe der Leukämie angesehen, und de la Hausse[8]) u. A. betrachten die gefundenen Endothelwucherungen in den Gefässen (der Milz u. s. w.) als die Ursache, warum die im Uebermaass neugebildeten Leukocyten in der Regel nicht in den Blutstrom gelangen. Gegenüber den wenigen Fällen, die einen Uebergang der Pseudoleukämie in Leukämie erkennen liessen, steht aber eine weit grössere Zahl anderer Fälle, bei denen die leukämische Blutveränderung bei jahrelangem Verlauf bis zum Tode ausblieb; die obige Ansicht kann deshalb vorläufig nicht allgemeine Giltigkeit beanspruchen.

In manchen Fällen sind die Lymphdrüsen an der Schwellung wenig oder gar nicht betheiligt, während sich, ausser den Symptomen zunehmender Anämie, ein beträchtlicher Milztumor entwickelt.

Durch die Entdeckung, dass anscheinend auch Veränderungen im Knochenmark allein der Pseudoleukämie zu Grunde liegen können (Runeberg[9]) u. A.), wird diese Krankheit der perniciösen Anämie nahe gerückt, doch sind die meisten in der Literatur niedergelegten Fälle dieser Art nicht einwandfrei (Dreschfeld[10]); es erscheint dabei nicht ausgeschlossen, dass die Knochenmarkveränderungen secundärer Natur gewesen sind.

Die Aetiologie der Pseudoleukämie ist ebenso unklar, wie die der Leukämie. Vieles deutet auch hier darauf hin, dass den Drüsenhyperplasien ein infectiöses Agens zu Grunde liegt, auch ist es mehreren Untersuchern gelungen, Bacterien in dem Saft der Lymphdrüsen oder der Milz nachzuweisen (Majocchi und Picchini, Mafucci, Roux und Lannois[11]); ja Delbet[12]) will sogar an Thieren durch Impfung mit einem Bacillus, den er aus dem Milzblut einer an Hodgkin'scher Krankheit leidenden Frau gezüchtet hatte, ein der Pseudoleukämie ähnliches Krankheitsbild erzeugt haben. Aber diese Beobachtungen können vorläufig nicht als beweisend angesehen werden, da sie unter einander nicht übereinstimmen und theilweise auch nicht einwandfrei sind.

Als Ursachen der Krankheit werden dieselben Schädlichkeiten angeschuldigt, wie bei der Leukämie. Häufig schliessen sich die ersten Lymphdrüsenschwellungen an chronischentzündliche Zustände in dem Wurzelgebiet der zuführenden Lymphgefässe an, z. B. an chronischen Schnupfen, Otorrhoe, Pharyngitis; in Fällen, die mit Milzschwellung begannen, wurden wiederholt vorher dysenterische Zustände im Darm beobachtet (Friedrich, Gretschel u. A.).

Die Pseudoleukämie kommt wesentlich häufiger bei Männern vor, als bei Frauen und vorwiegend im mittleren Lebensalter, doch ist sie auch in der Kindheit wiederholt beobachtet worden (de la Hausse[8]) u. A.; von 54 Fällen, die Crocq[2]) zusammengestellt hat, betrafen 7 Kinder unter 10 Jahren).

Symptome und Verlauf. Man unterscheidet gewöhnlich eine lymphatische und eine lienale Form der Pseudoleukämie, während die ausserdem aufgestellte medulläre oder myelogene Form, wie erwähnt, nicht allgemein anerkannt wird.

Bei der lymphatischen Form beginnt die Erkrankung am häufigsten mit einer Anschwellung der Halslymphdrüsen, die zu beiden Seiten der Unterkiefer, bis hinauf zu den Ohren, grosse knollige Geschwülste bilden können; später folgen dann die übrigen Drüsengruppen nach, und es kann auch hier, wie bei der Leukämie, durch den Druck der Tumoren auf ihre Umgebung zu Symptomen kommen, die das Krankheitsbild wesentlich modificiren (Druck auf die Bronchien, auf grössere Arterien oder Venen, Nervenstämme u. s. w.; Brauneck[13]) sah durch Compression des ductus choledochus Icterus eintreten).

Die Drüsengeschwülste sind nicht druckempfindlich und verwachsen nicht mit der Haut; zuweilen ist Pseudofluctuation daran nachweisbar.

Bei der lienalen Form beginnt die Erkrankung mit einer Vergrösserung der Milz, während sich die Lymphdrüsenschwellungen erst später einstellen oder auch ganz ausbleiben (Degli[15]), Westphal[3]); der von Strümpell[14]) beschriebene Fall nähert sich mehr der perniciösen Anämie); man hat diese Fälle auch als „Anaemia lienalis" bezeichnet. Der Milztumor kann dieselbe Grösse erreichen, wie der leukämische und ruft dann die dort beschriebenen Beschwerden hervor.

Die Anämie mit ihren Folgen stellt sich gewöhnlich erst ein, nachdem die Veränderungen am lymphatischen Apparat schon eine Zeit lang bestanden haben, und erreicht selten sehr hohe Grade; der Blutbefund ist in keiner Weise charakteristisch, zuweilen besteht vorübergehend oder dauernd geringe Leukocytose.

Häufig bildet sich Lebervergrösserung aus; die Betheiligung der Nieren an der Erkrankung giebt sich nicht selten durch Albuminurie zu erkennen, doch erreicht dieselbe nur ausnahmsweise höhere Grade.

Wie bei der Leukämie, wenn auch nicht ganz so häufig, treten auch hier Symptome von hämorrhagischer Diathese auf (unter den 21 Fällen Westphals[3]) bei 7).

Eigenthümliche Veränderungen an der Haut wurden von E. Wagner[16]), Joseph[17]) und Unna[18]) beschrieben; theils als Prurigo-ähnliche, stark juckende Knötchen, die aber nur an der Streckseite der Extremitäten sassen und sich anatomisch als Lymphombildung darstellten (Joseph), theils als platte, flache Tubera von wachsartigem Aussehen und grüngelber Farbe (Unna). Während Wagner seine Fälle als Prurigo auffasste, haben Joseph und Unna für die geschilderten Hautaffectionen die Bezeichnung „Pseudoleukaemia cutis" gewählt.

Abgesehen von den directen Folgen der Tumorbildung

an den verschiedensten Körperstellen und der lymphomatösen Infiltration der Organe, kommen als Complicationen der Pseudoleukämie namentlich Pleuritiden und Entzündungen anderer seröser Häute vor; bei einem Theil der von Westphal besprochenen Fälle waren Symptome verzeichnet, die auf eine Erkrankung des Rückenmarkes hinwiesen (Parästhesien, Fehlen oder Steigerung der Sehnenreflexe).

Fieberbewegungen kommen in den meisten Fällen, wenigstens vorübergehend vor. Ob die zuerst von Murchison und Gowers, später von Pel[19]), Ebstein[20]), Renvers[21]), Hanser[22]), Völkers[23]), Klein[24]), Fiedler[25]), Kast u. A. beobachteten eigenthümlichen Erkrankungsfälle mit recurrirendem Fieberverlauf zur Pseudoleukämie zu rechnen sind, erscheint zweifelhaft.

Bei dieser, offenbar seltenen Krankheit tritt in mehr oder weniger regelmässigen, durch mehrtägige Apyrexien getrennten Intervallen Fieber ein, welches sich, oft unter allmählichem An- und Absteigen, gleichfalls über mehrere Tage erstreckt. Dabei können die zugänglichen Lymphdrüsen normal bleiben, während sich in den zur Section gekommenen Fällen vorwiegend Anschwellungen der abdominalen und mediastinalen Drüsengruppen gefunden‘ haben.

Ebstein hat der Krankheit, des typischen Fieberverlaufes wegen, den Namen „chronisches Rückfallsfieber" gegeben, eine Bezeichnung, die vielfach angefochten worden ist, aber vorläufig zweckmässig erscheint, wiederum weil sie keine specielle Diagnose enthält.

Denn, wie gesagt, das Wesen dieser Affection ist noch nicht aufgeklärt. Während sie von ihren ersten Bearbeitern zur Pseudoleukämie gerechnet und von Pel als besondere, infectiöse Form derselben aufgefasst wurde, hat es sich später herausgestellt, dass auch echte Sarkome, die gar nicht von den Lymphdrüsen ausgehen, und andererseits auch nicht-pseudoleukämische Drüsenaffectionen (Drüsentuberkulose, Fiedler) mit demselben Fieberverlauf einhergehen können. Unter diesen Umständen erscheint es, auch wenn man den wiederholt erhobenen Coccenbefunden kein Gewicht beilegt, am wahrscheinlichsten, dass es sich hier um eine Infection handelt, die sich zur Pseudoleukämie oder zu anderen chronischen Drüsenleiden und zur Sarcomatose hinzugesellen kann (H a n s e r, F i e d l e r, F i s c h e r).

Der V e r l a u f der Pseudoleukämie gestaltet sich fast immer chronisch; das Leiden zieht sich über mehrere Jahre hin und führt endlich durch Entkräftung oder complicirende Erkrankungen zum Tode. Dass manche Fälle noch nach längerem Bestehen in Leukämie übergehen, wurde schon erwähnt. Ausgang in Heilung ist selten, aber zweifellos wiederholt beobachtet worden, und es scheint, dass die Therapie der Krankheit nicht ganz machtlos gegenübersteht.

Die äusserst seltenen Fälle von a c u t e r Pseudoleukämie (E b e r t h, F a l k e n t h a l, E b s t e i n [26]) verlaufen rasch tödtlich, unter Vorherrschen der Erscheinungen von hämorrhagischer Diathese; das Krankheitsbild erinnert in jeder Beziehung an das der acuten Leukämie, nur fehlen natürlich die leukämischen Blutveränderungen.

Bei dem c h r o n i s c h e n R ü c k f a l l s f i e b e r schwankt die Krankheitsdauer zwischen einigen Monaten und 1—2 Jahren. Heilung scheint auch hier nicht ganz ausgeschlossen, wie ein von F i e d l e r [25]) mitgetheilter Fall beweist, den ich selbst als Assistent Fiedler's im Jahre 1882 zu beobachten Gelegenheit hatte.

Besondere Erwähnung erfordert noch der von v. J a k s c h [27, 28]) als „A n a e m i a i n f a n t u m p s e u d o-l e u k a e m i a" bezeichnete Symptomencomplex, der schon früher von italienischen Forschern unter dem Namen „Anaemia splenica infettiva dei Bambini" beschrieben worden ist [32]). Später haben sich L u z e t [29]), H o c k und S c h l e s i n g e r, A l t u. W e i s s [30]), M o n t i [33]), F i s c h l [31, 32])

u. A. mit dieser Krankheit beschäftigt. Nach v. Jaksch soll dieselbe durch Milzschwellung, Oligocythämie, Oligochromämie und Leucocytose mit Ueberwiegen der grossen Zellformen charakterisirt sein; Luzet und Alt u. Weiss betonen das Auftreten zahlreicher kernhaltiger Erythrocyten im Blute. Meist handelt es sich dabei um stark rhachitische, theilweise um luetische Kinder; die Prognose wird sehr verschieden angegeben.

Ich möchte mich der Meinung Fischl's anschliessen, dass diese Anämieform als Morbus sui generis von der Leukämie und Pseudoleukämie einerseits und von den secundären Anämien andererseits vorläufig noch nicht genügend abgegrenzt erscheint.

Die Prognose der Pseudoleukämie ist, wie aus dem Mitgetheilten hervorgeht, zweifelhaft, doch nicht absolut schlecht zu stellen; zumal in den früheren Stadien der Krankheit kann eine sachgemässe Therapie Besserung und vielleicht Heilung bringen.

Anatomischer Befund. Der Befund an der Milz und den Lymphdrüsen, sowie die Beschaffenheit der in Leber, Nieren, Thymus, Speicheldrüsen, Pankreas u. s. w. vorkommenden Lymphome entsprechen vollkommen den Veränderungen, welche bei der Leukämie beschrieben worden sind (s. diese).

Diagnose. Die Diagnose der Pseudoleukämie ist leicht, wenn ein grosser Theil der sichtbaren Lymphdrüsen angeschwollen ist und ein Fortschreiten der Tumoren auf ihre Umgebung ausgeschlossen werden kann (wenn man nicht auch diese Fälle, wie Manche thun, als „malignes Lymphom" mit den einfach hyperplastischen Drüsentumoren in ein Krankheitsbild vereinigen will). Wenn aber nur einige wenige Drüsen, etwa am Halse, vergrössert sind, kann die Ausschliessung tuberkulöser oder carcinomatöser Drüsenschwellungen unter Umständen Schwierig-

keiten bereiten und erst bei längerer Beobachtung möglich werden.

Noch schwieriger liegen die Verhältnisse, wenn die
Hyperplasie an unzugänglichen Drüsengruppen beginnt,
und nur eine Berücksichtigung aller etwa vorhandenen
Folgeerscheinungen der Tumorbildung, im Zusammenhalt
mit der fortschreitenden Kachexie kann hier auf die
richtige Spur leiten.

Die Verwechselung mit Leukämie kann nur dann in
Frage kommen, wenn Leukocytose höheren Grades besteht, und man wird in solchen Fällen daran denken
müssen, dass Uebergänge der einen Krankheit in die
andere vorkommen.

Therapie. Abgesehen von allgemeinen, auf die Erhöhung der Widerstandsfähigkeit des Organismus ab-
zielenden Maassnahmen (vergl. Abschnitt I, C) ist als
Medicament das Arsen in verschiedener Form anzuwenden.
Die Arsenpräparate wurden zur Behandlung der Pseudoleukämie zuerst von Billroth, später von Czerny
(Tholen), Winiwarter, Buschmann, Karewski u. A.
empfohlen und können bei consequenter Anwendung, nach
den nicht anzuzweifelnden Resultaten zahlreicher Beobachter, Besserung, ja sogar Heilung der Krankheit bewirken*). Die Arsendarreichung muss, unter Beobachtung
der erforderlichen Cautelen, längere Zeit fortgesetzt werden
(vergl. S. 110).

Ausserdem kommen noch Leberthran, Jodkalium und
Jodeisen in Betracht; ferner kann man einen Versuch
mit Sauerstoffinhalationen machen und die neuerdings
wieder bei scrophulösen Drüsenschwellungen empfohlenen
Einreibungen mit grüner Seife anwenden (ein Esslöffel grüne
Seife wird in etwas Wasser aufgelöst und damit zweimal
wöchentlich der Rücken und die Extremitäten einige
Minuten lang eingerieben).

*) Erst kürzlich noch wurde von Katzenstein[34]) ein durch
Arsenik geheilter Fall mitgetheilt.

Schmaltz. Blutkrankheiten. 14

Bezüglich der operativen Behandlung der Milztumoren gilt auch hier das im Capitel über Leukämie Gesagte.

Literatur.

1. Mosler, Pseudoleukämie, v. Ziemssen's Handb. VIII, 1878.
2. Crocq, Etude sur l'Adénie ou Pseudoleucémie, Bruxelles 1891.
3. Westphal, Beitrag zur Kenntniss der Pseudoleukämie. Deutsch. Arch. f. klin. Med. LI, 1892.
4. Hoffmann, Lehrb. d. Constitutionskrankheiten. 1893.
5. Romberg, Deutsche med. Wochenschr. 1892, 19.
6. Wätzoldt, Centralbl. f. klin. Med. 1890, 45.
7. Weisshaupt, Arbeiten aus dem pathol. Institut zu Tübingen I. Ref. in Deutsche med. Wochenschr. 1892.
8. de la Hausse, Dissertation. München 1890.
9. Runeberg, Deutsch. Arch. f. klin. Med. XXXIII. 1883.
10. Dreschfeld, Deutsche med. Wochenschr. 1891, 42.
11. Roux u. Lannois, Revue de méd. X, 1891. Ref. in Schmidt's Jahrb. Bd. 231.
12. Delbet, Compte rendu de l'Acad. des sciences 1895, 24. Ref. in Centralbl. f. innere Med. 1895.
13. Brauneck, Deutsch. Arch. f. klin. Med. XLIV.
14. Strümpell, Arch. f. Heilkunde 1877.
15. Degli, Wiener med. Presse 1891, 11. Ref. in Centralbl. f. klin. Med. 1891.
16. E. Wagner, Deutsch. Arch. f. klin. Med. XXXVIII, 1886.
17. Joseph, Deutsche med. Wochenschr. 1889, 46.
18. Unna, Deutsche med. Wochenschr. 1892, 30.
19. Pel, Berliner klin. Wochenschr. 1885, 1 und 1887, 35.
20. Ebstein, Dieselbe Wochenschr. 1887, 31.
21. Renvers, Deutsche med. Wochenschr. 1888, 37.
22. Hanser, Berliner klin. Wochenschr. 1889, 31.
23. Völkers, Dieselbe Wochenschr. 1889, 36.
24. Klein, Dieselbe Wochenschr. 1890, 31.
25. Fiedler, Jahrb. d. Ges. f. Natur- u. Heilkunde zu Dresden 1892/93.
26. Ebstein, Deutsch. Arch. f. klin. Med. XLIV, 1889.
27. v. Jaksch, Wiener med. Wochenschr. 1889, 22—23. Ref. in Schmidt's Jahrb. Bd. 225.
28. Derselbe, Prager med. Wochenschr. 1890, 31—33.
29. Luzet, Arch. gén. de Méd. Mai 1891.
30. Alt und Weiss, Centralbl. f. d. med. Wissensch. 1892, 25.
31. Fischl, Ztschr. f. Heilkunde. XIII. 1892.
32. Derselbe, Prager med. Wochenschr. 1894, 1.
33. Monti, Wiener med. Wochenschr. 1894, 10—14.
34. Katzenstein, Deutsches Archiv f. klin. Med. LVI, 1895.

C. Die paroxysmale Hämoglobinurie.

Die paroxysmale Hämoglobinurie ist, wie ihr Name sagt, durch das anfallsweise Auftreten von Hämoglobin im Harn charakterisirt; und zwar vollziehen sich die einzelnen Anfälle unter schweren Allgemeinerscheinungen mit Fieber, Schüttelfrost und ausgesprochenem Krankheitsgefühl. Die Intervalle zwischen den Paroxysmen sind meist vollkommen frei von Krankheitssymptomen.

Obgleich dieses Krankheitsbild ein überaus charakteristisches ist und nur ausnahmsweise eines seiner Symptome vermissen lässt, ist es doch erst in neuerer Zeit als Morbus sui generis erkannt worden. Zwar wird schon eine Beschreibung der Krankheit von Stewart aus dem Jahre 1794 erwähnt, aber erst, nachdem Wickham Legg[3]) in England und Lichtheim[5]) in Deutschland neuerdings die Aufmerksamkeit der Aerzte darauf gelenkt hatten, folgten ziemlich zahlreiche Mittheilungen, und gegenwärtig kann die paroxysmale Hämoglobinurie zu den am besten studirten pathologischen Erscheinungen gezählt werden, obgleich sie immerhin ein seltenes Vorkommniss ist. Die Krankheit kommt in jedem Lebensalter vor, entschieden häufiger bei Männern als bei Frauen: unter 24 aus der Literatur gesammelten Fällen fand ich nur 4, die weibliche Kranke betrafen.

Ihre Aetiologie ist noch nicht völlig aufgeklärt. Wahrscheinlich spielt bei dem Zustandekommen der Veränderungen, die der paroxysmalen Hämoglobinurie zu Grunde liegen, in vielen Fällen die Syphilis eine wesentliche Rolle. Wenigstens liess sich bei der Mehrzahl der Kranken eine vorausgegangene luetische Infection nachweisen (so unter 7 Fällen Copeman's[27]) bei 6), und in einem Theil der Fälle gelang es auch, durch antisyphilitische Curen die Hämoglobinurie zu beseitigen (Murri, Götze[17]), Schuhmacher, Köster[33]); das Fehlschlagen solcher Curen in vielen anderen Fällen spricht ebensowenig, wie etwa die Wirkungslosigkeit der Quecksilbercur bei der Tabes dorsalis gegen die syphilitische Basis der Erkrankung. In manchen Fällen lag congenitale Lues vor; ob die gleiche Ursache das von Saundby[15]) beobachtete familiäre Vorkommen der Erkrankung bedingt hat, ist nicht zu entscheiden.

Auch andere, die Constitution untergrabende Infectionen scheinen zur Entstehung der Hämoglobinurie zu disponiren, so namentlich die Malaria, deren Krankheitserreger ja das Blut direct angreifen. Wickham Legg fand in der Vorgeschichte seiner Kranken bei $1/_3$ der Fälle Malaria, Mendelsohn bei 5 unter 10 und auch Senator erkennt der Malaria eine wesentliche ätiologische Bedeutung zu.

In manchen Fällen lässt sich aber keines von diesen prädisponirenden Momenten nachweisen, und fast immer bedarf es zum Zustandekommen der Krankheitsanfälle selbst noch auslösender Ursachen. Diese bestehen meist in der Einwirkung niederer Temperaturen auf die äussere Haut. Während die Einathmung kalter Luft wirkungslos bleibt (Weber-Boas[11]), wird durch eine starke Abkühlung des Körpers, durch einen Gang im Freien während des Winters u. s. w. alsbald ein Anfall hervorgerufen; ja in einem Fall von Götze[17]) genügte dafür schon die Entfernung des Kranken aus der unmittelbaren Nähe des Ofens. Diese Abhängigkeit der hämoglobinurischen Paroxysmen von Kälteeinwirkungen bedingt, dass die Krankheit hauptsächlich während des Winters auftritt. Die Kranken sind häufig während der wärmeren Jahreszeit vollkommen gesund und arbeitsfähig, und erst im Herbst zeigen sich neue Erscheinungen ihres Leidens.

Seltener sind auch andere als Temperatureinflüsse wirksam, so namentlich anstrengendes Gehen oder auch andere Körperbewegungen, ferner Schreck, Aerger und überhaupt Gemüthsaffecte, oder Excesse in Baccho et Venere. Theilweise sind solche Kranke, die durch jeden Marsch einen Anfall bekommen, für die Kälte und alle anderen Einflüsse unempfindlich (Köster[33]), Fleischer[13]); Fleischer gelang es ebensowenig, durch starkes Schwitzen, Milchsäure- oder Alkalizufuhr und Anregung der Diurese bei seinen Kranken einen Anfall auszulösen.

In einzelnen Fällen endlich sollen auch spontan, ohne nachweisbare Gelegenheitsursachen, Anfälle von Hämoglobinurie auftreten (Strübing[14]).

Das Wesen der Krankheit wird jetzt ziemlich allgemein in einer verminderten Widerstandsfähigkeit der rothen Blutkörperchen gegen Schädlichkeiten verschiedener Art gesucht. Die Anschauung, dass es sich dabei um eine primäre Erkrankung der Nieren handle (Rosenbach[8]), Greenhow[4]) ist dadurch widerlegt worden, dass es Ehrlich[9]), Weber, Boas[11]), Copeman[27]) und vielen Anderen gelungen ist, bei den Kranken an einem einzelnen Körpertheil durch örtliche Kälteeinwirkung die für die Hämoglobinämie charakteristischen Veränderungen im Blute hervorzurufen.

Die Annahme Ilgners[6]), dass die Krankheit auf einer im Blute localisirten Infection beruhe, trifft wohl zweifellos für gewisse Formen der Hämoglobinurie bei Thieren zu, lässt sich aber mit den Erscheinungen der paroxysmalen Hämoglobinurie des Menschen nicht in Einklang bringen.

Nach Ehrlich müssen wir das Stroma der rothen Blutkörperchen als ein lebendes, eventuell auch contractionsfähiges Protoplasma ansehen, durch dessen Lebensthätigkeit die Diffusion des Hämoglobins in das Blutplasma und seine fehlerhafte Oxydation (Methämoglobinbildung) verhindert wird. Bei den, an paroxysmaler Hämoglobinurie leidenden Personen ist nun wahrscheinlich das Stroma der rothen Blutkörperchen gegen Kälte oder andere Einflüsse überempfindlich geworden und lässt unter deren Einwirkung das Hämoglobin in das Plasma diffundiren. Dieser Auffassung Ehrlich's schliessen sich die meisten neueren Autoren an, auch wird dieselbe meines Erachtens nicht widerlegt durch das Misslingen des von Ehrlich selbst angestellten Versuches, an den extravasirten Erythrocyten die angenommene Ueberempfindlichkeit nachzuweisen.

Von manchen Beobachtern wird ausserdem als Grundursache des Leidens eine Labilität der Gefässinnervation vermuthet (Murri u. A.), und in der That findet sich zuweilen die paroxysmale Hämoglobinurie mit Krankheitserscheinungen complicirt, denen Innervationsstörungen an den peripheren Gefässen zu Grunde liegen (s. unten).

Die Begleitserscheinungen der hämoglobinurischen Anfälle lassen sich ungezwungen durch den Blutkörperchenzerfall erklären. Das Fieber und das schwere Krankheitsgefühl wird theils als Folge der Verstopfung der Nierenkanälchen durch Blutkörperchen-Trümmer (Stromafibrin, Landois) aufgefasst, theils als eine Fibrinferment-Intoxication, die bei Thieren künstlich durch Hämoglobininjectionen erzeugt werden kann (Silbermann und die Dorpater Schule[31]). Die Vergrösserung der Leber entsteht dadurch, dass plötzlich grosse Mengen von freiem Hämoglobin in den Kreislauf gelangen und hier verarbeitet werden müssen, und wir wissen durch Ponficks[18]) Untersuchungen, dass dies ohne eine Ausscheidung von Hämoglobin in den Nieren von Statten geht, so lange nicht mehr als $1/60$ des gesammten Blutfarbstoffes im Plasma circulirt. Die Schwellung der Milz kommt durch die Einschwemmung und Verarbeitung grosser Mengen von Erythrocyten-Trümmern zu Stande (Ponfick). Der Icterus wurde früher als hämatogener gedeutet, jetzt wissen wir, dass er auf andere Weise entsteht (vergl. S. 55). Die Albuminurie ist eine Folge der schon erwähnten Verstopfung der Harnkanälchen und der Reizwirkung des Hämoglobins auf das Nierenparenchym.

Symptome und Verlauf. Die Erscheinungen, unter denen sich die Anfälle von Hämoglobinurie vollziehen, gestalten sich in der Regel ziemlich gleichförmig.

Unmittelbar oder wenige Stunden nach der Einwirkung, die im einzelnen Falle die Hämoglobinurie hervorruft, bei manchen Kranken vorzugsweise in den Morgenstunden, stellt sich Unbehagen ein, oft mit Neigung zum Gähnen, zuweilen mit Uebelkeit oder quälendem Durst verbunden, die Kranken klagen über Ziehen in den Gliedern, über Prickeln und Stechen in der Haut. Unter zunehmendem Krankheitsgefühl und häufig unter Schüttelfrost, steigt die Körpertemperatur an, nicht selten bis 39 ja 40⁰ und darüber, doch hält sich das Fieber nur kurze Zeit auf dieser Höhe, um dann, wie bei einem Malariaanfall, rasch zu sinken; der Temperaturabfall ist auch hier nicht selten von einem Schweissausbruch begleitet. Die ganze Fieberbewegung läuft innerhalb weniger Stunden ab.

Im Harn lassen sich oft schon während der Prodromalerscheinungen der Anfälle, zu einer Zeit, wo seine Farbe noch vollkommen normal ist, mikroskopisch Trümmer von rothen Blutkörperchen, hyaline, mit Hämoglobin-Körnchen dicht besetzte Cylinder und andere, aus undurchsichtigen rothen Massen bestehende Cylinder nachweisen (Boas[11]); seltener tritt schon jetzt Albuminurie auf.

Eine halbe bis drei Stunden nach dem Beginn des Anfalls, erscheint der Blutfarbstoff im Harn und verleiht diesem eine braunrothe Farbe. Dabei bleibt der Harn, im Gegensatz zur Hämaturie, in dünnen Schichten durchsichtig. Das Hämoglobin erscheint darin nur theilweise unverändert, gewöhnlich ist der grösste Theil in Methämoglobin verwandelt; mehrere Beobachter haben auch Hämatin nachgewiesen, doch soll dasselbe nach Copeman[27]) erst bei längerem Verweilen in der Blase aus dem Hämoglobin gebildet werden. Die Reaction des Harns ist während der Anfälle auffallender Weise meist stark sauer, selten alkalisch, sein specifisches Gewicht ist oft abnorm niedrig: 1,013—1,010 und darunter. Beim Kochen scheidet sich ein braun gefärbtes Gerinnsel ab, das aber meist nicht flockig ist wie bei der Albuminurie sondern als zusammenhängende Masse oben schwimmt.

Das Harnsediment enthält auch auf der Höhe des Anfalls nur spärliche rothe Blutkörperchen und deren farblose Schatten und Trümmer, ferner hyaline und Pigmentcylinder, seltener Nierenepithelien, zuweilen solche mit roth gefärbtem Kern. In einzelnen Fällen wurde der Harnstoffgehalt des Anfalls-Harns gesteigert gefunden, in anderen der Gesammtstickstoff vermindert.

Schon nach kurzer Zeist, meist nach wenig Stunden ist das Hämoglobin und seine Derivate wieder aus dem Harn verschwunden, nur geringe Albuminurie, die gewöhnlich dem Paroxysmus nachfolgt, kann noch 2—3 Tage bestehen bleiben. Strübing[14]) fand nach den Anfällen die Indicanausscheidung gesteigert.

Die Veränderungen am Blut lassen sich am besten studiren, wenn, nach dem Vorgang von Ehrlich[9]), ein einzelner Körpertheil, z. B. ein Finger, durch Anlegung einer elastischen Ligatur von der allgemeinen Circulation abgesperrt und der Einwirkung der Kälte ausgesetst wird; dann tritt hier die Hämoglobinämie isolirt auf. Man findet im erkrankten Blute Poikilo- und Mikrocyten, entfärbte Stromata („Schatten"), zerklüftete Erythrocyten und Blutkörperchen enthaltende Leukocyten, Veränderungen, die sich leichter dem Nachweis entziehen, wenn das aus den abgekühlten Körpertheilen abströmende Blut in den allgemeinen Kreislauf gelangt. Nicht selten gelingt es, an der röthlichen bis tief burgunderrothen Farbe des Blutserums die Hämoglobinämie direct zu erkennen, ja Fleischer[13]) fand sogar den Inhalt einer Zugpflasterblase roth gefärbt. Manche haben während der Anfälle, theilweise sogar auch im freien Intervall, am Blute mangelhafte Geldrollenbildung beobachtet (Boas[11]), Copeman[27]).

Durch das Zugrundegehen grosser Mengen von rothen Blutkörperchen während der Anfälle werden selbstverständlich die Kranken anämisch: sie fühlen sich stark ermattet, die Haut und die sichtbaren Schleimhäute zeigen eine bleiche Farbe. Copeman beobachtete während der Anfälle ein Absinken der Erythrocytenzahl um 129000 bis 824000 und bei Götze's[17]) Kranken betrug dieselbe nach den Anfällen nie mehr als 1800000 im cbmm; auch eine Abnahme des Hämoglobingehaltes des Blutes und seines specifischen Gewichtes wurde nachgewiesen (Kobler und Obermayer[22]), Copeman[27]).

Die Restitution des Blutes scheint aber nach Beendigung des Anfalls meist ziemlich rasch zu erfolgen: der schon erwähnte Kranke Götze's hatte bereits nach einigen anfallsfreien Tagen 2500000 rothe Blutkörperchen und nach erfolgter Heilung seines Leidens 4000000. Die Neubildung des Hämoglobins hält auch hier mit der Regeneration der Erythrocyten nicht gleichen Schritt.

Gewöhnlich sind die hämoglobinurischen Anfälle noch von einigen anderen Erscheinungen begleitet. Schon mit dem Beginn des Fiebers stellt sich oft Schmerzhaftigkeit der Leber und Milz ein und an beiden Organen lässt sich eine, zuweilen sehr beträchtliche Vergrösserung nachweisen. Auch in der Nierengegend werden häufig Schmerzen geklagt. Diese Symptome, wie auch der Icterus, der nicht selten im Anschluss an die Paroxysmen auftritt, wurden schon weiter oben als Folgen des Blutzerfalls gekennzeichnet.

Eine seltenere Begleiterscheinung sind Urticaria-quaddeln; Morris[16]) beobachtete Hautpetechien und ein Kranker Lehzen's[23]) klagte über heftiges Jucken und Brennen in der Hant.

Nicht immer kommen die einzelnen Anfälle der paroxysmalen Hämoglobinurie in allen ihren Erscheinungen zu voller Ausbildung. Es kommen Anfälle vor, die nur mit geringen Temperaturerhebungen oder ganz fieberlos verlaufen, ja sogar subnormale Temperaturen sind dabei beobachtet worden. Auch das wesentlichste Symptom, die Hämoglobinurie kann fehlen, wenn die Blutzerstörung nur ein geringes Maass erreicht; der Harn enthält dann nur Albumin oder Globulin. Manche Forscher (Ralfe[21]), Copeman[27]) halten die sogenannte cyclische Albuminurie für eine unausgebildete Form der paroxysmalen Hämoglobinurie, und Ralfe beobachtete einen Fall des ersteren Leidens, wobei einzelne Anfälle von Albuminurie mit Hämoglobinurie einhergingen.

Wie schon erwähnt, wird von manchen Autoren zur Erklärung des Zustandekommens der paroxysmalen Hämoglobinurie eine gewisse Labilität der Gefässinnervation angenommen. Deshalb sind die Beziehungen von besonderem Interesse, welche die Krankheit zu anderen, auf einer Störung der Gefässthätigkeit beruhenden Krankheitszuständen hat. Einmal sind zuweilen bei der paroxysmalen Hämoglobinurie die einzelnen Anfälle von örtlicher Anämie oder Hyperämie der Hände oder Füsse begleitet, ferner hatte ein Kranker Bristowe's[25]), bevor die Hämoglobinurie zum Ausdruck kam, jahrelang während des Winters an „Absterben" der Finger, einmal mit Gangränbildung gelitten. Hier waren also Erscheinungen der sogenannten Raynaud'schen Krankheit der Hämoglobinurie vorausgegangen. Colman und Tailor[28]) berichten ferner über einen Fall von Raynaud'scher Krankheit, wobei zwar keine Hämoglobinurie auftrat, aber während der ischämischen Anfälle im Blut der Finger zerklüftete Blutkörperchen und Schatten gefunden wurden. Endlich beschreibt Joseph[26]) einen Fall von acutem circumscriptem Hautödem, der mit Hämoglobinurie complicirt war[26]).

Die Dauer der Krankheit ist äusserst verschieden. Da sie während der wärmeren Jahreszeit meist verschwindet, um erst im Herbst oder Winter wiederzukehren, und auch häufig noch längere Intermissionen zeigt, wird die Constitution der Kranken meist nicht in lebensgefährlicher Weise geschädigt und das Leiden kann lange ertragen werden. In einem von St. Mackenzie[19]) beschriebenen Falle hatte es schon 23 Jahre bestanden!

Die Prognose ist, was die Heilung anlangt, zweifelhaft zu stellen; auch dann, wenn vorausgegangene Infection mit Syphilis oder Malaria der Therapie eine Handhabe bietet.

Anatomische Veränderungen. In den wenigen zur Section gekommenen Fällen hat sich kein charakteristischer Befund ergeben; die Nieren wurden vergrössert und hyperämisch, aber übrigens normal gefunden.

Therapie. Bei den Kranken, die früher an Malaria gelitten oder eine syphilitische Infection durchgemacht haben, kann durch Chinin und Arsenik oder durch antiluetische Behandlung eventuell Heilung der Hämoglobinurie erzielt werden. Neuerdings wird von italienischen Forschern (de Renzi[82]), Murri) das Quecksilber auch dann empfohlen, wenn Syphilis ausgeschlossen ist. Stephen Mackenzie[19] wandte mit gutem Erfolg Ergotin an, von Küssner[7] wird methodische Abhärtung durch entsprechende Hautpflege vorgeschlagen. Im Uebrigen sind wir darauf angewiesen, durch Maassnahmen allgemeiner Art die Constitution zu heben und alle die Schädlichkeiten zu beseitigen, die im einzelnen Falle als Gelegenheitsursachen der Anfälle bekannt sind.

Literatur.

1. Eichhorst, Lehrb. d. spec. Pathol. u. Therapie, 1891.
2. Hoffmann, Constitutionskrankheiten, 1893.
3. Wickham Legg, Bartholomews hosp. Rep. London. X. Citirt bei Boas.
4. Greenhow, Transact. of the clin. soc. 1868. Ref. in Schmidt's Jahrb. Bd. 199.
5. Lichtheim, Volkmann's Samml. klin. Vortr. 134, 1877.
6. Ilgner, Dissertation, Jena 1878.
7. Küssner, Deutsche med. Wochenschr. 1879, 37.
8. Rosenbach, Deutsche med. Wochenschr. 1881, 1—2.
9. Ehrlich, Farbenanalytische Unters. etc. Berlin, 1891.
10. Eichbaum, Dissertation, Berlin 1881.

11. Boas, Deutsches Arch. f. klin. Med. XXXII.
12. Mesnet, Bull. de l'Acad. de Med. 1881, Ref. in Schmidt's Jahrb. Bd. 199.
13. Fleischer, Berliner klin. Wochenschr. 1881. 47.
14. Strübing, Deutsche med. Wochenschr. 1882, 1—2.
15. Saundby, Med. Times 1880 u. 1882. Ref. in Schmidt's Jahrb. Bd. 199.
16. Jones-Morris, Brit. med. Journ. 1883. Ref. in Schmidt's Jahrb. Bd. 199.
17. Götze, Berliner klin. Wochenschr. 1884, 45.
18. Ponfick, Berliner klin. Wochenschr. 1883, 26. Ref. in Schmidt's Jahrb. Bd. 204.
19. Stephen Mackenzie, Lancet 1884, I. Ref. in Schmidt's Jahrb. Bd. 204.
20. Wolff, Breslauer ärztl. Zeitschr. V. 1883. Ref. in Schmidt's Jahrb. Bd. 204.
21. Ralfe, Lancet 1886, II. Ref. in Schmidt's Jahrb. Bd. 213.
22. Kobler u. Obermayer, Ztschr. f. klin. Med. XIII. 1887.
23. Lehzen, Zeitschr. f. klin. Med. XII. 1887.
24. Prior, Münchner med. Wochenschr. 1888, 30—33. Ref. in Schmidt's Jahrb. Bd. 220.
25. Bristowe u. Copeman, Lancet 1889 II. Ref. in Schmidt's Jahrb. Bd. 224.
26. Joseph, Berliner klin. Wochenschr. 1890, 4—5.
27. Copeman, Practitioner 1890, Nr. 267.
28. Colman u. Tailor, Clin. soc. Transact. 1890.
29. Gillespie, Transact. of the med. soc. of Edinb. 1892.
30. Loumeau u. Peytoureau, Progr. med. 1895, 22. Ref. in Centralbl. f. innere Med. 1895.
31. Silbermann, Ztschr. f. klin. Med. XI, 1886.
32. de Renzi, Verh. des Congr. f. innere Med. in Rom 1889. Arch. f. Dermatol. 1890.
33. Köster, Therap. Monatsh. 1893.

D. Die hämorrhagischen Diathesen.

Unter dieser Bezeichnung fassen wir eine Gruppe von Krankheitszuständen zusammen, deren Pathogenese noch durchaus dunkel ist, und deren Abgrenzung unter einander und gegenüber gewissen andern Krankheiten theilweise noch sehr unsicher erscheint. Abgesehen von der Hämophilie, zeigen die verschiedenen Formen der transitorischen hämorrhagischen Diathesen so vielfache Uebergänge, dass man schon fast allgemein dazu gelangt ist, die Purpura simplex, die Purpura haemorrhagica und den Morbus maculosus als, nur quantitativ verschiedene Manifestationen desselben Leidens aufzufassen. Auch ich habe mich in der folgenden Darstellung diesem Vorgehen angeschlossen, während dem Scorbut meines Erachtens vorläufig noch eine Sonderstellung zukommt.

Die Zurechnung der hämorrhagischen Diathesen zu den Blutkrankheiten entspricht einer, zwar ziemlich willkürlichen, aber conventionellen Eintheilung der pathologischen Systematik, die sich ja überhaupt in diesem ganzen Capitel nur zum Theil auf exacte Grundlagen stützt.

1. Die Hämophilie, Bluterkrankheit.

Die Hämophilie ist eine angeborene, chronische Form der hämorrhagischen Diathese, welche spontan oder auf sehr geringe Veranlassung zu abundanten, schwer zu stillenden Blutungen führt.

Während man früher allgemein annahm, dass die ersten Nachrichten über Hämophilie von Alsaharavi (1107 p. Ch. n.) stammten[1]), hat neuerdings Rothschild[4]) nachgewiesen, dass nach den Schriften des Talmud die Bluterkrankheit unter den Juden schon im zweiten Jahrhundert nach Christi Geburt bekannt gewesen zu sein scheint.

Auch jetzt noch scheint bei der jüdischen Race die Hämophilie besonders häufig vorzukommen; demnächst ist der anglo-germanische Stamm am meisten zu der Krankheit disponirt, während sie bei den romanischen Völkern eine Seltenheit ist.

Die Hämophilie ist in hervorragendem Grade eine erbliche Krankheit, und die Verfolgung derselben durch mehrere Generationen in zahlreichen „Bluterfamilien" hat ergeben, dass die Vererbung in der Regel am stärksten durch weibliche Familienglieder erfolgt, die aber selbst weit weniger als die Männer davon betroffen werden (Ausnahmen bilden z. B. der von Fischer[5]) mitgetheilte Stammbaum mit vielen weiblichen Blutern und der Stammbaum v. Limbeck's[6]). Das Leiden kann auch eine oder mehrere Generationen überspringen, um dann doch wieder aufzutreten.

Ob Heirathen unter nahen Verwandten die Entstehung der Hämophilie thatsächlich fördern, wie vielfach angenommen wird, ist noch nicht erwiesen; ausserdem hat man als Ursachen nicht erblicher „congenitaler" Hämophilie Tuberkulose, Rheumatismus und Gicht bei den Eltern angegeben. Ob es auch eine nicht angeborene, sogenannte spontane Hämophilie giebt, erscheint zweifelhaft.

Das Wesen der Hämophilie ist noch völlig dunkel. Immermann vermuthet, dass es sich um eine abnorm gesteigerte Blutproduction in Verbindung mit übergrosser Zartheit der Gefässwände handele, und in der That deutet das Aussehen mancher Bluter auf einen mindestens normalen Blutreichthum hin, auch ist es auffallend, in wie kurzer Zeit von solchen Individuen erhebliche Blutverluste ausgeglichen werden.

Eichhorst nimmt verminderte Gerinnungsfähigkeit des Blutes, bedingt vielleicht durch einen unternormalen Leukocytengehalt (Assmann), und eine abnorme Durchlässigkeit der kleinsten Gefässe an [7]). Eine nach allen Richtungen befriedigende, auf unzweifelhafte anatomische Befunde gestützte Erklärung zu finden, ist noch nicht gelungen.

Symptome und Verlauf. Die ersten Erscheinungen der Hämophilie treten bei manchen Blutern erst im späteren Kindesalter oder zur Zeit der Pubertät auf; häufig machen sie sich aber schon bald nach der Geburt geltend; meist geht die Abnabelung ohne Blutverluste von statten, während die Abstossung des Nabelschnurrestes nicht selten schon zu abundanten Blutungen führt. Bei den Juden giebt die rituelle Beschneidung, die bei normalen Kindern einen wenig blutigen Eingriff darstellt, bei Blutern nicht selten zu tödtlichen Hämorrhagien Anlass, und der Talmud gestattet deshalb, wie Rothschild [4]) mittheilt, in Bluterfamilien die Beschneidung zu unterlassen.

Während des späteren Lebens treten nun bei jeder kleinen Verwundung, z. B. sehr häufig bei Zahnextractionen, Blutungen auf, die zu der Grösse und Tiefe der Wunde in gar keinem Verhältniss stehen. Dabei strömt das Blut in der Regel nicht aus angeschnittenen Arterienästchen aus, sondern es sickert gleichmässig von der ganzen Wundfläche ab. Alle angewandten Mittel bleiben erfolglos, auch bei Verschorfung der Wunde dringt das Blut nach einiger Zeit wieder unter dem Schorf hervor; selbst nach mehreren Tagen kann die anfangs gestillte Blutung von neuem beginnen. Schliesslich nehmen die Kräfte des Kranken mehr und mehr ab, und es kommt häufig vor, dass Hämophile durch Verblutung aus einer ganz kleinen Wunde zu Grunde gehen.

Grössere Verwundungen, besonders scharfe Schnittwunden bei chirurgischen Operationen werden oft besser ertragen als kleine Einrisse.

Ausser diesen Wundblutungen kommen aber auch subcutane Blutergüsse bei Contusionen u. s. w. und spontane Hämorrhagien vor. Solche traumatisch entstandene Hämatome können so gross werden, dass sie die Symptome einer inneren Verblutung verursachen (Gayet[8]); ausnahmsweise kommt es darin zur Eiter- und Abscessbildung mit Perforation durch die Haut. Spontane Blutungen treten am häufigsten in Form von Nasenbluten und bei Frauen als Hämorrhagien auf; ausserdem können aber aus allen Schleimhäuten Blutungen erfolgen.

In seltenen Fällen scheint die Hämophilie auf ein einzelnes Organ beschränkt zu sein: so wurden von Schede und Senator[9]) Fälle von unstillbarer Nierenblutung beobachtet, die nach der operativen Entfernung der blutenden, übrigens aber gesunden Niere nicht wiederkehrten. Senator hat dafür die Bezeichnung „renale Hämophilie" gewählt.

Ziemlich häufig kommen Blutungen in die Gelenke vor; in leichteren Fällen verlaufen dieselben unter dem Bilde plötzlich auftretender rheumatischer Beschwerden, doch können sie auch zur Usurirung der Gelenkenden und zur Contracturbildung führen (König[10]). Auch Muskelblutungen werden beobachtet; dagegen sind Ergüsse in die serösen Höhlen sehr selten.

Die Untersuchung des Blutes ergiebt ein ziemlich negatives Resultat. Von manchen Autoren wird eine Herabsetzung der Gerinnbarkeit behauptet (Albertoni), auch sollen die gebildeten Gerinnsel abnorm locker sein (Lossen); von anderen Seiten wird Beides geleugnet (Thiersch). Dass Assmann die Leukocytenzahl vermindert gefunden haben will, wurde schon erwähnt, doch fehlt es an Bestätigungen dieses Befundes aus neuerer Zeit.

Viele Bluter gehen schon in der Kindheit zu Grunde, doch fehlt es auch nicht an Mittheilungen über hochbetagte Hämophile; in manchen Fällen verlor sich die Krankheit mit dem fortschreitenden Alter gänzlich.

Anatomischer Befund. Abgesehen von der Anämie aller Organe und ihren Folgen, die sich in den Leichen von Blutern namentlich dann finden, wenn dem Tode häufig wiederholte oder lange anhaltende Blutungen vorausgegangen sind, ist der anatomische Befund durchaus nicht charakteristisch. Zuweilen zeigt sich das Herz klein und die Gefässe zart und dünnwandig, die Intima stellenweise verfettet; aber ein Befund, der eine Erklärung für die während des Lebens beobachteten Erscheinungen böte, ergiebt sich nicht[11]).

Diagnose. Die Erkennung der Hämophilie ist nicht immer leicht. Schon die Abgrenzung von den acuten Formen der hämorrhagischen Diathese, namentlich von der Purpura, kann Schwierigkeiten bereiten und nur durch eine eingehende Berücksichtigung der Anamnese, die sich hier auch auf die Gesundheit der Verwandten des Kranken erstrecken muss, möglich sein.

Noch schwieriger ist zuweilen die Erkennung der hämorrhagischen Natur der Gelenkschwellungen; ihr plötzliches Auftreten nach einem ganz geringfügigen Trauma und besonders wiederum die Anamnese können hier den richtigen Weg finden lassen.

Therapie. Die Hauptsache ist hier selbstverständlich die Prophylaxe. Der Fortpflanzung der verhängnissvollen Constitutionsanomalie wird man unter Umständen dadurch begegnen können, dass man namentlich den weiblichen Mitgliedern von Bluterfamilien die Verheirathung widerräth. Bei Kindern aus solchen Familien ist die Abstossung des Nabelschnurrestes mit besonderer Sorgfalt zu überwachen; bei jüdischen Kindern muss vor der Vornahme der rituellen Beschneidung dringend gewarnt werden. Die Impfung bringt erfahrungsgemäss nur selten Gefahr.

Die Lebensweise der Bluter bedarf einer sorgfältigen Regelung, namentlich muss die Diät alle reizenden und erhitzenden Nahrungsmittel und besonders alle Alcoholica ausschliessen.

Spontan eingetretene oder traumatische Blutungen, auch die geringfügigsten, sind zu beachten und nach allgemeinen Regeln, mit Heranziehung interner blutstillender Mittel (Secale cornutum, Hydrastis canadensis u. s. w.) zu behandeln.

Literatur.

1. Immermann, v. Ziemssen's Handb. XIII. 1879.
2. Eichhorst, Eulenburg's Encyclopädie. 1886.
3. A. Hoffmann, Lehrb. der Constitutionskrankheiten. 1893.
4. Rothschild, Dissertation, München 1882.
5. Fischer, Dissertation, München 1889.
6. v. Limbeck, Prager med. Wochenschr. 1891, 40.
7. Eichhorst, Lehrb. der spec. Path. u. Therapie. 1891.
8. Gayet, Gaz. hebdom. 1895, 22. Ref. im Centralbl. f. innere Med. 1895.
9. Senator, Berliner klin. Wochenschr. 1891, 1.
10. König, Volkmann's Sammlung klinischer Vorträge. 1892, 36.
11. Birch-Hirschfeld, Lehrb. der allg. pathol. Anatomie 1889.

2. Die Purpura.

(Acute hämorrhagische Diathese, Blutfleckenkrankheit, Morbus maculosus Werlhofii).

Diese zuerst von Werlhof beschriebene Krankheit stellt eine acut oder subacut verlaufende Form der hämorrhagischen Diathese dar. Die Stellung der Purpura in der Systematik ist noch nicht endgiltig entschieden. Während sie von der Hämophilie durch ihr acutes Auftreten und den Mangel einer angeborenen Neigung zu Blutungen unterschieden ist, sind die Differenzen, die zwischen ihr und dem Scorbut bestehen, nicht immer ausgeprägt und es werden deshalb diese beiden Leiden von einigen Forschern (Koch[22]), Martin[20]) u. A.) nur als verschiedene Erscheinungsformen einer und derselben Krankheit angesehen. Die Fälle von acuter hämor-

rhagischer Diathese, welche im Gefolge von acuten Infectionskrankheiten auftreten, werden von den Meisten
zur Purpura gerechnet; dagegen wird das Verhältniss des
Morbus maculosus zu den sogenannten hämorrhagischen
Erythemen, zur Peliosis rheumatica und zu der Purpura
cachectica noch sehr verschieden beurtheilt. Auch die
Stellung der Purpura zu der bei perniciöser Anämie,
Leukämie und Pseudoleukämie auftretenden hämorrhagischen Diathese ist noch unklar.

Die Aetiologie der Purpura war bis vor wenig Jahren
noch völlig dunkel; neuere Untersuchungen machen es
wahrscheinlich, dass .es sich dabei um eine Infectionskrankheit handelt. Wenn schon in manchen Fällen das
Krankheitsbild an sich diese Annahme nahe legt (wie
das häufig beobachtete Vorausgehen von Prodromalerscheinungen, fieberhafter Verlauf, die Uebertragung von
der schwangeren Mutter auf den Fötus), so wird dieselbe noch wesentlich unterstützt durch Untersuchungen
von Petrone und Letzerich. Petrone gelang es,
durch die Injection des Blutes von Personen, die an
Purpura haemorrhagica erkrankt waren, an Kaninchen eine
hämorrhagische Diathese zu erzeugen, die durch Weiter-
impfung von Thier zu Thier übertragen werden konnte,
und Letzerich[24]) züchtete aus dem Blute eines Purpurakranken Culturen eines Mikroorganismus, dessen Einimpfung
gleichfalls bei Kaninchen hämorrhagische Diathese erzeugte
und eine starke Vermehrung des Bacillus im Thierkörper,
besonders in der Leber zur Folge hatte. Letzerich bezeichnete die gefundenen Mikroben deshalb als „Bacillus
Purpurae haemorrhagicae". Auch von Ceci, Denys[29]),
Lebreton[30]) u. A. sind Bacterienbefunde mitgetheilt
worden. Indessen bedürfen diese Beobachtungen noch
der Bestätigung durch weitere Forschungen, umsomehr,
da auch häufig Versuche in dieser Richtung mit negativem
Resultat gemacht worden sind. Ich selbst habe kürzlich
mit dem Milzsaft eines an acuter hämorrhagischer Diathese
gestorbenen, zwölfjährigen Mädchens auf verschiedenen

Nährböden Culturversuche gemacht, doch keinerlei Mikroorganismen daraus zu züchten vermocht; Aehnliches ist von Marfan[32]) und Anderen mitgetheilt worden.

Auch bei der Purpura sind in manchen Fällen Autointoxicationen vom Darm aus als ursächliches Moment herangezogen worden, und Ajello[31]) will zwei Fälle erfolgreich mit Calomel, Naphthol und Tanninklystieren behandelt haben.

Die Purpura befällt etwas häufiger Frauen als Männer und bevorzugt das jugendliche Alter, ferner werden schwache und blutarme, unter ungünstigen Aussenbedingungen lebende Personen leichter davon ergriffen, wenn auch eine kräftige Constitution und zweckmässiges hygienisches Verhalten keine völlige Immunität dagegen gewähren. Erbliche Veranlagung spielt, im Gegensatz zur Hämophilie, bei der Purpura keine wesentliche Rolle, dagegen scheint die Krankheit bei den davon Befallenen eine gesteigerte Disposition zu erneuter Erkrankung zu hinterlassen. Ferner hat es den Anschein, dass gewisse Infectionskrankheiten, wie vor allem der Typhus, ferner Masern, Angina tonsillaris (Boeck[8]), Influenza (Pick[21]), Syphilis (bei Neugeborenen; Fischl[14]), der Erkrankung an acuter hämorrhagischer Diathese Vorschub leisten. Dagegen muss ausdrücklich darauf hingewiesen werden, dass bei dem Auftreten von Hautblutungen im Verlaufe einer acuten Endocarditis in erster Linie an multiple Embolien zu denken ist. Die fehlende Neigung zu epidemischem Vorkommen wird gewöhnlich als ein wichtiges Charakteristicum des Morbus maculosus gegenüber dem Scorbut geltend gemacht, doch liegt aus jüngster Zeit eine Mittheilung von Grüning[27]) vor, der zufolge in einem hygienisch sehr vernachlässigten Hause rasch nach einander drei Personen an schwerer fieberhafter Purpura erkrankten.

Symptome und Verlauf. Der Verlauf und die Symptomatologie der Purpura gestalten sich verschieden.

Während in einem Theil der Fälle das augenfälligste Symptom der Krankheit, die Blutungen, die Scene eröffnet, gehen in vielen anderen Fällen Prodromalerscheinungen von verschiedener Intensität und Dauer voraus. Die Kranken fühlen sich matt und zeigen — häufig unter Erhöhung der Körpertemperatur — Krankheitserscheinungen allgemeiner Natur, bis nach 1—2, selten erst nach 6—7 Tagen die Hämorrhagien auftreten.

Die Blutungen in die Haut, die der Krankheit den Namen „Morbus maculosus" gegeben haben, sind oft äusserst zahlreich, so dass die ganze Körperoberfläche, am dichtesten gewöhnlich an den Beinen, damit übersäet ist; nur das Gesicht pflegt davon frei zu bleiben. Ihre Grösse und Form ist verschieden: es kommen kleine, punktförmige und grössere, vielgestaltige Blutergüsse vor, ja zuweilen kommt es zu ausgedehnten Suffusionen grosser Hautstrecken. Die anfangs roth oder blauroth erscheinenden Blutflecke verändern später in der bekannten Weise ihre Farbe, so dass die Haut, zumal wenn noch Nachschübe frischer Blutungen erfolgen, ein buntscheckiges Aussehen darbietet; zuweilen kommen neben den Hämorrhagien auch nicht juckende Quaddeln vor (Purpura urticans).

Die hämorrhagische Diathese kommt aber durchaus nicht immer nur durch Hautblutungen zur Geltung; vielmehr treten nicht selten auch Blutungen in die Schleimhäute auf, ja häufig wird hier sogar die Epitheldecke durchbrochen und es kommt zu Blutergüssen auf die Oberfläche, die durch Epistaxis, Hämatemese, Meläna, Hämaturie, Metrorrhagien, Hämoptysen in die Erscheinung treten. Weiter sind Blutungen in die serösen Höhlen, die Netzhaut (Mackenzie[3]) und als besonders wichtige und nicht allzu seltene (Wagner[11]) Complication Gehirnblutungen beobachtet worden. Es versteht sich von selbst, dass Vorkommnisse dieser Art geeignet sind, das Krankheitsbild in dominirender Weise zu modificiren und die Prognose in ungünstigem Sinne zu beeinflussen. In einzelnen Fällen sind solche innere Blutungen als erstes Symptom der hämorrhagischen Diathese aufgetreten und erst später wurde durch das Hinzukommen von Hautblutungen die Natur des Leidens offenbar.

So theilt Musser[26]) die Krankengeschichte einer 23 jährigen Frau mit, die nach einem plötzlich eingetretenen Ohnmachtsanfall reichlich Blut erbrach und erst am nächsten Tage die Erscheinungen der Purpura darbot. In einem von mir beobachteten, tödtlich endenden Falle bestanden zuerst Wochen lang nur Blutungen aus dem übrigens normalen Zahnfleisch und erst später stellten sich Hämorrhagien unter die Haut u. s. w. ein.

Diese durch innere Blutungen ausgezeichneten Fälle bieten, abgesehen natürlich von den directen Folgen der Blutungen, in ihrem sonstigen Verlaufe keinerlei Besonderheiten dar, und man ist deshalb ziemlich allgemein davon zurückgekommen, sie als besondere Krankheitsform (Purpura haemorrhagica) von der „Purpura simplex" abzutrennen.

Das Gesammtbefinden leidet bei der Purpura oft kaum merkbar, in manchen Fällen aber stellt sich dieselbe als eine schwere Erkrankung dar und zwar nicht immer nur dann, wenn die Grösse der Blutverluste an sich eine hinreichende Erklärung für die Schwere des Allgemeinzustandes bietet.

Die Körpertemperatur bleibt häufig während des ganzen Krankheitsverlaufes normal, in einem Theile der Fälle besteht aber von Anfang an eine Steigerung der Temperatur; nach Kernig sollen nicht selten andauernd subfebrile Temperaturen (37,5—37,8) vorkommen.

Ziemlich häufig findet sich die Milz nachweisbar vergrössert. Die mikroskopische Untersuchung des Blutes kann einen völlig normalen Befund ergeben; auch die Geldrollenbildung der rothen Blutkörperchen kann gut ausgebildet sein. Von Köbner[28]) und Denys[29]) wird Leukocytose erwähnt; letzterer Forscher fand die Anzahl der Blutplättchen vermindert, ja in einem Falle vermisste er dieselben sogar völlig.

Wenn die Blutfleckenkrankheit in der oben beschriebenen Weise durch Prodrome eingeleitet wird und mit höherem Fieber und intensiven Störungen des Allgemeinbefindens einhergeht, so drängt sich dem Beobachter, wie schon erwähnt, die Ueberzeugung auf, dass er es mit einer **Infectionskrankheit** zu thun hat, wobei die hämorrhagische Diathese und die anderweiten Erscheinungen nur Coëffecte einer gemeinsamen Ursache sind. Ganz besonders gilt dies von jenen zuerst von Henoch[15]) beschriebenen und als „**Purpura fulminans**" bezeichneten Erkrankungsfällen. Es treten dabei plötzlich Ecchymosen der Haut auf, diese breiten sich rapid aus und führen in kurzer Zeit zu blauer oder schwarzrother Verfärbung ganzer Glieder; ohne eine Erkrankung innerer Organe gehen die Kranken in wenigen Tagen zu Grunde. In einem Theile dieser Fälle, die grossentheils Kinder betrafen und meist im Anschlusse an eine Infectionskrankheit auftraten (Scharlach, Pneumonie), wurde starke Albuminurie beobachtet (Arctander[16]), Ström[17]).

Abgesehen von diesen rasch tödtlich verlaufenden Fällen, kann bei dem Morbus maculosus ein ungünstiger Ausgang als Folge der wiederholten Blutverluste und der dadurch bedingten allgemeinen Entkräftung eintreten; in seltenen Fällen kommen Verschwärungen im Darmcanale vor und schwere Digestionsstörungen treten auf, ja in einem Falle entwickelte sich sogar eine perforative Peritonitis. Endlich wurde auch Blutung in die Meningen oder in das Gehirn selbst als Todesursache beobachtet.

Glücklicher Weise ist aber ein solcher Verlauf nicht die Regel, vielmehr nimmt die grosse Mehrzahl der Fälle einen günstigen Ausgang, und die Kranken genesen nach verschieden langer Zeit, selbst dann, wenn durch immer erneute Blutverluste eine Anämie hohen Grades entstanden ist. Gewöhnlich erreicht der Morbus maculosus in wenigen Wochen sein Ende; ausnahmsweise erstreckt sich sein Verlauf über mehrere Monate oder dauert sogar, unter mancherlei Schwankungen, Jahre lang (Wagner[11]).

Wenn die Purpura im Zusammenhang mit einer acuten Infectionskrankheit auftritt (selbstverständlich ist hierbei nicht die Rede von den hämorrhagischen Formen der acuten Exantheme) so pflegt sie sich meist erst in einer späteren Periode der Krankheit oder während der Reconvalescenz einzustellen und geht dann häufig mit erneuten, sehr ausgeprägten Allgemeinerscheinungen einher. Besonders im Gefolge des Typhus ist die hämorrhagische Diathese eine nicht sehr seltene Erscheinung; sie tritt meist während des späteren Verlaufes eines, sich als schwer charakterisirenden Typhus auf, und zwar keineswegs nur bei Personen, die schon früher eine schwächliche Constitution gezeigt hatten (Wagner[11]), Gerhardt[12]) u. A.)

Als „Purpura rheumatica" werden solche Fälle von Purpura bezeichnet, in denen neben den Hauthämorrhagien Schmerzen und oft auch Schwellung an den Gelenken auftreten. Die Gelenkerkrankung, die gewöhnlich nur die grossen Gelenke und meist nur die unteren Extremitäten betrifft, giebt fast immer eine gute Prognose und es besteht keine Neigung zur Complication mit Entzündungen der serösen Höhlen. Diese Fälle scheinen theilweise durch das Auftreten der Krankheitssymptome in wiederholten Nachschüben charakterisirt zu sein („Purpura recurrens", v. Dusch[23]).

Die Prognose ist in der Regel günstig; verschlechtert wird dieselbe durch vorausgegangene Krankheiten, ferner durch hohes Fieber oder starke Blutungen, namentlich auch solche in das Gehirn oder seine Umhüllungen. Aeusserst ungünstig ist die Prognose in den als Purpura fulminans beschriebenen Fällen.

Anatomischer Befund. Die anatomischen Veränderungen, die sich bei dem Morbus maculosus finden, sind, abgesehen natürlich von den Blutaustritten, wenig charakteristisch. In einigen Fällen wurde während des Lebens eine Vermehrung der Leukocyten im Blute nachgewiesen, eine Erscheinung, die bekanntlich bei zahlreichen Krankheiten, namentlich auch bei gewissen Infectionen, vorkommt; manche Autoren betonen das Vorhandensein eines Milztumors. Die Veränderungen, die sich in den verschiedensten Organen als directe Folgen der Blutungen finden können, bedürfen keiner besonderen Besprechung, dagegen muss angeführt werden, dass Hindenlang[5]) und Kunkel in einem Falle starke Anhäufung von Eisenoxydhydrat in den Lymphdrüsen und in der Leber fanden; Zaleski[18]), der gleichfalls in einem Falle von Purpura die Organe auf ihren Eisengehalt prüfte, fand dagegen keine deutliche Abweichung von der Norm. Wagner[11]) hebt als fast constanten Befund punctirte Verfettung des Herzfleisches hervor. Die Gefässwände wurden von verschiedenen Untersuchern endarteriitisch afficirt gefunden; ob aber diese Veränderungen primärer Natur waren, ist zweifelhaft (Wagner). Schliesslich sei hier noch erwähnt, dass Stadthagen und Brieger[19]) bei einem Purpurakranken Ptomaine im Harn fanden.

Diagnose. Die Diagnose der Purpura ist in der Regel leicht zu stellen. Nur die Unterscheidung vom Scorbut kann unter Umständen einige Schwierigkeiten bereiten, da ausnahmsweise auch bei der Blutfleckenkrankheit das Zahnfleisch afficirt ist; doch dürften die Veränderungen des Zahnfleisches hier kaum je so hohe Grade erreichen, und ferner lässt die Purpura die schwere, nicht nur durch Blutungen bedingte Kachexie vermissen, die beim Scorbut beobachtet wird. Schwer, ja unmöglich kann die Diagnose im Beginne der Krankheit sein, wenn diese vor dem Auftreten von Hautblutungen durch eine innere Hämorrhagie eingeleitet wird. Ferner sei nochmals erwähnt, dass bei dem Vorhandensein einer acuten Endocarditis oder eines Herzklappenfehlers etwa auftretente Hautpetechien durch multiple Embolien bedingt sein können; endlich können die Blutungen, die bei der Sepsis, bei schweren Anämien und Kachexien und bei gewissen Vergiftungen vorkommen, unter Umständen zur Verwechselung mit Purpura führen.

Therapie. Die Therapie muss in der Hauptsache darauf gerichtet sein, die Kräfte des Kranken zu erhalten, da es ein Specificum zur Heilung der Purpura nicht giebt. Zur Bekämpfung der Blutungen wird von verschiedenen Seiten (Koch u. A.) Secale empfohlen; Eichhorst sah wiederholt gute Erfolge von der Anwendung des Arsenik. Werlhof empfahl ein Decoct von Chinarinde mit Schwefelsäure (Decoct. cort. Chinae 10,0 : 180,0; Acid. sulfur. dil. 0,5; Sir. simpl. 15,0, 2 stündl. 1 Esslöffel). Bei der Regelung der Diät sei man darauf bedacht, dem Kranken eine milde, gehaltreiche Kost mit Vermeidung aller den Darm beschwerenden Speisen und aller das Gefässsystem erregenden Getränke (wie Alkohol, Kaffee, starker Thee) vorzuschreiben. Vollkommene körperliche Ruhe und sorgfältige Beachtung aller hygienischen Verhältnisse ist bei der Behandlung nothwendig, besonders ist auch auf regelmässige Stuhlentleerung zu achten, wobei aber reizende Abführmittel vermieden werden müssen.

Literatur.

1. Immermann, v. Ziemssen's Handb. 1879, XIII.
2. Hoffmann, Lehrb. d. Constitutionskrankh. 1893.
3. St. Mackenzie, Med. Times 10. März 1877. Ref. in Schmidt's Jahrb. Bd. 186.
4. Rigal et Cornil, L'Union 1880, 5—7. Ref. in Schmidt's Jahrb. Bd. 186.
5. Hindenlang, Virchow's Arch. Bd. 79, 1880. Ref. in Schmidt's Jahrb. Bd. 190.
6. D. Smith, Ugeskr. f. Läger. 1882. Ref. in Schmidt's Jahrb.
7. Johannessen, Norske Magaz., f. Laegevidensk. XIV, 1884. Ref. in Schmidt's Jahrb. Bd. 202.
8. Boeck, Tidsskr. f. pract. Med. IV. 1884. Ref. in Schmidt's Jahrb. Bd. 203.

9. Duplaix, Arch. gén. méd. XI, 1883. Ref. in Schmidt's Jahrb. Bd. 204.
10. Snowball, Austral. med. Journal 1883. Ref. in Schmidt's Jahrb. Bd. 204.
11. Wagner, Deutsch. Arch. f. klin. Med. XXXVII, 1885 und XXXIX, 1886.
12. Gerhardt, Zeitschr. f. klin. Med. X, 1885.
13. Brieger, Charité-Annalen XI, 1886.
14. Fischl, Arch. f. Kinderheilk. VIII, 1886. Ref. in Schmidt's Jahrb. Bd. 213.
15. Henoch, Berliner klin. Wochenschr. 1887, 1.
16. Arctander, Hosp. Tid. 1887, 3. R., V. Ref. in Schmidt's Jahrb. Bd. 214.
17. Ström, Eira XI, 1887. Ref. in Schmidt's Jahrb. Bd. 214.
18. Zaleski, Arch. f. exper. Pathol. etc. XXIII, 1887.
19. Stadthagen u. Brieger, Berliner klin. Wochenschr. 1889.
20. Martin, Annal. d. Münchner allg. Krankh. IV, 1889. Ref. in Schmidt's Jahrb. Bd. 224.
21. Pick, Prager med. Wochenschr. 1890, 11. Ref. in Schmidt's Jahrb. Bd. 228.
22. Koch, Monogr. Enke 1889 u. Jahrb. f. Kinderheilk. XXX, 1890. Ref. in Schmidt's Jahrb. Bd. 225.
23. v. Dusch, Deutsche med. Wochenschr. 1889, 45.
24. Letzerich, Zeitschr. f. klin. Med. XVIII, 1891.
25. Beckmann, Petersb. med. Wochenschr. 1891, 7,
26. Musser, Transact. of the assoc. of americ. Physicians. Sept. 1891.
27. Grüning, Petersb. med. Wochenschr. XVIII, 1893. Ref. in Schmidt's Jahrb. Bd. 239.
28. Köbner, Monatsh. f. prakt. Dermat. XIV, 1892. Ref. in Schmidt's Jahrb. Bd. 237.
29. Denys, Centralbl. f. allg. Pathol. etc. 1893, 5.
30. Lebreton, Mercredi méd. 1894, 5. Ref. im Centralbl. f. klin. Med. 1894.
31. Ajello, Riforma med. 1894. Ref. in Centralbl. f. klin. Med. 1894.
32. Marfan, Méd. moderne, 1895, 30. Ref. im Centralbl. f. klin. Med. 1895.

3. Der Scorbut.

(Scharbock.)

Der Scorbut ist eine, mit schwerer Kachexie und meist mit eigenthümlichen Veränderungen am Zahnfleisch einhergehende acute Form der hämorrhagischen Diathese.

Von Alters her (die ersten sicheren Beschreibungen von Scorbutepidemien stammen aus der Zeit der Kreuzzüge[1]) ist es bekannt, dass der Scorbut vorwiegend dann auftritt, wenn eine grössere Zahl von Menschen gemeinsam den Schädlichkeiten unzureichender Ernährung und mangelhafter hygienischer Verhältnisse ausgesetzt ist. Scorbutepidemien wurden hauptsächlich bei Feldzügen, in belagerten Festungen und auf Seeschiffen beobachtet, ja während der ersten Jahrhunderte des erweiterten Seeverkehrs bildete der Scorbut geradezu eine verheerende Seuche unter den Mannschaften der Marine. Und auch in neuerer Zeit tritt die seltener gewordene Krankheit nur da auf, wo die oben angegebenen Bedingungen erfüllt sind. Es hat sich aus diesen Thatsachen die Anschauung ergeben, dass der Scorbut eine Ernährungskrankheit sei, und bis vor kurzem herrschte die, auch jetzt noch von Manchen getheilte Ansicht, dass demselben eine fehlerhafte, namentlich eine einseitige Ernährung oder die Zufuhr verdorbener Nahrungsmittel zu Grunde liege. Besonders wurde seit Garrod's Veröffentlichungen die Kaliarmuth der Nahrung beschuldigt.

Diese Anschauungen über die Aetiologie des Scorbuts sind aber im Hinblick auf manche neueren Erfahrungen kaum haltbar. Zunächst hat man schon früher erkennen müssen, dass mangelhafte Ernährung allein nicht genügt, um Scorbut zu erzeugen und neuere Experimente an Thieren und Menschen (Forster, Kemmerich, Hirschfeld[2]) bestätigen dies. Man hat deshalb ungünstige klimatische und hygienische Verhältnisse als Hülfsmoment für die Erzeugung des Scorbut herbeigezogen. Die Erfahrung hat aber weiter gezeigt, dass zur Zeit einer Scorbutepidemie auch günstige Wohnungsverhältnisse und gute Ernährung nicht immer gegen das Befallenwerden schützen, während andererseits an Orten, wo der Scorbut nicht herrscht, trotz mangelhaftester Wohnungsverhältnisse keine Erkrankung erfolgt.

Das vorwiegend epidemische Auftreten des Scorbut, der

in den verschiedenen Epidemien wechselnde Charakter der Krankheit und die Beobachtung, dass während solcher Epidemien manche Erkrankungsfälle kaum anders, als durch die Annahme einer Krankheitsübertragung erklärbar sind, drängen zu der Annahme, dass der Scorbut eine Infectionskrankheit ist, und als solche wird er auch von der Mehrzahl der neueren Autoren aufgefasst. Dabei soll nicht geleugnet werden, dass den mehrfach erwähnten hygienischen Schädlichkeiten ausserdem eine wesentliche Rolle für die Entstehung des Scorbuts, und zwar als prädisponirende Ursachen zukommt; namentlich sporadische Fälle werden nicht leicht unter Umständen beobachtet, welche die Mitwirkung dieser Ursache ausschliessen lassen. In demselben Sinne wirken körperliche und geistige Ueberanstrengung, sowie überhaupt alle Einflüsse, welche die Widerstandsfähigkeit des Organismus herabsetzen, namentlich auch chronische Krankheiten und Kachexien (z. B Tuberkulose).

Das Suchen nach dem Krankheitserreger des Scorbut hat freilich noch zu keinem allseitig anerkannten Resultat geführt.

Murri[5]) gelang es, durch Einspritzungen des Blutes eines Scorbutkranken an Kaninchen eine fieberhafte Erkrankung mit hämorrhagischer Diathese zu erzeugen. Später wurden von Quincke, Demme u. A. und in neuester Zeit von Babes[6]) mit positivem Erfolg Bacterienzüchtungsversuche angestellt. Babes fand in dem Zahnfleisch der Scorbutkranken gekrümmte, zu welligen Fäden auswachsende Bacillen, durch deren Ueberimpfung auf Kaninchen bei diesen eine tödtliche Erkrankung mit Ecchymosenbildung erzeugt werden konnte. Injectionsversuche mit dem Blute der Kranken blieben dagegen wirkungslos, auch konnten daraus keinerlei Bacterien gezüchtet werden.

Diese Befunde von Babes stimmen mit denen der erstgenannten Forscher nicht überein und erscheinen ebensowenig unanfechtbar wie diese; die Frage bleibt demnach vorläufig ungelöst.

Der Scorbut kommt als endemische Krankheit mit epidemischer Häufung der Erkrankungsfälle in nördlichen Landstrichen mit feuchtem Klima vor, wie in Nordrussland und Scandinavien, doch sind auch die südlichen Länder keineswegs davon ·frei; die meisten Erkrankungen wurden im Frühjahr und in den ersten Sommermonaten (im März und im Juni) beobachtet, während das Morbiditätsminimum auf die Monate November und December fällt (Geissler[7]). Sporadische Fälle sind bei uns ziemlich selten; ihre Aetiologie bleibt häufig vollkommen dunkel.

Männer erkranken häufiger an Scorbut als Frauen, und Personen im mittleren Lebensalter häufiger, als Greise. Bei Kindern ist in den letzten Jahren vielfach eine eigenthümliche, sporadisch auftretende Form der hämorrhagischen Diathese beobachtet worden, deren scorbutische Natur zuerst Cheadle betont hat (s. unten); aber auch abgesehen hiervon sind wiederholt Scorbutepidemien in Findelhäusern vorgekommen.

Symptome und Verlauf. Der Ausbruch des Scorbuts wird in der Regel eingeleitet durch das Auftreten einer schweren Anämie mit bleichem, oft eigenthümlich grauem, „bleifarbenem" Aussehen der Haut; die letztere verliert dabei ihre Elasticität und lässt stellenweise Pigmentanhäufung erkennen. Hier und da zeigen sich Oedeme. Von Kühn u. A. wird abnorm gesteigerte Schweissbildung erwähnt.

In manchen Fällen, deren Zugehörigkeit zum Scorbut dann nur zur Zeit einer herrschenden Epidemie richtig erkannt wird, bleibt die Krankheit hierbei stehen. In der Regel treten aber bald Veränderungen am Zahnfleisch und Erscheinungen von hämorrhagischer Diathese auf.

Das Zahnfleisch zeigt sich hyperämisch und geschwellt, von einem schmierigen Belag bedeckt; schwammige Wucherungen können die Zahnkronen überragen, und in schweren Fällen kommt es zur gangränösen Abstossung mehr oder weniger grosser Theile der Schleimhaut. Die geschwürig zerfallenden, pulpösen Massen verbreiten einen penetranten Geruch, und die grosse Schmerzhaftigkeit des Zahnfleisches kann die Nahrungsaufnahme äusserst erschweren. Dass für die Erreger dieser Zahnfleischerkrankung die Spalträume zwischen den Zähnen und der Gingiva als Eingangspforte dienen, geht daraus hervor, dass sie bei zahnlosen Greisen und Kindern völlig ausbleibt und auch durch sorgfältige Mundpflege mindestens beschränkt werden kann. Auf die Schleimhaut der Zunge, der Wangen und der Lippen geht die Entzündung nur ausnahmsweise über, doch ist auch hier, besonders an der Uebergangsfalte zur Lippenschleimhaut Hyperämie mit Hervortreten dentritisch verzweigter Venen bemerkbar (Kühn).

Die hämorrhagische Diathese, die sich häufig schon durch blutige Verfärbung des Zahnfleisches oder Oberflächenblutungen aus demselben kundgiebt, tritt nun auch im übrigen Körper auf und führt zu Blutungen in die Haut, die Muskeln (namentlich in die Waden-, Oberschenkel- und Bauchmuskeln), das Periost, die Gelenke, die serösen Höhlen, das Centralnervensystem, auf die Oberfläche der Schleimhäute u. s. w.

Die dadurch bedingten mannigfaltigen Symptome bedürfen keiner besonderen Schilderung. Die Muskel- und Periostblutungen können äusserst schmerzhafte, brettharte Infiltrate erzeugen und zur Vereiterung mit Durchbruch nach aussen oder zur Entwickelung von Contracturen oder Muskelatrophien führen. Die Hämorrhagien in die Gelenke können gleichfalls zur Vereiterung und zur Usurirung der Gelenkflächen Anlass geben. Innere Blutungen können durch ihre Localisation im Gehirn u. s. w. schwere Complicationen darstellen, ja direct das Leben bedrohen.

An der Haut kommt es, durch Zerfall der hämorrhagisch infiltrirten Stellen, nicht selten zur Geschwürsbildung; in manchen Epidemien wurden, anstatt der Purpuraformen, überwiegend häufig schwere Erytheme, Urticaria- und Herpes-artige Eruptionen beobachtet (Kühn[3]).

An den Augen fanden sich, ausser Blutungen in die Conjunctiven, die vordere Augenkammer u. s. w., auch geschwürige Processe an der Cornea und nicht selten Hemeralopie.

Unter dem Auftreten dieser Veränderungen zeigt das Allgemeinbefinden eine weitere Verschlechterung. Die Folgen der Anämie machen sich als hochgradige Schwäche bemerkbar, am Herzen treten functionelle Störungen, wie Geräusche und Verbreiterung der Herzdämpfung hervor. In manchen Fällen entwickelt sich ein Milztumor.

Der Harn ist häufig bluthaltig, zuweilen ist geringe Albuminurie vorhanden; v. Jaksch [8]) constatirte Peptonurie, führt diese aber auf den Blutgehalt des Harns zurück.

Das Blut zeigt, abgesehen von den anämischen Veränderungen (Oligocythämie, Oligochromämie, Verminderung des Eisengehaltes [Albertoni [9]]), beim Scorbut nichts Charakteristisches.

Die Körpertemperatur kann dauernd normal bleiben, doch kommt es häufig, namentlich in den schwereren Fällen, zu Fiebersteigerungen mit regellosem Temperaturverlauf.

Von den leichtesten Fällen, die nur durch das Auftreten der Anämie und vielleicht eine geringe Röthung des Zahnfleischrandes charakterisirt sind, bis zu den schwersten Formen mit Kachexie hohen Grades, Hämorrhagien in den verschiedensten Organen, dysenterieartigen Diarrhoeen und ausgedehnter Geschwürsbildung, kommen mannigfache Uebergänge vor, und auch in derselben Epidemie kann sich das Symptomenbild ausserordentlich verschiedenartig gestalten.

Dem entsprechend schwankt auch die Dauer der Erkrankung innerhalb weiter Grenzen: zwischen wenigen Wochen und vielen Monaten.

Der tödtliche Ausgang kann durch fortschreitende Erschöpfung, oder als directe Folge der Blutverluste eintreten. Häufig ist er eine Folge von Complicationen, als welche namentlich Pneumonien, Endocarditis, pyämische Processe zu nennen sind.

Wenn Heilung erfolgt, so nimmt die Reconvalescenz oft sehr lange Zeit in Anspruch und es bleibt leicht eine Neigung zu Recidiven bestehen.

Einer besonderen Besprechung bedarf noch die als „Barlow'sche Krankheit" bekannte, scorbutartige hämorrhagische Diathese der Kinder.

Diese, früher in Deutschland von Möller in Königsberg und später von Bohn u. A. als „acute Rachitis" beschriebene Affection wurde zuerst im Jahre 1878 von Cheadle in ihrer scorbutischen Natur erkannt und namentlich von Barlow (1883 [11]) in diesem Sinne eingehend bearbeitet. In Deutschland wies zuerst Förster (1881 [10]) auf die Erscheinungen von hämorrhagischer Diathese bei der Erkrankung hin; später erschienen darüber Veröffentlichungen von Rehn [12]), Pott [13]), Heubner [14]) u. A. [15, 16]). Es handelt sich dabei vorwiegend um rachitische, aber im Uebrigen gut genährte Kinder in der zweiten Hälfte des ersten oder im Anfang des zweiten Lebensjahres. Als Grund der Erkrankung lässt sich fast immer eine, zwar häufig sorgfältig geleitete aber abnorme Ernährung (Milchsurrogate u. dergl.) und namentlich ein Mangel an frischen Nahrungsmitteln in der Kost des Kindes nachweisen; ausnahmsweise soll die Affection auch bei passender Ernährung, durch anderweite Ursachen bedingt, auftreten (z. B. im Anschluss an Keuchhusten, Baginsky [15]).

Die Krankheit beginnt meist ziemlich plötzlich mit Erscheinungen von schwerer, fortschreitender Anämie und Schmerzhaftigkeit der Extremitäten bei Bewegungen. Als Ursache der letzteren lassen sich druckempfindliche, durch subperiostale Blutungen bedingte Anschwellungen an den Knochen nachweisen. Die Veränderung betrifft am häufigsten die Extremitätenknochen, namentlich die der Oberschenkel, wird aber auch am Brustbein, an den Scapulae und an den Schädelknochen beobachtet; in schweren Fällen kann es zur Trennung der Epiphysen an der Verknöcherungsgrenze kommen.

Die hämorrhagische Diathese macht sich weiter durch Hautblutungen bemerklich, und wenn schon Zähne vorhanden sind, pflegt sich auch das Zahnfleisch in der, für Scorbut charakteristischen Weise zu betheiligen.

Die Körpertemperatur zeigt dabei zeitweilig irreguläre Erhebung.

Die Barlow'sche Krankheit erstreckt sich, wenn sie durch therapeutische Maassnahmen unbeeinflusst bleibt, über 2—4 Monate und kann unter fortschreitender Erschöpfung tödtlich enden.

Ob es sich in diesen Fällen wirklich um echten Scorbut handelt, dessen Bild nur durch die complicirende Rachitis modificirt ist, oder ob ein morbus sui generis vorliegt, muss noch dahin gestellt bleiben.

Anatomischer Befund. Den charakteristischen Befund beim Scorbut bilden die Blutungen, die sich in den verschiedensten Körperhöhlen sowohl, wie als Infarcte in den Lungen und den parenchymatösen Organen, als Ecchymosen in den serösen und Schleimhäuten u. s. w. finden. Vielfach zeigen sich in den hämorrhagischen Herden regressive Veränderungen an dem ergossenen Blut oder die Zeichen mehr oder weniger fortgeschrittener Bindegewebswucherung.

Dass als Folge der Resorption des extravasirten Blutes, wie bei der Purpura, auch beim Scorbut eine abnorme Anhäufung von eisenhaltigem Pigment in der Leber, der Milz und den Nieren vorkommt, hat Mann[16]) nachgewiesen (die Leber enthielt in Mann's Fall 0,77 % reines Eisen, während die normale Leber nach Oidtmann nur 0,0816 % enthält).

An der Muskulatur, namentlich aber am Myocard findet sich, als Folge der Anämie, fettige Degeneration.

Diagnose. Die Erkennung des Scorbut kann nur dann Schwierigkeiten bereiten, wenn die Veränderungen des Zahnfleisches wenig oder gar nicht ausgebildet sind.

Sporadische Fälle dieser Art können, wenn auch die charakteristische Kachexie keinen hohen Grad erreicht hat, von der Purpura unter Umständen kaum unterschieden werden; dass manche Autoren beide Erkrankungen für identisch halten, wurde schon erwähnt (vgl. S. 226).

Vor einer Verwechselung des Scorbuts mit acuter Leukämie, die ja auch mit Zahnfleischveränderungen und mit hämorrhagischer Diathese einhergeht, schützt die Untersuchung des Blutes.

Therapie. Die bei der Besprechung der Aetiologie des Scorbut angeführten Momente ergeben ohne weiteres die prophylactischen Maassregeln, die überall da am Platze sind, wo der Ausbruch des Leidens zu befürchten ist. Aber auch die schon ausgebildete Krankheit wird am wirksamsten bekämpft durch Reinlichkeit im weitesten Sinne und durch Darreichung einer gemischten, namentlich an frischen Gemüsen reichen Kost. Unter den letzteren werden als besonders wirksam gerühmt: Brunnenkresse, Rettig, Sauerampfer, verschiedene Kraut- und Kohlsorten, ferner auch der Saft der Apfelsinen und Citronen.

Auch die Barlow'sche Krankheit erheischt als einzig wirksame Therapie die Zufuhr frischer Nahrungsmittel: Muttermilch oder rohe Kuhmilch, Spinat, geschabte Möhren, Kartoffelbrei, Obstsäfte und Fleischsaft.

Bezüglich der Behandlung der Anämie und der in der Reconvalescenz erforderlichen Maassnahmen verweise ich auf den Abschnitt über allgemeine Therapie.

Literatur.

1. Immermann, von Ziemssen's Handbuch XIII, 1879.
2. Hoffmann, Lehrbuch d. Constitutionskrankheiten, 1893.
3. Kühn, Deutsches Arch. f. klin. Med. XXV, 1880.
4. Berthenson, Deutsches Arch. f. klin. Med. XLIX, 1892.
5. Murri, Riv. clin. 1881. Ref. in Schmidt's Jahrb. Bd. 195.
6. Babes, Deutsche med. Wochenschr. 1893, 43.
7. Geissler, Schmidt's Jahrbücher CLXXXVIII, 1880.
8. v. Jaksch, Zeitschr. f. Heilk. XVI, 1895. Ref. in Schmidt's Jahrb. Bd. 248.

9. Albertoni, Stud. clin. sulla affezioni emorrag. Bologna 1893.
10. Förster, Veröff. der Ges. f. Heilk. in Berlin IV, 1881.
11. Barlow, Medico-chirurgical Transact. London 1883 und Centralblatt für innere Med. 1895, 21—22 (übersetzt von Elkind).
12. Rehn, Verhandl. des X. internat. Congr., Münchner med. Wochenschr. 1891, 3.
13. Pott, Münchner med. Wochenschr. 1891, 46—47.
14. Heubner, Jahrb. f. Kinderheilk. XXXIV, 1892.
15. v. Stark, Münchner med. Wochenschr. 1895, 42.
16. Baginsky, Berliner klin. Wochenschr. 1895, 7.
17. Mann, Deutsche med. Wochenschr. 1891, 35.

Anhang.

1. Die Blutgifte.

Als Blutgifte bezeichnen wir, nach L. Lewin[1]), Substanzen, die, nach ihrer Einführung in den Körper, an den rothen Blutkörperchen morphologische oder chemische Veränderungen hervorbringen. Hierzu kommen noch, wie Dittrich[3]) mit Recht hervorhebt, die Stoffe, die das Plasma oder seine Bestandtheile in einer Weise verändern, dass diese ihre Functionen nicht mehr zu erfüllen vermögen, wie die Säuren und vor allem Gerinnung erregende Gifte, wie das der Schlangen (vergl. S. 80).

Die Beeinflussung der rothen Blutkörperchen kann nun entweder zu einer Zerstörung derselben führen, oder ihre Structur bleibt zwar erhalten, aber der Blutfarbstoff wird zur Respiration untauglich gemacht, und zwar entweder durch Ersetzung seines Sauerstoffes durch andere Gase (Kohlenoxyd, Schwefelwasserstoff, Stickoxyd), oder durch Umwandlung in Methämoglobin oder auch (wie Lewin nachgewiesen hat) in Hämatin.

Thatsächlich kommen bei der Mehrzahl der Blutgifte mehrere von diesen Momenten in Frage, so dass eine Scheidung derselben nach der Art ihrer Einwirkung auf das Blut nur unvollkommen durchführbar ist.

Die Folgen der Zerstörung der Erythrocyten, die sehr grosse Dimensionen annehmen kann, machen sich in verschiedenen Richtungen geltend. Das frei gewordene Hämoglobin gelangt in das Blutplasma und erzeugt den als Hämoglobinämie bezeichneten Zustand. Wenn die Blutauflösung eine gewisse Grenze nicht überschreitet, wird das Hämoglobin in den Organen, die auch mit der physiologischen Blutzerstörung betraut sind (in erster Linie Leber und Milz) weiter zersetzt; häufig kommt es dabei zu Icterus- und zu Pigmentanhäufungen in Leber, Milz, Knochenmark, Nieren. Wenn aber mehr Hämoglobin auf einmal im Blute circulirt, als die genannten Organe zu bewältigen vermögen (nach Ponfick mehr als $1/_{60}$ des gesammten Hämoglobinvorrathes des Blutes), so kommt es zur Ausscheidung desselben in den Nieren, zur Hämoglobinurie, die, wenn sie intensiv ist, die Nierenepithelien schädigen kann. Ob die von Silbermann[7]) und der Dorpater Schule behauptete Gefahr der Thrombenbildung durch Fibrinferment-Intoxication bei der Hämoglobinämie wirklich besteht, erscheint zweifelhaft.

Die Erythrocytentrümmer, die man mikroskopisch im Blute nachweisen kann, gelangen in die Capillargebiete der Leber, Milz und Nieren und können in den letztgenannten Organen schwere Störungen verursachen.

Die Methämoglobinbildung ist, sofern nicht ein sehr grosser Theil des Blutes davon ergriffen wird, an und für sich ungefährlich, weil das Methämoglobin ziemlich rasch wieder in respirationsfähiges Hämoglobin übergeht (Dittrich[3]). Die Anwesenheit des Methämoglobins im Blute verleiht demselben eine bräunliche Farbe; die Haut erscheint dabei schmutzig cyanotisch.

Die Zahl der Blutgifte ist ausserordentlich gross, und wir müssen uns hier darauf beschränken, die wichtigsten davon namhaft zu machen.

Der Arsenwasserstoff und das Gift der frischen Morcheln (Ponfick[4]) wirken vorwiegend hämatolytisch. Die chlorsauren Salze, unter denen bekanntlich das Kali chloricum häufig zu Vergiftungen Anlass giebt, bewirken Zerstörung der Erythrocyten und Methämoglobinbildung; bei allmählich eintretender Vergiftung entsteht, theils durch Einschwemmung der Blutkörperchentrümmer, theils direct durch die Salzwirkung Nephritis [5], [6]). Amylnitrit, Nitroglycerin, Nitrobenzol, Anilin und seine Derivate, Acetanilid (Antifebrin), Acetparaphenetidin (Phenacetin) wirken stark methämoglobinbildend und theilweise auch zerstörend auf die Erythrocyten.

Bei der Vergiftung durch Kohlenoxyd wird, wie erwähnt, der Sauerstoff des Blutfarbstoffs durch das CO ersetzt und es tritt bei starker Vergiftung der Tod durch Asphyxie ein. Bei minder starker Einwirkung entledigen sich die rothen Blutkörperchen in noch nicht näher bekannter Weise ihres Kohlenoxydgehaltes; doch können sich auch dann noch durch secundäre Veränderungen (necrotische Processe in verschiedenen Organen, Erweichungen oder Blutungen im Centralnervensystem) schwere, unter Umständen tödtliche Nachkrankheiten entwickeln.

Die Therapie hat bei diesen Vergiftungen dahin zu wirken, dass durch Anregung der Herzthätigkeit, wenn nöthig durch künstliche Respiration, Zeit gewonnen und dem Körper die Möglichkeit gewährt wird, das Gift und die Producte seiner Einwirkung zu beseitigen.

Ein Aderlass oder, wenn möglich, depletorische Bluttransfusion kann in schweren Fällen versucht werden; ferner sind Inhalationen von reinem Sauerstoff zu empfehlen.

Literatur.

1. Lewin, Arch. f. exper. Pathol. etc. XXV. 1889.
2. v. Wyss, Schweizer Korresp.-Bl. 1893, 7.
3. Dittrich, Arch. f. exper. Pathol. etc. XIX, 1892.
4. Ponfick, Virchow's Arch. LXXXVIII, 1882.
5. Lenhartz, Bericht d. med. Gesellsch. zu Leipzig. Schmidt's Jahrb. Bd. 214.
6. v. Limbeck, Arch. f. exper. Pathol. etc. XXVI, 1890.
7. Silbermann, Zeitschr. f. klin. Med. XI, 1886.

2. Die Blutparasiten.

Das Blut gesunder Individuen ist, nach der übereinstimmenden Ansicht aller neueren Forscher, frei von
parasitären Organismen. Bei verschiedenen Krankheitszuständen, wie z. B. bei der septischen Infection werden
auch im Blute, wie in anderen Organen Bacterien gefunden, doch verdienen dieselben nicht den Namen der
Blutparasiten. Als solche können gegenwärtig nur die
Filaria sanguinis, das Distoma haematobium, das Plasmodium Malariae und die Spirochaete Obermeieri bezeichnet werden.

a) Die Filaria sanguinis.

Die Embryonen der Filaria wurden zuerst im Jahre
1866 von Wucherer und wenig später von Lewis im
Harn von Hämaturikern gefunden und von dem letzteren
Forscher als die Ursache der Hämato-Chylurie, der
Elephanthiasis und verwandter Zustände erkannt. [1]
Die geschlechtsreife Filaria ist ein haardünner, mehrere
Centimeter langer, weisser Wurm. Nach den Untersuchungen Manson's gelangen die Filarien im jugend-
lichen Zustand mit dem Trinkwasser in den menschlichen
Magen, durchbohren dessen Wand und siedeln sich an
irgend einer Stelle des Körpers, gewöhnlich in einem
grösseren Lymphgefäss, an; hier pflanzen sie sich durch
geschlechtliche Zeugung fort. Ihre Eier und Embryonen
werden dann mit dem Lymphstrom fortgespült, und die
letzteren können, namentlich zur Nachtzeit, im Blute direct
nachgewiesen werden. Der Reiz, den die Filaria auf ihre
Umgebung ausübt und besonders die Verstopfung der
Lymphwege und Blutcapillaren durch die eingeschwemmten
Eier und Embryonen werden zur Ursache von Hämaturie
und Chylurie, Elephantiasis, Lymphscrotum, Drüsen-

schwellungen, Hydrocele und blutigen und chylösen Diarrhoeen.

Die Embryonen der Filaria sind zarte, durchscheinende, 0,2 mm lange und 0,004 mm dicke (Scheube [1]) Gebilde. Nach Manson's Untersuchungen soll die Uebertragung derselben durch weibliche Muskitos erfolgen. Die Muskitos saugen die Filariaembryonen mit dem Blute ihrer Träger auf und setzen sie beim Ablagern ihrer Eier mit diesen auf stagnirenden Gewässern ab; durch den Genuss solchen Wassers erfolgt dann die Infection.

Die Filariakrankheit kommt endemisch in Brasilien, Britisch-Indien, China, Japan, Siam, Aegypten, Capland und Australien vor, wurde aber in neuerer Zeit auch in nördlicheren Gegenden beobachtet. [2]

Die Krankheit kann zur Entwickelung von Anämien und fortschreitender Erschöpfung führen, doch wird sie in vielen Fällen lange Zeit ohne Schaden für das Gesammt-befinden ertragen.

b) Das Distoma haematobium, Bilharzia.

Das Distoma haematobium ist ein, den Trematoden zugehöriger, milchweisser Wurm von 12—14 mm (das Weibchen 16—18 mm) Länge; das Männchen hat an der Bauchseite einen Canal, „Canalis gynaecophorus", der bei der Begattung das Weibchen aufnimmt. Die Eier des Parasiten sind 0,12 mm lang und besitzen einen scharfen Sporn; der Embryo hat einen länglichen, walzen-förmigen, dicht mit Flimmern besetzten Körper.

Die Entwickelungsgeschichte der Bilharzia ist nicht bekannt. In den menschlichen Magen gelangen die Embryonen wahrscheinlich durch das Trinkwasser; sie perforiren dann die Schleimhaut und wandern in die Ver-zweigungen der Pfortader ein, worin sie sich zu ge-schlechtsreifen Thieren entwickeln. Durch die klappen-losen Venen der Pfortader gelangen die Würmer in die Venenplexus der Harnblase und des Rectums und lagern hier ihre Eier ab; diese treten dann durch Zerreissungen der Capillaren in die Gewebe und verursachen chronische Entzündungsvorgänge. Ferner finden sich Eier in der Leber und häufig auch in den Lungen, den Nieren, der Harnblase.

Klinisch macht sich die Erkrankung an Bilharzia durch Symptome von Cystitis und Hämaturie und fortschreitende Anämie bemerkbar; die Kranken gehen marastisch oder auch unter urämischen Erscheinungen zu Grunde [4, 5]).

Die Bilharziakrankheit ist namentlich in Aegypten äusserst verbreitet, kommt aber auch in anderen Theilen Afrikas häufig vor.

c) Das Plasmodium Malariae [6—11]).

Nachdem zuerst Virchow in seiner Zellularpathologie auf das Vorkommen von pigmentirten Zellen im Blute bei Malaria aufmerksam gemacht und Affanassiew im Jahre 1881 die Vermuthung ausgesprochen hatte, dass die schwarzen Körnchen Parasiten seien, hat Laveran ein Jahr später ausdrücklich die parasitäre Natur der melaninführenden Elemente behauptet und zunächst drei Formen derselben als verschiedene Entwickelungsstufen eines amöboiden Parasiten beschrieben. Celli und Marchiafava [6]) haben weiter nachgewiesen, dass der Malariaparasit Laveran's eine weitere Entwickelungsform eines, in den Erythrocyten sich entwickelnden, das Hämoglobin in Melanin umwandelnden Protozoen ist. Dieselben Forscher, sowie Golgi erwiesen ferner den Zusammenhang der verschiedenen Malariaformen mit den Arten der Plasmodien und ihrer Entwickelung und Danilewsky fand ähnliche oder identische Parasiten in den rothen Blutkörperchen der Vögel, Reptilien und Frösche. Durch Golgi selbst, Grassi und Feletti, Kruse, L. Pfeiffer u. A. wurden dann die Beziehungen dieser letzterwähnten Parasiten zur Malariainfection aufgedeckt [6]).

Das Plasmodium Malariae gehört zur Classe der Sporo-
zoen; man kann daran ein consistentes Ectoplasma und
ein mehr flüssiges Endoplasma mit einem Kern darin
unterscheiden. Die Plasmodien sind wahre Parasiten der
rothen Blutkörperchen, zerstören diese und leben von
ihrem Hämoglobin, das sie in Melanin verwandeln. Sie
nehmen während ihres Entwickelungsganges verschiedene
Gestalten an und zerfallen zuletzt in Sporen.

Die, der Malaria eigenthümlichen Krankheitserscheinungen sind Folgen der Erythrocytenzerstörung und Emboli-
sirung kleiner Gefässe; ob die Plasmodien Toxine erzeugen ist zweifelhaft, doch sprechen manche Thatsachen
für diese Annahme[6]). Durch das Freiwerden grösserer
Mengen von Blutfarbstoff kommt es bei den schweren
Malariaformen nicht selten zur Hämoglobinämie und Hämoglobinurie.

Die Malariaplasmodien erscheinen im Blute wie schon
erwähnt in verschiedener Gestalt: 1. Sphärische, innerhalb
oder ausserhalb der rothen Blutkörperchen befindliche,
mit amöboider Bewegung begabte Gebilde, die bei ihrem
Wachsthum in den Erythrocyten sich mit, gleichfalls be-
weglichen Pigmentkörnchen anfüllen und das Blutkörperchen allmählich zerstören. 2. Geisseltragende, frei bewegliche Gebilde. 3. Halbmondförmige Körperchen. 4. Die
sogenannte Gänseblümchenform, die durch die kreisförmige,
radiäre Anordnung der Sporen entsteht.

Ob diese verschiedenen Formen der Plasmodien thatsächlich nur Entwickelungsstufen desselben Organismus
darstellen, oder ob es sich (wie Grassi und Feletti
namentlich für die bei schwerer Malaria auftretende Halb-
mondform annehmen) um verschiedene Arten handelt, ist
noch nicht entschieden. Die geisselntragenden Gebilde
werden von Celli und Marchiafava als Degenerations-
formen aufgefasst.

Der charakteristische intermittirende Fiebertypus der
Malaria hängt, wie man annimmt, von der Reifungszeit
der Plasmodien ab. Die Sporenbildung hat immer einen

neuen Fieberanfall zur Folge, während das Eindringen der jungen Protozoen in die Erythrocyten und ihr Wachsthum in denselben in das Fieberintervall fällt. Der verschiedene Fieberverlauf kann durch Verschiedenheiten in der Evolution der Plasmodien oder dadurch bedingt sein, dass verschiedene Generationen von Parasiten gleichzeitig in das Blut gelangt sind; Plasmodien, deren Entwickelung in 3 Tagen abläuft und eine Quartana zur Folge hat, können dann eine Tertiana mit anteponirendem Fieberverlauf erzeugen u. s. w.

Man kann die Malariaparasiten im frischen Blute bei starker Vergrösserung direct beobachten, wobei namentlich auf die Anwesenheit von Melaninkörnchen zu achten ist. Sehr erleichtert wird die Untersuchung durch Färbung des (in Alkohol und Aether ca. 15 Minuten lang) gehärteten Deckglas-Trockenpräparates mit Eosin und Methylenblau (100 gr Methylenblaulösung, 0,5 gr Eosin, einige Tropfen absoluter Alkohol; Plehn[7]), Hochsinger[10]).

Die Wirkung des Chinins erstreckt sich hauptsächlich auf die junge Generation der Plasmodien, die zur Zeit der Sporenbildung im Blute kreist, während die endoglobulären Parasiten nur wenig beeinflusst werden. Bei der Quartana duplex oder triplex, wobei mehrere Generationen von Plasmodien zugleich im Blute leben, gelingt es oft, durch Chinindarreichung eine Generation zu unterdrücken und dadurch den Fiebertypus zu ändern. Die halbmondförmige Form zeigt sich gegen Chinin sehr widerstandsfähig (Golgi[11]).

d) Die Spirillen der Febris recurrens.

Die zuerst von Obermeier im Jahre 1873 beschriebenen Spirochäten des Rückfalls-Typhus haben die Gestalt structurloser, korkzieherartig gewundener, feiner Fäden von einer Länge, die den Durchmesser eines rothen Blutkörperchens um das Mehrfache übertrifft. Sie zeigen sehr lebhafte Eigenbewegung, wobei sie die geformten Elemente des

Blutes, in deren Nähe sie sich befinden, mit in Bewegung setzen.

Die Lebensbedingungen dieser Mikroorganismen ausserhalb des Körpers sind noch völlig unbekannt. Beim Menschen sind sie bisher nur bei der Febris recurrens im Blute gefunden worden; und zwar gelingt es bei dieser Krankheit auf der Höhe der Fieberanfälle leicht, sie bei mässiger Vergrösserung im ungefärbten frischen Blut zu entdecken. Gewöhnlich finden sich in jedem Gesichtsfeld mehrere Spirillen, und ihre Anwesenheit macht sich oft schon durch die Bewegungen der Erythrocyten bemerkbar, die sie veranlassen. Nach dem Abfall des Fiebers verschwinden sie rasch aus dem Blute.

K o c h ist es gelungen, an Affen durch Einimpfung spirillenhaltigen Blutes Recurrens zu erzeugen [2]).

Literatur.

1. Scheube, Die Filaria-Krankheit. Volkmann's Sammlung 232, 1883.
2. v. Limbeck, Grundriss einer klinischen Pathologie des Blutes. 1892.
3. Wernich, Filaria, Eulenburg's Encyclopädie. 1886.
4. Rütimeyer, Verh. des XI. Congr. f. innere Med. 1892.
5. Sommer, Eulenburg's Encyclopädie 1886.
6. Celli und Marchiafava, Fortschritte der Med. I, 1883 und Festschrift zu Virchow's 70. Geburtstag, III. Berlin, Hirschwald, 1891.
7. Plehn, Berliner klin. Wochenschr. 1890, 13.
8. Rosin, Deutsche med. Wochenschr. 1890, 16.
9. Mannaberg, Centralblatt für klin. Med. 1891, 27.
10. Hochsinger, Wiener med. Presse 1891, 17. Ref. in Deutsche med. Wochenschr. 1892.
11. Golgi, Deutsche med. Wochenschrift 1892, 29.

SACHREGISTER.

NAMENREGISTER.

Abelous 35, 38.
Acquisto 73, 75.
Addison 165.
Adelmann 199, 201.
Adler 166, 181.
Affanassiew 73, 190, 200, 250.
Affleck 90, 128.
Ajello 228, 235.
Albertoni 224, 240, 244.
Albrecht 117, 130.
Alsaharavi 222.
Alt 207, 210.
Altmann 61.
Andral 165.
Angerer 81.
Anselm 131.
Antokonenko 135, 137.
Arctander 231, 235.
Arnold 187, 200.
Arthus 79.
Askanazy 47, 48, 51, 203.
Assmann 223.

Babes 237, 243.
Baginsky 26, 29, 244.
Barbacci 94, 129.
Barlow 241, 244.
v. Barth 113.
v. Basch 37.
Baserin 52, 57.
Bauer 38.
Bauholzer 108.
Beckmann 235.

Becquerel 20, 28, 151, 163.
Benczur 92, 129.
Bennet 113, 183.
Bergmann 81.
Berlinerblau 85, 88.
Bernhard 29.
Bert, P. 53.
Berthenson 243.
Bewley 154, 164.
Bial 85, 88.
Bianchi-Mariotti 141, 145.
Biarnes 35, 38.
Bidder 99.
Biehler 155, 156, 164.
Bierfreund 135, 136, 137.
Biermer 165, 168.
Biernacki 30.
Biesiadecki 187, 192.
Biggs 182.
Billroth 202, 209.
Binz 64, 110.
Biondi 187.
Birch-Hirschfeld 165, 170, 181,
  191, 199, 200, 226.
Birk 192.
Bischoff 16, 138.
Bitsch 154.
Bizzozero 39, 50, 73, 138, 140.
Blasius 90.
Blau 192, 201.
Bleibtreu 78, 87.
Boas 212, 215, 220.
Boeck 228, 234.

Verlag von C. G. NAUMANN in Leipzig.

Friedrich Nietzsche's Werke

Gesammtausgabe. I. Abtheilung.

Band I. Die Geburt der Tragödie, 4. Auflage. Unzeitgemässe Betrachtungen, 3. Auflage. Mit Lichtdruckporträt und Facsimile, brosch. M. 11.—, geb. M. 13.—

Band II. Menschliches, Allzumenschliches I, 4. Aufl. Mit Facsimile . . . . . brosch. M. 7.50, geb. M. 9.—

Band III. Menschliches, Allzumenschliches II, 4. Aufl. brosch. M. 7.50, geb. M. 9.—

Band IV. Morgenröthe. 2. Auflage. brosch. M. 7.50, geb. M. 9.—

Band V. Die fröhliche Wissenschaft. 2. Auflage. brosch. M. 7.50, geb. M. 9.—

Band VI. Also sprach Zarathustra. 5. Auflage. Mit Lichtdruckporträt und Facsimile, brosch. M. 10.—, geb. M. 12.—

Band VII. Jenseits von Gut und Böse. 5. Auflage. Zur Genealogie der Moral. 4. Auflage. brosch. M. 8.50, geb. M. 10.—

Band VIII. Der Fall Wagner. 4. Auflage. Götzendämmerung. 4. Auflage. Nietzsche contra Wagner. 2. Auflage. Der Antichrist. 2. Auflage. Gedichte. 2. Auflage. Mit Facsimile, brosch. M. 8.50, geb. M. 10.—

In Subscription beträgt der Preis obiger 8 Bände pro Band brosch. M. 7.50, geb. M. 9.—; also für die ganze Abtheilung brosch. M. 60.— (statt M. 68.—), geb. M. 72.— (statt M. 81.—)

Die subscriptionsweise Abnahme eines einzelnen Bandes verpflichtet zur Abnahme der ganzen Abtheilung, und zwar kann sie auf einmal oder bandweise, monatlich je ein Band, bezogen werden.

II. Abtheilung siehe umstehend.

Friedrich Nietzsche's Werke

Gesammtausgabe. II. Abtheilung.

Band IX. Schriften und Entwürfe 1869—1872. (Homer und die classische Philologie. Nachträge und Vorarbeiten zur Geburt der Tragödie. Empedokles. Homer als Wettkämpfer. Über die Zukunft unserer Bildungsanstalten. Bayreuther Horizontbetrachtungen. Das Verhältniss der Schopenhauerischen Philosophie zu einer deutschen Cultur) . . . brosch. M. 9.—, geb. M. 11.—

Band X. Schriften und Entwürfe 1872—1876. (Die Philosophie im tragischen Zeitalter der Griechen. Über Wahrheit und Lüge im aussermoralischen Sinne. Der Philosoph. Die Philosophie in Bedrängniss. Nachträge und Vorarbeiten zu den Unzeitgemässen Betrachtungen. Prometheus. Einzelne Gedanken und Entwürfe)

brosch. M. 9.—, geb. M. 11.—

☞ Die noch fehlenden 2 bis 3 Bände der II. Abtheilung erscheinen voraussichtlich in den beiden nächsten Jahren (1896 und 1897). Eine Subscription auf die II. Abtheilung findet nicht statt. Doch werden Band IX und X, wenn zusammen bezogen, zum ermässigten Preis von brosch. M. 16.— (statt M. 18.—), geb. M. 20.— (statt M. 22.—) abgegeben.

*

Das Leben Friedrich Nietzsche's.

Von

Elisabeth Förster-Nietzsche.

Erster Band. VIII und 369 Seiten mit 2 Lichtdruckporträts, Abbildung des Geburtshauses, Schrift- und Notenfacsimiles und einer Notenbeilage.

Preis broschirt 9 Mark, gebunden 11 Mark.

Der zweite Band erscheint Herbst 1896.